高等职业教育土建类新编技能型规划教材

建筑结构

主　编　孔　惠
副主编　曹　鸽　柳天杰　王　琛
何迎春　曾福英　谢颖川

黄河水利出版社
·郑　州·

内容提要

本书是高等职业教育土建类新编技能型规划教材，主要包括绪论、建筑结构基本设计原则、建筑结构材料、混凝土结构基本构件、现浇混凝土楼盖、钢筋混凝土多层与高层结构、砌体结构、钢结构、建筑地基基础、建筑结构抗震基本知识、结构施工图等内容。

本书可作为高等院校土建类专业的教材，也可作为与土建类相关的技术人员的参考用书。

图书在版编目(CIP)数据

建筑结构/孔惠主编.—郑州：黄河水利出版社，2013.12

高等职业教育土建类新编技能型规划教材

ISBN 978-7-5509-0589-4

Ⅰ.①建… Ⅱ.①孔… Ⅲ.①建筑结构-高等职业教育-教材 Ⅳ.①TU3

中国版本图书馆 CIP 数据核字(2013)第 257964 号

策划编辑：贾会珍 电话：0371-66028027 E-mail：13783450219@163.com

出 版 社：黄河水利出版社 网址：www.yrcp.com

地址：河南省郑州市顺河路黄委会综合楼 14 层 邮政编码：450003

发行单位：黄河水利出版社

发行部电话：0371-66026940、66020550、66028024、66022620(传真)

E-mail：hhslcbs@126.com

承印单位：郑州海华印务有限公司

开本：787 mm×1 092 mm 1/16

印张：14.75

字数：359 千字 印数：1—4 000

版次：2013 年 12 月第 1 版 印次：2013 年 12 月第 1 次印刷

定价：31.00 元

前　言

土建类高等职业教育把培养面向施工一线的高技能专门人才作为培养目标。高等职业院校的学生不仅需要具备一定的知识结构，更应具有一定的职业技能水平。本教材是根据“河南省建设工程科技成果转化暨建设人才培养计划”规划教材的要求，并按照国家颁布的《建筑结构荷载规范》(GB 50009—2012)、《混凝土结构设计规范》(GB 50010—2010)、《砌体结构设计规范》(GB 50003—2011)、《建筑地基基础设计规范》(GB 50007—2011)、《钢结构设计规范》(GB 50017—2003)、《建筑抗震设计规范》(GB 50011—2010)、《建筑工程抗震设防分类标准》(GB 50223—2008)及《混凝土结构施工图平面整体表示方法制图规则和构造详图》(11G101)等新规范、新标准进行编写的。

本教材着重强调建筑结构知识的应用，突出培养学生解决实际问题的能力，要求学生领会结构受力原理，使学生掌握建筑结构的基本原理和知识，重点掌握工程中遇到的结构构造问题，掌握施工图表达的内容。同时，本书注重建筑结构的新规范、新技术及新标准的应用。

本教材推荐安排教学 78 学时，各章学时分配见下表(供参考)：

章次	绪论	第一章	第二章	第三章	第四章	第五章
学时数	2	4	4	16	12	12
章次	第六章	第七章	第八章	第九章	第十章	合计
学时数	6	6	4	6	6	78

本教材编写人员及编写分工如下：绪论、第一章由河南建筑职业技术学院孔惠编写；第二章由河南工业职业技术学院谢颖川编写；第三章由河南建筑职业技术学院王琛编写；第四章由河南工业职业技术学院柳天杰编写；第五章由河南建筑职业技术学院何迎春编写；第六章、第八章、第九章由商丘工学院曹鸽编写；第七章、第十章由河南建筑职业技术学院曾福英编写。本教材由孔惠担任主编，由曹鸽、柳天杰、王琛、何迎春、曾福英、谢颖川担任副主编。

由于编者水平有限，书中疏漏及不妥之处在所难免，恳请广大读者和同行专家批评指正。

编　者

2013 年 6 月

目　录

绪　论

【学习目标】

通过本章学习，掌握建筑结构的概念，会对建筑结构进行分类，了解建筑结构的发展概况及本课程的学习目标和学习方法。

第一节　建筑结构概述

建筑中，由若干构件（板、梁、柱、墙、基础等）连接而构成的能承受荷载和其他间接作用（温度变化、地基不均匀沉降等）的体系，称为建筑结构。建筑结构在建筑中起骨架作用，是建筑的重要组成部分。

建筑结构有多种分类方法。按照承重结构所用的材料不同，建筑结构可分为混凝土结构、砌体结构、钢结构和木结构等类型。

一、混凝土结构

混凝土结构是素混凝土结构、钢筋混凝土结构和预应力混凝土结构的总称。素混凝土结构是不放钢筋的混凝土结构，常用于路面、垫层和一些非承重结构；在混凝土构件的适当部位放入钢筋即是钢筋混凝土结构；预应力混凝土结构是指在结构或构件中配置了预应力钢筋并施加预应力的结构。其中，钢筋混凝土结构应用最为广泛，其主要优点是强度高，整体性好，耐久性与耐火性好，易于就地取材，具有良好的可模性；主要缺点是自重大，抗裂性差，施工环节多，工期长。目前，混凝土结构已成为现代最主要的、应用最普遍的结构形式之一，它广泛应用于厂房、住宅、写字楼等多层和高层建筑中，在桥梁工程、特种结构、水利及其他工程中也有大量应用。

二、砌体结构

砌体结构是由块材和砂浆等胶结材料砌筑而成的结构，包括砖砌体结构、石砌体结构和砌块砌体结构。其主要优点是易于就地取材，耐久性和耐火性好，施工简单，造价低；主要缺点是强度低，整体性差，结构自重大，工人劳动强度高。砌体结构在多层建筑中应用非常广泛，特别是在多层民用建筑中，砌体结构占很大比例。

三、钢结构

钢结构是由钢板、型钢等钢材通过有效的连接方式所形成的结构。钢结构与其他结构形式相比，其主要优点是强度高，结构自重小，材质均匀，可靠性好，施工简单，工期短，具有良好的抗震性能；主要缺点是易腐蚀，耐火性差，造价高。随着我国经济建设的迅速发展，钢产量的大幅度增加，钢结构的应用正日益增多，尤其是在高层建筑及大跨度结构中。

四、木结构

木结构是指全部或大部分用木材制作的结构。这种结构易于就地取材、制作简单,但易燃、易腐蚀、变形大,并且木材使用受到国际严格限制,因此已很少采用。

【小贴士】

从造价的角度来讲:砌体结构最经济,混凝土结构次之,钢结构最贵。

从抗震的角度来讲:砌体结构最差,混凝土结构次之,钢结构最好。

实际工程中,建筑房屋的用途、层数及当地经济发展状况等决定了应采用何种结构形式。

第二节 建筑结构的发展概况

建筑结构有着悠久的历史,并随着人类社会的进步、科学技术的发展而不断发展,至今仍生机勃勃。

大量的考古发掘资料表明,我国远在公元前 5000 年至公元前 3000 年就已有房屋结构的痕迹。在历史的长河中,人们最早的建筑结构是砖石结构和木结构,金字塔、万里长城、河北赵县的安济桥、山西省应县木塔等都是建筑结构发展史上的辉煌之作。

17 世纪开始使用生铁,到 19 世纪中叶,钢结构开始得到了蓬勃的发展。现代混凝土结构是随着水泥和钢铁工业的发展而发展起来的。19 世纪 20 年代波特兰水泥制成后,混凝土相继问世,随后出现了钢筋混凝土结构、预应力混凝土结构,使混凝土结构的应用范围更为广泛。

随着经济及科技的发展,新的结构形式不断推出,新的材料、施工工艺也有了很大的发展。材料方面,混凝土结构的材料向轻质、高强、新型、复合方向发展,如高强度和高性能混凝土的应用,高强度钢筋的应用,陶粒混凝土、纤维混凝土的应用,钢 - 混凝土混合结构的应用等。砌体结构材料向轻质、高强的方向发展,如空心砖和混凝土小型空心砌块的应用,蒸压粉煤灰砖等的应用。钢结构材料向高效能方向发展,如 H 型钢直接做梁和柱,高强螺栓连接的应用等。结构方面,大跨度结构向空间钢网架、悬索结构、薄壳结构方向发展,高层砌体结构已开始应用,组合结构成为结构发展的方向。

第三节 本课程的教学任务、目标和学习方法

一、教学任务

本课程的教学任务是使学生了解必要的建筑结构基础知识,掌握建筑结构的基本概念以及结构施工图的识读方法,能运用所学知识分析和解决建筑工程实践中较为简单的结构问题,为学习其他课程提供必要的基础,培养学生严谨、科学的思维方法和认真细致的工作态度。

本课程是正确理解和贯彻设计意图、确定建筑及施工方案、组织施工、处理建筑施工中的结构问题、防止发生工程故事、保证工程质量所必须具备的知识。

二、教学目标

本课程教学约 78 学时，通过一学期的学习，应达到以下目标。

（一）知识目标

了解建筑结构材料的主要力学性能，掌握建筑结构基本构件的受力特点，掌握简单结构构件的设计方法，了解建筑结构抗震基本知识，掌握建筑结构施工图的识读方法。

（二）能力目标

具有正确选用各种常用结构材料的能力，具有熟练识读结构施工图和绘制简单结构施工图的能力，理解钢筋混凝土基本构件承载力计算思路，熟悉钢筋混凝土结构、砌体结构、钢结构和建筑物基础的主要构造，能理解建筑工程中出现的一般结构问题。

（三）思想素质目标

培养学生从事职业活动所需要的工作方法和学习方法，养成科学的思维习惯；培养勤奋向上、严谨求实的工作态度；具有自学和拓展知识、接受终身教育的基本能力。

三、学习方法

（一）注意和其他课程的关系

本课程与建筑力学、建筑材料、房屋构造、建筑施工技术等课程有着密切联系，因此在学习过程中要根据要求对相关课程进行必要的复习，并在运用中得到巩固和提高。

（二）注意理论联系实际

由于本课程理论性较强，有些概念不易理解，因此在学习时要经常深入工地，深入施工现场，通过现场参观，增强感性认识，提高学习兴趣，加深对所学理论知识和构造要求的理解。

（三）注意学习我国现行标准、规范

国家规范和标准是建筑工程设计和施工的依据，必须熟悉并正确应用。

（四）学习上要有科学严谨的态度和一丝不苟的学风

要熟读结构施工图，掌握图纸表达的内容，领会结构设计意图及受力原理。在工程建设中要自觉遵守国家有关规范、标准，坚决杜绝施工时偷工减料、不按图施工等现象。

第一章　建筑结构基本设计原则

【学习目标】

本章主要介绍了建筑结构设计的基本知识:荷载的分类和计算,建筑结构的基本设计方法和极限状态设计表达式。通过本章的学习,应了解结构荷载的分类,熟悉荷载的代表值和计算;理解结构的功能要求;了解极限状态的概念,掌握两种极限状态的分类。

第一节　建筑结构荷载

一、荷载的分类

建筑结构在施工和使用期间,使结构产生效应(结构或构件的内力、应力、位移、应变、裂缝等)的各种原因统称为结构上的作用。结构上的作用就其出现的方式可分为直接作用和间接作用。直接作用是指作用在结构上的力集(包括集中力和分布力),习惯上统称为荷载,如永久荷载、活荷载、吊车荷载、雪荷载、风荷载以及偶然荷载等;间接作用是指那些不是直接以力集的形式出现的作用,如地基变形、混凝土收缩和徐变、焊接变形、温度变化以及地震等引起的作用。直接作用是本书主要介绍的内容,由它引起的效应称为荷载效应。

荷载按其随时间的变换,分类如下。

(一)永久荷载

永久荷载是指在结构使用期间,其值不随时间变化,或其变化与平均值相比可以忽略不计,或其变化是单调的并能趋于限值的荷载,包括结构自重、土压力、预应力等。永久荷载也称为恒荷载。

(二)可变荷载

可变荷载是指在结构使用期间,其值随时间变化,且其变化与平均值相比不可以忽略不计的荷载,包括楼面活荷载、屋面活荷载和积灰荷载、吊车荷载、风荷载、雪荷载、温度作用等。可变荷载也称为活荷载。

(三)偶然荷载

偶然荷载是指在结构设计使用年限内不一定出现,而一旦出现其值很大且持续时间很短的荷载,包括爆炸力、撞击力等。

二、荷载分布形式

(一)均布面荷载

在均匀分布的荷载作用面上,单位面积上的荷载称为均布面荷载(见图 1-1(a)),其单位为 N/m^2 或 kN/m^2。

(二)均布线荷载

沿跨度方向单位长度的均布荷载称为均布线荷载(见图 1-1(b)),其单位为 N/m 或

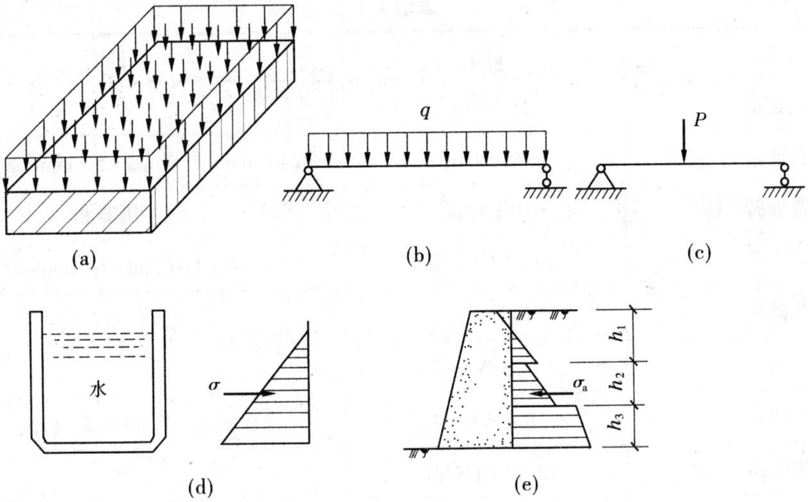

图 1-1　荷载的分布形式

kN/m。如果已知均布面荷载，则乘以荷载分布宽度，就得到沿长度方向的均布线荷载。

(三)集中荷载

集中作用于微小面积上的荷载，可以近似认为集中作用于一点的荷载，称为集中荷载(见图 1-1(c))。

(四)非均布线荷载

单位长度上的线荷载不是均匀分布时，称为非均布线荷载，例如游泳池壁上的水压力为竖向三角形分布(见图 1-1(d))，挡土墙墙背上的土压力为三角形或梯形分布(见图 1-1(e))。

三、荷载代表值

设计中用以验算极限状态所采用的荷载量值称为荷载代表值。建筑结构设计时，对于永久荷载，应采用标准值作为代表值；对于可变荷载，应根据设计要求采用标准值、组合值、频遇值或准永久值作为代表值；对于偶然荷载，应按建筑结构的使用特点确定其代表值。

(一)荷载标准值

荷载标准值是指设计基准期内最大荷载统计分布的特征值。它是荷载的基本代表值，其他代表值可以在标准值的基础上乘以相应的系数后得出。

1. 永久荷载标准值(G_k)

永久荷载标准值是永久荷载的唯一代表值。对于结构自重，可按结构构件的设计尺寸和材料的重度确定。《建筑结构荷载规范》(GB 50009—2012)中列出了常用材料和构件的自重(见表 1-1)。

表 1-1　常用材料和构件的自重

名称	自重	说明
铸铁	72.5 kN/m^3	
钢	78.5 kN/m^3	

续表 1-1

名称	自重	说明
铝合金	28 kN/m^3	
普通砖	18 kN/m^3	240 mm×115 mm×53 mm(684 块/m^3)
普通砖	19 kN/m^3	机器制
耐火砖	19～22 kN/m^3	230 mm×110 mm×65 mm(609 块/m^3)
灰砂砖	18 kN/m^3	砂:白灰=92:8
煤渣砖	17～18.5 kN/m^3	
矿渣砖	18.5 kN/m^3	硬矿渣:烟灰:石灰=75:15:10
焦渣砖	12～14 kN/m^3	
蒸压粉煤灰砖	14.0～16.0 kN/m^3	干重度
粉煤灰轻渣空心砌块	7.0～8.0 kN/m^3	390 mm×190 mm×190 mm, 390 mm×240 mm×190 mm
蒸压粉煤灰加气混凝土砌块	5.5 kN/m^3	
混凝土空心小砌块	11.8 kN/m^3	390 mm×190 mm×190 mm
石灰砂浆、混合砂浆	17 kN/m^3	
水泥石灰焦渣砂浆	14 kN/m^3	
石灰焦渣砂浆	13 kN/m^3	
灰土	17.5 kN/m^3	石灰:土=3:7,夯实
纸筋石灰	16 kN/m^3	
石灰三合土	17.5 kN/m^3	石灰、砂子、卵石
水泥砂浆	20 kN/m^3	
水泥蛭石砂浆	5～8 kN/m^3	
膨胀珍珠岩砂浆	7～15 kN/m^3	
石膏砂浆	12 kN/m^3	
素混凝土	22～24 kN/m^3	振捣或不振捣
砂渣混凝土	20 kN/m^3	
泡沫混凝土	4～6 kN/m^3	
加气混凝土	5.5～7.5 kN/m^3	单块
钢筋混凝土	24～25 kN/m^3	

续表 1-1

名称	自重	说明
普通玻璃	25.6 kN/m^3	
浆砌普通砖	18 kN/m^3	
浆砌机砖	19 kN/m^3	
浆砌耐火砖	22 kN/m^3	
浆砌矿渣砖	21 kN/m^3	
浆砌焦渣砖	12.5～14 kN/m^3	
水磨石地面	0.65 kN/m^3	10 mm 面层,20 mm 水泥砂浆打底
硬木地板	0.2 kN/m^3	
木块地面	0.7 kN/m^3	
木屋架	0.07 + 0.007l kN/m^2	按屋面水平影面积计算,跨度 l 以 m 计
钢屋架	0.12 + 0.011l kN/m^2	无天窗,包括支撑,按屋面水平投影面积计算,跨度 l 以 m 计
木框玻璃窗	0.2～0.3 kN/m^2	
钢框玻璃窗	0.4～0.45 kN/m^2	
木门	0.1～0.2 kN/m^2	
钢铁门	0.4～0.45 kN/m^2	
石棉板瓦	0.18 kN/m^2	仅瓦自重
波形石棉瓦	0.2 kN/m^2	1 820 mm × 725 mm × 8 mm
镀锌薄钢板	0.05 kN/m^2	24 号
瓦楞铁	0.05 kN/m^2	26 号
彩色钢板波形瓦	0.12～0.13 kN/m^2	0.6 mm 厚彩色钢板
拱形彩色钢板屋面	0.3 kN/m^2	包括保温及灯具重 0.15 kN/m^2
玻璃屋顶	0.3 kN/m^2	9.5 mm 夹丝玻璃,框架自重在内
油毡防水屋（包括改性沥青防水卷材）	0.05 kN/m^2	一层油毡刷油两遍
	0.25～0.3 kN/m^2	四层做法,一毡二油上铺小石子
	0.3～0.35 kN/m^2	六层做法,二毡三油上铺小石子
	0.35～0.4 kN/m^2	八层做法,三毡四油上铺小石子

2. 可变荷载标准值(Q_k)

《建筑结构荷载规范》(GB 50009—2012)对于楼面、屋面活荷载、雪荷载、风荷载、吊车荷载等可变荷载标准值,规定了具体的数字,如表 1-2 和表 1-3 所示,设计时可直接查用。

表 1-2　民用建筑楼面均布活荷载标准值及其组合值、频遇值和准永久值系数

项次	类别	标准值 (kN/m^2)	组合值系数 ψ_c	频遇值系数 ψ_f	准永久值系数 ψ_q
1	(1)住宅、宿舍、旅馆、办公楼、医院病房、托儿所、幼儿园	2.0	0.7	0.5	0.4
1	(2)实验室、阅览室、会议室、医院门诊室	2.0	0.7	0.6	0.5
2	教室、食堂、餐厅、一般资料档案室	2.5	0.7	0.6	0.5
3	(1)礼堂、剧场、影院、有固定座位的看台	3.0	0.7	0.5	0.3
3	(2)公共洗衣房	3.0	0.7	0.6	0.5
4	(1)商店、展览厅、车站、港口、机场大厅及旅客等候室	3.5	0.7	0.6	0.5
4	(2)无固定座位的看台	3.5	0.7	0.5	0.3
5	(1)健身房、演出舞台	4.0	0.7	0.6	0.5
5	(2)舞厅	4.0	0.7	0.6	0.3
6	(1)书库、档案库、贮藏室	5.0	0.9	0.9	0.8
6	(2)密集柜书库	12.0	0.9	0.9	0.8
7	通风机房、电梯机房	7.0	0.9	0.9	0.8
8	汽车通道及停车库 (1)单向板楼盖(板跨不小于2 m)和双向板楼盖(板跨不小于3 m×3 m) 客车	4.0	0.7	0.7	0.6
8	汽车通道及停车库 (1)单向板楼盖(板跨不小于2 m)和双向板楼盖(板跨不小于3 m×3 m) 消防车	35.0	0.7	0.5	0
8	汽车通道及停车库 (2)双向板楼盖(板跨不小于6 m×6 m)和无梁楼盖(柱网尺寸不小于6 m×6 m) 客车	2.5	0.7	0.7	0.6
8	汽车通道及停车库 (2)双向板楼盖(板跨不小于6 m×6 m)和无梁楼盖(柱网尺寸不小于6 m×6 m) 消防车	20.0	0.7	0.5	0
9	厨房 (1)餐厅	4.0	0.7	0.7	0.7
9	厨房 (2)其他	2.0	0.7	0.6	0.5
10	浴室、厕所、盥洗室	2.5	0.7	0.6	0.5
11	走廊、门厅 (1)宿舍、旅馆、医院、病房、托儿所、幼儿园、住宅	2.0	0.7	0.5	0.4
11	走廊、门厅 (2)办公楼、餐厅、医院门诊部	2.5	0.7	0.6	0.5
11	走廊、门厅 (3)教室及其他可能出现人员密集的情况	3.5	0.7	0.5	0.3
12	楼梯 (1)多层住宅	2.0	0.7	0.5	0.4
12	楼梯 (2)其他	3.5	0.7	0.5	0.3

续表 1-2

项次	类别		标准值 (kN/m^2)	组合值系数 ψ_c	频遇值系数 ψ_f	准永久值系数 ψ_q
13	阳台	(1)可能出现人员密集的情况	3.5	0.7	0.6	0.5
		(2)一般情况	2.5	0.7	0.6	0.5

注:1. 本表所给各项活荷载适用于一般使用条件,当使用荷载较大、情况特殊或有专门要求时,应按实际情况采用。

2. 第 6 项书库活荷载,当书架高度大于 2 m 时,尚应按每米书架高度不小于 2.5 kN/m^2 确定。

3. 第 8 项中的客车活荷载只适用于停放载人少于 9 人的客车;消防车活荷载适用于满载总重为 300 kN 的大型车辆;当不符合本表的要求时,应将车轮的局部荷载按结构效应的等效原则,换算为等效均布荷载。

4. 第 12 项楼梯活荷载,对预制楼梯踏步平板,尚应按 1.5 kN 集中荷载验算。

5. 本表各项荷载不包括隔墙自重和二次装修荷载。对固定隔墙的自重应按永久荷载考虑,当隔墙位置可灵活自由布置时,非固定隔墙的自重应取不少于 1/3 的每延米长墙重(kN/m)作为楼面活荷载的附加值(kN/m^2)计入,且附加值不应小于 1.0 kN/m^2。

表 1-3 屋面均布活荷载

项次	类别	标准值 (kN/m^2)	组合值系数 ψ_c	频遇值系数 ψ_f	准永久值系数 ψ_q
1	不上人的屋面	0.5	0.7	0.5	0
2	上人的屋面	2.0	0.7	0.5	0.4
3	屋顶花园	3.0	0.7	0.6	0.5
4	屋顶运动场地	3.0	0.7	0.6	0.4

注:1. 不上人的屋面,当施工或维修荷载较大时,应按实际情况采用;对不同类型的结构应按有关设计规范的规定,但不得低于 0.3 kN/m^2。

2. 当上人屋面兼作其他用途时,应按相应楼面活荷载采用。

3. 对于因屋面排水不畅、堵塞等引起的积水荷载,应采取构造措施加以防止;必要时,应按积水的可能深度确定屋面活荷载。

4. 屋顶花园活荷载不包括花圃土石等材料自重。

(二)可变荷载组合值(Q_c)

当结构上同时作用有两种或两种以上可变荷载时,由于各种可变荷载同时达到其最大值(标准值)的可能性极小,因此计算时采用可变荷载组合值,用 Q_c 表示:

$$Q_c = \psi_c Q_k \tag{1-1}$$

式中 Q_c——可变荷载组合值;

Q_k——可变荷载标准值;

ψ_c——可变荷载组合值系数,取值见表 1-2 和表 1-3。

(三)可变荷载频遇值(Q_f)

可变荷载频遇值是指结构上时而出现的较大荷载。对于可变荷载,在设计基准期内,其超越的总时间为规定的较小比率或超越频率为规定频率的荷载值,用 Q_f 表示:

$$Q_f = \psi_f Q_k \tag{1-2}$$

式中 Q_f——可变荷载频遇值;

ψ_f——可变荷载频遇值系数,取值见表 1-2 和表 1-3。

(四)可变荷载准永久值(Q_q)

可变荷载准永久值是指可变荷载中在设计基准期内经常作用(其超越的时间约为设计基准期的一半)的可变荷载。在规定的期限内有较长的总持续时间,也就是经常作用于结构上的可变荷载,用 Q_q 表示:

$$Q_q = \psi_q Q_k \tag{1-3}$$

式中 Q_q——可变荷载准永久值;

ψ_q——可变荷载准永久值系数,取值见表 1-2 和表 1-3。

四、荷载分项系数

(一)荷载分项系数

荷载分项系数用于结构承载力极限状态设计中,目的是保证在各种可能的荷载组合出现时,结构均能维持在相同的可靠度水平上。荷载分项系数又分为永久荷载分项系数 γ_G 和可变荷载分项系数 γ_Q,其值见表 1-4。

表 1-4 基本组合的荷载分项系数

永久荷载分项系数 γ_G				可变荷载分项系数 γ_Q	
其效应对结构不利时		其效应对结构有利时			
由可变荷载效应控制的组合	1.2	一般情况	1.0	一般情况	1.4
由永久荷载效应控制的组合	1.35	对结构的倾覆、滑移或漂浮验算	0.9	对标准值大于 4 kN/m² 的工业房屋楼面结构的荷载	1.3

(二)荷载设计值

一般情况下,荷载标准值与荷载分项系数的乘积为荷载设计值,也称为设计荷载,其数值大体上相当于结构在非正常使用情况下荷载的最大值,它比荷载的标准值具有更大的可靠度。永久荷载设计值为 $\gamma_G G_k$,可变荷载设计值为 $\gamma_Q Q_k$。

第二节 建筑结构概率极限状态设计法

一、结构的功能要求

任何结构设计都应在预定的设计使用年限内满足设计所预期的各种功能要求。建筑结构的功能要求包括安全性、适用性和耐久性。

(一)安全性

安全性即结构在正常施工和正常使用时能承受可能出现的各种作用,在设计规定的偶然事件发生时及发生后,仍能保持必需的整体稳定。

(二)适用性

适用性即结构在正常使用时具有良好的工作性能。例如,不发生过大的变形、裂缝或振幅,以免影响使用。

（三）耐久性

耐久性即结构在正常使用、正常维护条件下具有足够的耐久性能，能够正常使用到预定的设计使用年限。例如，混凝土不发生严重的风化、脱落，钢筋不发生严重锈蚀，以免影响结构的使用寿命。

结构的安全性、适用性和耐久性统称为结构的可靠性，亦即结构在规定的时间内（设计使用年限）及规定的条件下（正常设计、正常施工和正常使用及维护），完成预定功能要求的能力。满足其功能要求的概率称为可靠概率，也称为可靠度。结构可靠度是结构可靠性的概率度量。

【知识链接】

设计使用年限是指设计规定的一个期限，在这一规定的时间内，结构或构件只需进行正常的维护（包括必要的检测、维护和维修）而不需进行大修即可按其预定目的使用。当结构的实际使用年限超过设计使用年限后，并不意味着结构就要报废，但其可靠度将逐渐降低，其继续使用年限需经鉴定确定。《工程结构可靠性设计统一标准》（GB 50153—2008）将设计使用年限分为四个类别，如表 1-5 所示。

表 1-5　房屋建筑结构的设计使用年限

类别	设计使用年限（年）	示例
1	5	临时性建筑
2	25	易于替换的结构构件
3	50	普通房屋和构筑物
4	100	标志性建筑和特别重要的建筑结构

二、结构功能的极限状态

整个结构或结构的一部分超过某一特定状态就不能满足设计规定的某一功能要求，此特定状态为该功能的极限状态。结构功能的极限状态分为承载能力极限状态和正常使用极限状态两类。

（一）承载能力极限状态

承载能力极限状态是指结构或结构构件达到最大承载力或不适于承载的变形的状态。当结构或结构构件出现下列状态之一时，应认为超过了承载能力极限状态：

（1）结构构件或连接因超过材料强度而破坏，或因过度变形而不适于继续承载；

（2）整个结构或其中一部分作为刚体失去平衡；

（3）结构转变为机动体系；

（4）结构或结构构件丧失稳定；

（5）结构因局部破坏而发生连续倒塌；

（6）地基丧失承载力而破坏；

（7）结构或结构构件的疲劳破坏。

（二）正常使用极限状态

正常使用极限状态是指结构或结构构件达到正常使用或耐久性能的某项规定限制的状态。当结构或结构构件出现下列情况之一时，应认为超过了正常使用极限状态：

(1)影响正常使用或外观的变形；
(2)影响正常使用或耐久性能的局部损坏；
(3)影响正常使用的振动；
(4)影响正常使用的其他特定状态。

承载能力极限状态主要控制结构的安全性，一旦超过这种极限状态，就会造成人身伤亡和重大经济损失，因此设计时要控制这种状态出现的概率。所有的结构构件都必须进行承载力极限状态的计算。正常使用极限状态控制结构的适用性和耐久性，若超过这种状态，危险性比出现承载能力极限状态的危险性小，但也不能忽视，设计时可靠性可比承载能力极限状态略低一些。工程设计时，一般先按承载能力极限状态设计结构构件，再按正常使用极限状态验算。

三、极限状态方程

结构和结构构件的工作状态可以由该结构构件所承受的荷载效应 S 和结构抗力 R 两者的关系来描述，即

$$Z = R - S \tag{1-4}$$

上式称为结构功能函数，可以用来表示结构的三种工作状态：
(1)当 $Z>0$ 时（即 $R>S$），结构处于可靠状态；
(2)当 $Z<0$ 时（即 $R<S$），结构处于失效状态；
(3)当 $Z=0$ 时（即 $R=S$），结构处于极限状态。

四、极限状态设计表达式

建筑结构设计应根据使用过程中在结构上可能同时出现的荷载，按承载能力极限状态和正常使用极限状态分别进行荷载组合，并应取各自的最不利的组合进行设计。《建筑结构荷载规范》（GB 50009—2012）提出了承载能力极限状态和正常使用极限状态的设计表达式如下。

（一）承载能力极限状态设计表达式

对于承载能力极限状态，应按荷载的基本组合或偶然组合计算荷载的效应设计值，并应采用下列设计表达式进行设计：

$$\gamma_0 S_d \leqslant R_d \tag{1-5}$$

式中 γ_0——结构重要性系数，安全等级为一级的结构构件不应小于1.1，安全等级为二级的结构构件不应小于1.0，安全等级为三级的结构构件不应小于0.9，地震设计状况下取1.0；
S_d——荷载组合的效应设计值；
R_d——结构构件的抗力设计值。

1. 基本组合

荷载基本组合的效应设计值 S_d 应从下列荷载组合中取用最不利的效应设计值确定：
(1)由可变荷载控制的效应设计值，应按下式进行计算：

$$S_d = \sum_{j=1}^{m} \gamma_{Gj} S_{Gjk} + \gamma_{Q1} \gamma_{L1} S_{Q1k} + \sum_{i=2}^{n} \gamma_{Qi} \gamma_{Li} \varphi_{ci} S_{Qik} \tag{1-6}$$

(2)由永久荷载控制的效应设计值，应按下式进行计算：

$$S_d = \sum_{j=1}^{m} \gamma_{Gj} S_{Gjk} + \sum_{i=2}^{n} \gamma_{Qi} \gamma_{Li} \varphi_{ci} S_{Qik} \tag{1-7}$$

式中 γ_{Gj}——第 j 个永久荷载的分项系数，应按表 1-4 规定采用；

γ_{Qi}——第 i 个可变荷载的分项系数，其中 γ_{Q1} 为主导可变荷载 Q_1 的分项系数，应按表 1-4规定采用；

γ_{Li}——第 i 个可变荷载考虑设计使用年限的调整系数，其中 γ_{L1} 为主导可变荷载 Q_1 考虑设计使用年限的调整系数，应按表 1-6 规定采用；

S_{Gjk}——按第 j 个永久荷载标准值 G_{jk} 计算的荷载效应值；

S_{Qik}——按第 i 个可变荷载标准值 Q_{ik} 计算的荷载效应值，其中 S_{Q1k} 为诸可变荷载效应中起控制作用者；

φ_{ci}——第 i 个可变荷载 Q_i 的组合值系数；

m——参与组合的永久荷载数；

n——参与组合的可变荷载数。

表 1-6 楼面和屋面活荷载考虑设计使用年限的调整系数

结构设计使用年限(年)	5	50	100
γ_L	0.9	1.0	1.1

注：1. 当设计使用年限不为表格中数值时，调整系数可按线性内插确定。

2. 对于荷载标准值可控制的活荷载，设计使用年限调整系数取 1.0。

2. 偶然组合

偶然组合是指一个偶然作用与其他可变荷载相结合，这种偶然作用的特点是发生概率小，持续时间短，但对结构的危害大。对于偶然组合的荷载效应设计值，应按建筑规范相关规定确定。

(二)正常使用极限状态设计表达式

对于正常使用极限状态，应根据不同的设计要求，采用荷载的标准组合、频遇组合或准永久组合，按下列设计表达式进行设计：

$$S_d \leqslant C \tag{1-8}$$

式中 C——结构或结构构件达到正常使用要求的规定限值，如变形、裂缝、振幅、加速度、应力等的限值，应按各有关建筑结构设计规范的规定采用。

本章小结

1. 按作用时间的长短和性质，荷载可分为三类：永久荷载、可变荷载和偶然荷载。

2. 永久荷载的代表值是荷载标准值，可变荷载的代表值有荷载标准值、组合值、频遇值和准永久值。荷载标准值是荷载在结构使用期间的最大值，是荷载的基本代表值。

3. 荷载的设计值是荷载分项系数与荷载代表值的乘积，荷载分项系数分为永久荷载分项系数和可变荷载分项系数。

4. 在正常使用和施工时能承受可能出现的各种作用，在设计规定的偶然事件发生时及发生后，仍能保持必需的整体稳定性；在正常使用时具有良好的工作性能；在正常使用、正常维护下具有足够的耐久性能；概括起来就是安全性、适用性、耐久性，统称为可靠性。

5. 整个结构或结构的一部分超过某一特定状态就不能满足设计规定的某一功能要求，此特定状态就称为结构功能的极限状态。结构功能的极限状态分为承载能力极限状态和正常使用极限状态。

6. 荷载效应是指由于施加在结构上的荷载产生的结构内力与变形，如各种构件的截面拉力、压力、弯矩、剪力、扭矩等内力和伸长、压缩、挠度、转角等变形及产生裂缝、滑移等后果。结构抗力是指整个结构或结构构件承受作用效应的能力，如构件的承载力、刚度等。

7. 建筑结构设计应根据使用过程中在结构上可能同时出现的荷载，按承载能力极限状态和正常使用极限状态分别进行荷载组合，并应取各自的最不利的组合进行设计。对于承载能力极限状态，应按荷载的基本组合或偶然组合计算荷载的效应设计值；对于正常使用极限状态，应根据不同的设计要求，采用荷载的标准组合、频遇组合或准永久组合计算荷载的效应设计值。

思考练习题

一、填空题

1. 结构的________、________和________统称为结构的可靠性。

2. 结构或结构构件达到正常使用或耐久性的某项规定限值的极限状态称为________。

3. 根据结构的功能要求，极限状态可划分为________和________两类。

4. ________是荷载的基本代表值。

5. 安全等级为二级的结构构件，其结构重要性系数为________。

二、选择题

1. 下列几种状态中，不属于超过承载能力极限状态的是(　　)。
   A. 结构转变为机动体系　　B. 结构丧失稳定
   C. 地基丧失承载力而破坏　　D. 结构产生影响外观的变形

2. 结构的可靠性是指(　　)。
   A. 安全性、耐久性、稳定性　　B. 安全性、适用性、稳定性
   C. 适用性、耐久性、稳定性　　D. 安全性、适用性、耐久性

3. 永久荷载的代表值是(　　)。
   A. 标准值　　B. 组合值　　C. 设计值　　D. 准永久值

4. 当两种或两种以上的可变荷载同时出现在结构上时，应采用荷载的代表值是(　　)。
   A. 标准值　　B. 组合值　　C. 设计值　　D. 准永久值

5. 可变荷载的设计值是(　　)。
   A. $\gamma_Q Q_k$　　B. Q_k　　C. $\gamma_G G_k$　　D. G_k

三、判断题

1. 结构在正常使用时，应具有足够的耐久性能。　　(　　)

2. 所有的结构构件都必须进行承载力极限状态的计算。　　(　　)

第二章 建筑结构材料

【学习目标】

通过本章学习，掌握建筑钢材、混凝土和砌体材料的概念与种类，了解建筑钢材的分类方法及应用特性，了解普通混凝土组成材料及混凝土的基本性质，了解砂浆组成材料及性能。

第一节 建筑钢材

建筑钢材是指建筑工程中使用的各种钢材，包括钢结构用的各种型材（如圆钢、角钢、工字钢、管钢）、板材以及钢筋混凝土结构用的钢筋、钢丝、钢绞线等。

钢材材质均匀密实，强度高，塑性和韧性好，能承受冲击和振动荷载，易于加工（焊接、铆接、切割等）和装配，广泛应用于建筑、铁路、桥梁等工程中，是一种重要的建筑结构材料。钢材的主要缺点是容易锈蚀，耐火性差，维修费用高。

一、钢结构用钢材

在建筑工程中应用最广泛的钢品种主要有普通碳素结构钢、优质碳素结构钢和低合金高强度结构钢。

（一）普通碳素结构钢

普通碳素结构钢简称碳素结构钢，在各类钢中产量最大，用途最为广泛，多轧制成型材、异型型钢和钢板等，可供焊接、铆接和螺栓连接。

1. 牌号及表示方法

钢的牌号由代表屈服点的字母、屈服点数值、质量等级符号、脱氧方法符号等四个部分按顺序组成。其中，以“Q”代表屈服点，普通碳素结构钢按屈服点的大小分为 Q195、Q215、Q235、Q275 四个不同强度级别的牌号。

2. 碳素结构钢的应用

Q195、Q215 含碳量低，强度不高，塑性、韧性、加工性能和焊接性能好，主要用于轧制薄板和盘条，制造铆钉、地脚螺栓等。

Q235 含碳量适中，综合性能好，强度、塑性和焊接等性能得到很好配合，用途最广泛。常轧制成盘条或钢筋，以及圆钢、方钢、扁钢、角钢、工字钢、槽钢等型钢，广泛地应用于建筑工程中。

Q275 强度、硬度较高，耐磨性较好，塑性和可焊性能有所降低。主要用作铆接与螺栓连接的结构及加工机械零件。

（二）优质碳素结构钢

国家标准《优质碳素结构钢》（GB/T 699—1999），将优质碳素结构钢划分为 32 个牌号，分为低含锰量（0.25% ~0.50%）、普通含锰量（0.35% ~0.80%）和较高含锰量（0.70% ~

1.20%)三组。牌号由平均含碳量的万分数、含锰量标识和脱氧程度三个部分构成。

优质碳素结构钢对有害杂质含量控制严格,质量稳定,综合性能好,但成本较高。其性能主要取决于含碳量的多少,含碳量高,则强度高,塑性和韧性差。在建筑工程中,30~45号钢主要用于重要结构的钢铸件和高强度螺栓等,45号钢用作预应力混凝土锚具,65~80号钢用于生产预应力混凝土用钢丝和钢绞线。

(三)低合金高强度结构钢

低合金高强度结构钢是一种在碳素结构钢的基础上添加总量不小于5%合金元素的钢材。所加合金元素主要有锰(Mn)、硅(Si)、钒(V)、钛(Ti)、铌(Nb)、铬(Cr)、镍(Ni)及稀土元素,均为镇静钢。

1.牌号及其表示方法

低合金高强度结构钢牌号由代表屈服点的汉语拼音字母Q、屈服点的数值、质量等级符号三个部分按顺序组成。低合金高强度结构钢有Q295、Q345、Q390、Q420和Q460五个牌号。

2.特性及应用

低合金高强度结构钢与碳素结构钢相比,具有较高的强度、良好的塑性、低温冲击韧性、可焊性和耐蚀性等特点,是一种综合性能良好的建筑钢材。

Q345是钢结构的常用牌号,Q390也是推荐使用的牌号。与碳素结构钢Q235相比,低合金高强度结构钢Q345的强度更高,等强度代换时可以节省钢材15%~25%,并减轻结构自重。另外,Q345具有良好的承受动荷载和耐疲劳性。低合金高强度结构钢广泛应用于钢结构和钢筋混凝土结构中,特别是大型结构、重型结构、大跨度结构、高层建筑、桥梁工程、承受动荷载和冲击荷载的结构。

二、钢筋混凝土用钢材

钢筋是用于钢筋混凝土结构中的线材。按照生产方法、外形、用途等不同,工程中常用的钢筋主要有热轧光圆钢筋、热轧带肋钢筋、低碳钢热轧圆盘条、预应力钢丝、冷轧带肋钢筋、热处理钢筋等品种。钢筋具有强度较高、塑性较好、易于加工等特点,广泛地应用于钢筋混凝土结构中。混凝土结构对钢筋的性能有以下四个方面的要求:

(1)强度要高。采用强度较高的钢筋,可以节约钢材。例如,HPB300级钢筋的强度设计值为270 kN/mm^2,而HRB400级钢筋的强度设计值为360 kN/mm^2,所以采用HRB400级钢筋较HPB300级钢筋可以节约25%左右的钢材。

要提高钢筋的强度,一般采用两种方法:一是改变钢材的化学成分,生产新的钢种;二是对钢筋进行冷加工,即冷拉或冷拔。

(2)延性要好。延性是钢筋变形、耗能的能力。所谓延性好,是指钢材在断裂之前有较大的变形,能给人以明显的警示,如果延性不好,就会在没有任何征兆时发生突然脆断,后果严重。

要提高钢筋的延性,往往与提高钢筋的强度有矛盾。也就是说,如果钢筋的强度提高了,它的延性将有所下降,但处理得好,这种影响是不大的。

(3)焊接性能要好。焊接性能指把两个或两个以上金属材料焊接到一起,接口处能满足使用目的的能力。良好的焊接性使钢筋能够按照使用需要焊接,而不破坏其强度和延性。

(4)与混凝土之间的黏结力要强。黏结力是钢筋与混凝土两种不同材料能够共同工作的基本前提之一。如果没有黏结力，杆件受力之后，两种材料各行其是，不能成为一个整体，也就谈不上钢筋混凝土构件了。

要提高钢筋与混凝土之间的黏结力，可采用变形（带肋）钢筋，沿钢筋全长分布的肋筋能与混凝土很好地黏结在一起。在光面钢筋的两端，可以做成弯钩，使钢筋能很好地锚固在混凝土中，而不至于产生滑动被拔出来。

（一）钢筋的品种及级别

钢材的品种繁多，能满足混凝土结构对钢筋性能要求的钢筋，分为普通钢筋混凝土钢筋和预应力混凝土钢筋两大类。还可以按轧制外形、力学性能、化学成分、加工工艺等进行分类。钢筋强度标准值、设计值及钢筋弹性模量见表 2-1 和表 2-2。

表 2-1　普通热轧钢筋强度标准值、设计值及钢筋弹性模量

<table>
<tr><th colspan="2" rowspan="2">种类</th><th rowspan="2">符号</th><th rowspan="2">公称直径（mm）</th><th colspan="3">普通钢筋强度（N/mm^2）</th><th rowspan="2">钢筋弹性模量（MPa）</th></tr>
<tr><th>标准值 f_{yk}</th><th>设计值 f_y</th><th>设计值 f'_y</th></tr>
<tr><td rowspan="4">热轧钢筋</td><td>HPB300</td><td>Φ</td><td>6～22</td><td>300</td><td>270</td><td>270</td><td>2.1×10^5</td></tr>
<tr><td>HRB335
HRBF335</td><td>Φ
Φ^{F}</td><td>6～50</td><td>335</td><td>300</td><td>300</td><td>2.0×10^5</td></tr>
<tr><td>HRB400
HRBF400
RRB400</td><td>Φ
Φ^{F}
Φ^{R}</td><td>6～50</td><td>400</td><td>360</td><td>360</td><td>2.0×10^5</td></tr>
<tr><td>HRB500
HRBF500</td><td>Φ
Φ^{F}</td><td>6～50</td><td>500</td><td>435</td><td>410</td><td>2.0×10^5</td></tr>
</table>

表 2-2　预应力钢筋强度标准值、设计值及钢筋弹性模量

<table>
<tr><th colspan="2" rowspan="2">种类</th><th rowspan="2">符号</th><th rowspan="2">公称直径 d（mm）</th><th colspan="3">预应力钢筋强度（N/mm^2）</th><th rowspan="2">钢筋弹性模量 E_s（MPa）</th></tr>
<tr><th>标准值 f_{ptk}</th><th>设计值 f_{py}</th><th>设计值 f'_{py}</th></tr>
<tr><td rowspan="3">中强度预应力钢丝</td><td>光面</td><td>Φ^{PM}</td><td rowspan="3">5、7、9</td><td>800</td><td>510</td><td rowspan="3">410</td><td rowspan="3">2.05×10^5</td></tr>
<tr><td rowspan="2">螺旋肋</td><td rowspan="2">Φ^{HM}</td><td>970</td><td>650</td></tr>
<tr><td>1 270</td><td>810</td></tr>
<tr><td rowspan="3">预应力螺纹钢筋</td><td rowspan="3">螺纹</td><td rowspan="3">Φ^{T}</td><td rowspan="3">18、25、32、40、50</td><td>980</td><td>650</td><td rowspan="3">410</td><td rowspan="3">2.00×10^5</td></tr>
<tr><td>1 080</td><td>770</td></tr>
<tr><td>1 230</td><td>900</td></tr>
<tr><td rowspan="5">消除应力钢丝</td><td rowspan="3">光面</td><td rowspan="3">Φ^{P}</td><td rowspan="2">5</td><td>1 570</td><td>1 110</td><td rowspan="5">410</td><td rowspan="5">2.05×10^5</td></tr>
<tr><td>1 860</td><td>1 320</td></tr>
<tr><td>7</td><td>1 570</td><td>1 110</td></tr>
<tr><td rowspan="2">螺旋肋</td><td rowspan="2">Φ^{H}</td><td rowspan="2">9</td><td>1 470</td><td>1 040</td></tr>
<tr><td>1 570</td><td>1 110</td></tr>
</table>

续表 2-2

种类		符号	公称直径 d（mm）	预应力钢筋强度（N/mm^2）			钢筋弹性模量 E_s（MPa）
				标准值 f_{ptk}	设计值 f_{py}	设计值 f'_{py}	
钢绞线	1×3（三股）	ϕ^S	8.6、10.8、12.9	1 570	1 110	390	1.95×10^5
				1 860	1 320		
				1 960	1 390		
	1×7（七股）		9.5、12.7、15.2、17.8	1 720	1 220		
				1 860	1 320		
				1 960	1 390		
			21.6	1 860	1 320		

（二）钢筋的力学性能

1. 钢筋的拉伸试验

钢筋的强度、延性等力学性能指标是通过钢筋的拉伸试验得到的。

图 2-1 是热轧低碳钢在试验机上进行拉伸试验得出的典型应力—应变曲线。从图 2-1 中可以看出，应力—应变曲线上有一个明显的台阶（见图 2-1 中 $c\sim d$ 段），称为屈服台阶，说明低碳钢有良好的纯塑性变形性能。低碳钢在屈服时屈服点所对应的应力 f_y 称为屈服强度，是钢筋强度设计时的主要依据。应力的最大值 f_u 称为极限抗拉强度。极限抗拉强度与屈服强度的比值 f_u/f_y 反映钢筋的强度储备，称为强屈比，热轧钢筋通常在 1.4～1.6 之间。钢筋拉断后的伸长值与原始长度的比率称为延伸率（δ），是反映钢筋延性性能的指标。延伸率大的钢筋，在拉断前有足够预兆，延性较好。

图 2-2 是高强钢丝的应力—应变曲线，与图 2-1 对比，能明显看到有明显屈服点钢筋与无明显屈服点钢筋力学性能的差别。

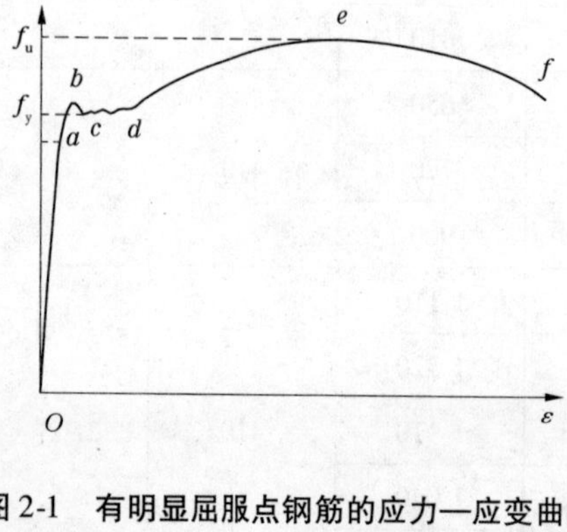

图 2-1　有明显屈服点钢筋的应力—应变曲线

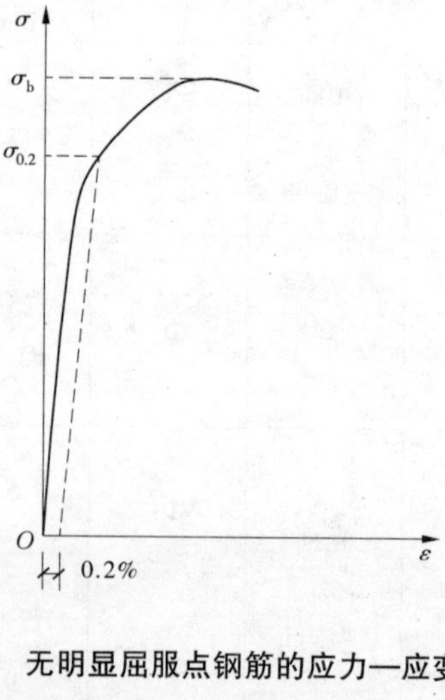

图 2-2　无明显屈服点钢筋的应力—应变曲线

高强钢丝的应力—应变曲线没有明显的屈服点，表现出强度高、延性低的特点。设计时取残余应变为 0.2% 时的应力 $\sigma_{0.2}$ 作为假想屈服强度,称为"条件屈服强度"。

2. 钢筋的冷弯试验

在常温下将钢筋绕规定的直径 D 弯曲 α 角度而不出现裂纹、鳞落和断裂现象,即认为钢筋的冷弯性能符合要求(见图 2-3)。D 愈小,α 愈大,则弯曲性能愈好。通过冷弯既能够检验钢筋变形能力,又可以反映其内在质量,是比延伸率更严格的检验指标。

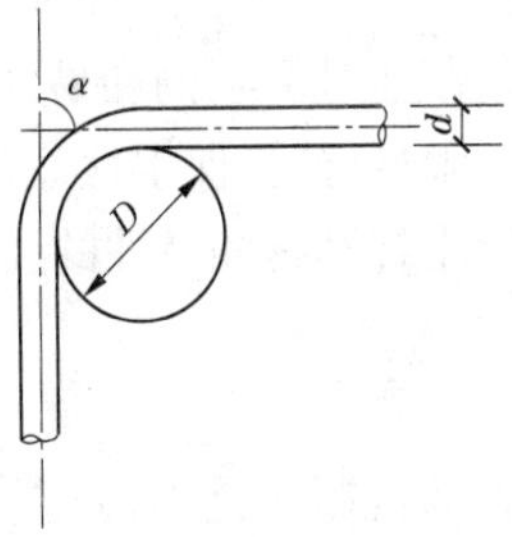

图 2-3　钢筋冷弯示意图

(三) 钢筋的强度指标

1. 钢筋强度标准值

如前述,钢筋的强度是通过试验测得的。即使同一种类的钢材,由于各种原因,其强度值也会存在一定差异。为保证结构设计的可靠性,对同一强度等级的钢筋,取具有一定保证率的强度值作为该等级的标准值。《混凝土结构设计规范》(GB 50010—2010)规定,材料强度的标准值应具有不小于 95% 的保证率。

2. 钢筋强度设计值

钢筋混凝土结构按承载力设计计算时,钢筋应采用强度设计值。强度设计值为强度标准值除以材料的分项系数 γ_s。普通钢筋的材料分项系数为 1.1,预应力用钢筋的材料分项系数为 1.2。

第二节　混凝土

混凝土是由胶凝材料、水和粗、细骨料按适当比例配合,拌制成拌和物,经一定时间硬化而成的人造石材。另外,为了改善混凝土的某些性能,还常在混凝土中掺入适量的外加剂和掺合料。混凝土广泛应用于建筑工程、水利工程、道路、地下工程、国防工程等,是当代最重要的建筑材料之一,也是世界上用量最大的人工建筑材料。

在建筑工程中,用量最大、用途最广泛的是以水泥为胶凝材料的普通水泥混凝土,通常简称为普通混凝土。本节主要讲述普通混凝土。

普通混凝土是由水泥、砂子、石子和水按适当比例配合,拌制成拌和物,经一定时间硬化而成的人造石材。在混凝土中,砂子、石子统称为骨料,主要起骨架作用,一般不参与水泥与水的化学反应。水泥与水形成水泥浆,水泥浆包裹在骨料表面并填充其空隙。在混凝土硬化前,水泥浆主要起润滑作用,赋予混凝土拌和物一定的流动性,以便施工;水泥浆硬化后主要起胶结作用,将砂、石骨料胶结成为一个坚实的整体,并使混凝土具有一定的强度。普通混凝土的结构如图 2-4 所示。

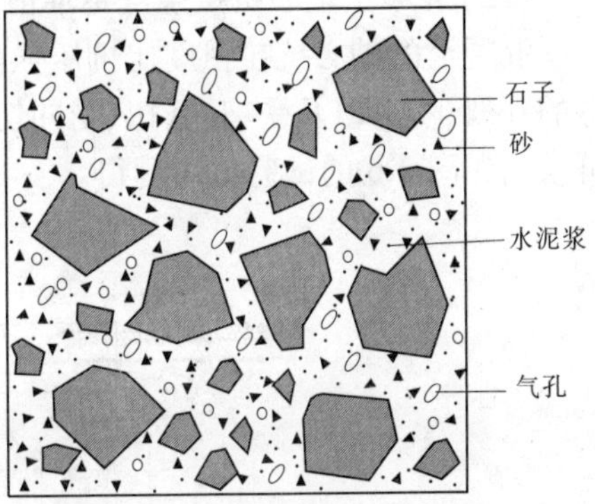

图 2-4　普通混凝土结构

一、新拌混凝土的和易性

和易性是指混凝土拌和物易于各种施工工序(拌和、运输、浇筑、振捣等)操作并能获得质量均匀、成型密实的性能。和易性是一项综合技术性质，包括流动性、黏聚性和保水性三个方面的含义。

混凝土拌和物的和易性是以上三个方面性能的综合体现，它们之间既相互联系又相互矛盾。黏聚性好时，保水性往往也好；当流动性增大时，黏聚性和保水性往往变差。不同的工程对混凝土拌和物和易性的要求也不同，应根据工程具体情况既要有所侧重，又要互相兼顾。

二、混凝土的强度

普通混凝土是由砂、石、水泥和水按一定比例混合而成的，混凝土承受压力的能力要远远大于承受拉力的能力，故混凝土在结构中主要起承担压力的作用。因此，抗压强度就成为普通混凝土所有力学性能中最为重要的性能。为了设计、施工和质量检验的方便，必须对混凝土的强度规定统一的级别，混凝土立方体抗压强度是划分混凝土强度等级的主要标准。

（一）立方体抗压强度标准值f_{cuk}

立方体抗压强度标准值是按照标准方法制作、养护的边长为 150 mm × 150 mm × 150 mm 的立方体试件，在 28 d 龄期用标准试验方法测得的具有 95% 保证率的抗压强度，用符号f_{cuk}表示。依此将混凝土划分为 14 个强度等级：C15、C20、C25、C30、C35、C40、C45、C50、C55、C60、C65、C70、C75、C80。C 代表混凝土强度等级，数字代表混凝土承受的抗压强度值，单位为 N/mm^2。C50 ~ C80 属高强度混凝土。

需要指出的是，立方体的受力情况并不能代表实际混凝土构件中的受力情况，它只是作为一种在给定的统一试验方法下衡量混凝土强度的基本方法，因为这种试件的制作和试验方法简便，结果可靠。

（二）混凝土轴心抗压强度标准值f_{ck}

实际工程中钢筋混凝土构件的长度要比截面尺寸大得多，故取棱柱体（150 mm × 150 mm × 300 mm 或 150 mm × 150 mm × 450 mm）标准试件测定混凝土轴心抗压强度，如图 2-5 所示。

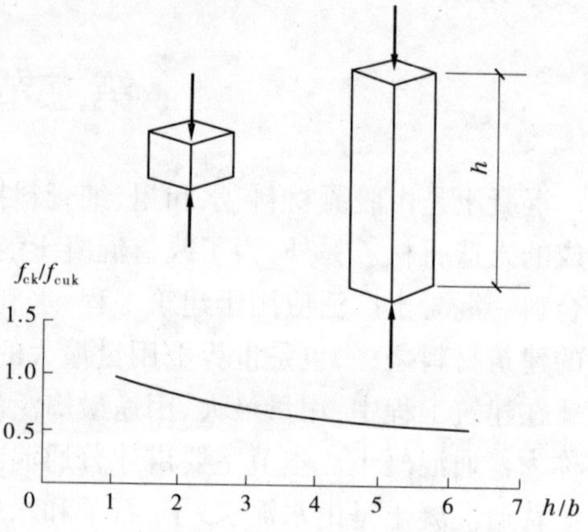

图 2-5　混凝土轴心抗压强度试验

（三）混凝土轴心抗拉强度标准值f_{tk}

混凝土的轴心抗拉强度比抗压强度小很多，一般只有抗压强度的 5% ~10%。混凝土构件的开裂、变形以及受剪、受扭、受冲切等承载力均与混凝土抗拉强度有关。轴心抗拉强度可采用如图 2-6 的试验方法测得。

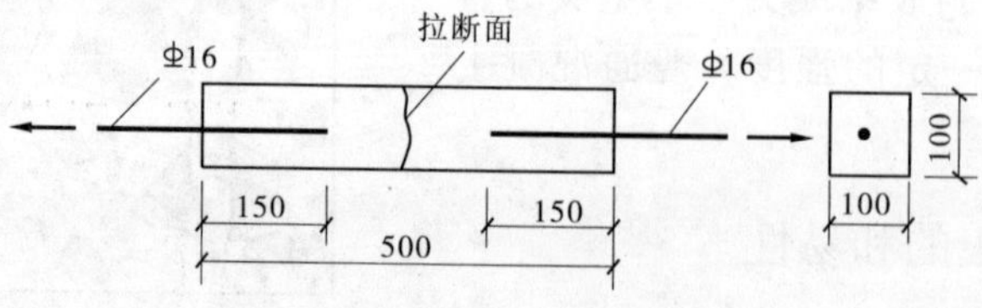

图 2-6　混凝土轴心抗拉强度试验

三、混凝土的计算指标

(一)混凝土强度标准值

混凝土轴心抗压强度标准值f_{ck}和轴心抗拉强度标准值f_{tk}具有95%的保证率。

(二)混凝土强度设计值

混凝土强度设计值为混凝土强度标准值除以混凝土的材料分项系数γ_c,即$f_c=\frac{f_{ck}}{\gamma_c}$,$f_t=\frac{f_{tk}}{\gamma_c}$。混凝土的材料分项系数$\gamma_c=1.4$,取值是根据可靠度分析和工程经验校准法确定的。混凝土强度标准值、设计值及弹性模量见表2-3。

表2-3　混凝土强度标准值、设计值及弹性模量　　(单位:MPa)

混凝土强度等级	轴心抗压强度		轴心抗拉强度		弹性模量 E_c
	标准值f_{ck}	设计值f_c	标准值f_{tk}	设计值f_t	
C15	10.0	7.2	1.27	0.91	2.20×10^4
C20	13.4	9.6	1.54	1.10	2.55×10^4
C25	16.7	11.9	1.78	1.27	2.80×10^4
C30	20.1	14.3	2.01	1.43	3.00×10^4
C35	23.4	16.7	2.20	1.57	3.15×10^4
C40	26.8	19.1	2.39	1.71	3.25×10^4
C45	29.6	21.1	2.51	1.80	3.35×10^4
C50	32.4	23.1	2.64	1.89	3.45×10^4
C55	35.5	25.3	2.74	1.96	3.55×10^4
C60	38.5	27.5	2.85	2.04	3.60×10^4
C65	41.5	29.7	2.93	2.09	3.65×10^4
C70	44.5	31.8	2.99	2.14	3.70×10^4
C75	47.4	33.8	3.05	2.18	3.75×10^4
C80	50.2	35.9	3.11	2.22	3.80×10^4

四、混凝土的收缩和徐变

(一)混凝土的收缩

混凝土在空气中硬化体积缩小的现象称为混凝土的收缩。混凝土的收缩对混凝土的构件会产生有害的影响,如使构件产生裂缝,对预应力混凝土构件会引起预应力损失等。减小收缩的主要措施有:控制水泥用量及水灰比,混凝土振捣密实,加强养护等。对于纵向延伸的结构,在一定长度上需设置伸缩缝。

(二)混凝土的徐变

混凝土在长期不变荷载作用下应变随时间继续增长的现象称为混凝土的徐变。混凝土的徐变在不同结构物中有不同的作用。对于普通钢筋混凝土构件,能消除混凝土内部温度应力和收缩应力,减弱混凝土的开裂现象。对于预应力混凝土结构,混凝土的徐变使预应力损失大大增加,这是极其不利的。

影响混凝土徐变的因素主要有:①水泥用量越大(水灰比一定时),徐变越大。②水灰比越小,徐变越小。③构件龄期长,结构致密,强度高,则徐变小。因此,混凝土过早的受荷(即过早的拆除底板)对混凝土是不利的。④骨料用量多,弹性模量高,级配好,最大粒径大,则徐变小。⑤应力水平越高,徐变越大。⑥养护温度越高,湿度越大,水泥水化作用越充分,徐变越小。

五、混凝土的耐久性

混凝土的耐久性是指在外部和内部不利因素的长期作用下,必须保持适合于使用,而不需要进行维修加固,即保持其原有设计性能和使用功能的性质。外部因素指的是酸、碱、盐的腐蚀作用,冰冻破坏作用,水压渗透作用,碳化作用,干湿循环引起的风化作用,荷载应力作用和振动冲击作用等。内部因素主要指的是碱骨料反应和自身体积变化。通常用混凝土的抗渗性、抗冻性、抗碳化性能、抗腐蚀性能和碱骨料反应综合评价混凝土的耐久性。

对于一般建筑结构,设计使用年限为50年,重要的建筑物可取100年。长期以来,我国混凝土工程的耐久性问题不受重视,混凝土结构没有达到预期的使用寿命,受环境作用过早破坏的实例很多,由此造成的经济损失也很大。由于许多工程设计只满足承载力要求,而没有提出耐久性的要求,使已建成的混凝土构筑物存在耐久性隐患。我国的混凝土工程量在改革开放30多年来突飞猛进,可以预见,耐久性不佳的混凝土工程的劣化问题将会日趋严重。因此,混凝土耐久性问题应当越来越受到人们的重视。

提高混凝土耐久性的措施,主要包括以下几个方面:

(1)选用适当品种的水泥及掺合料;

(2)适当控制混凝土的水胶比及水泥用量;

(3)长期处于潮湿和严寒环境中的混凝土,应掺用引气剂;

(4)选用较好的砂、石骨料;

(5)掺用加气剂或减水剂;

(6)改善混凝土的施工操作方法。

第三节　砌体材料

一、块材

(一)砖

砌体结构常用的砖有烧结普通砖、烧结多孔砖、蒸压灰砂砖、蒸压粉煤灰砖、混凝土普通砖、混凝土多孔砖等。

普通砖及多孔砖是由黏土页岩等为主要材料焙烧而成的。硅酸盐砖是用硅酸盐材料加压成型并经高压蒸养而成的。

普通砖和蒸压砖具有全国统一的规格,其尺寸为240 mm×115 mm×53 mm(见图2-7

(a))。多孔砖的主要规格有:240 mm×115 mm×90 mm(见图2-7(b))、190 mm×190 mm×90 mm(见图2-7(c)、(d))、240 mm×180 mm×115 mm等。孔洞率一般不小于25%。

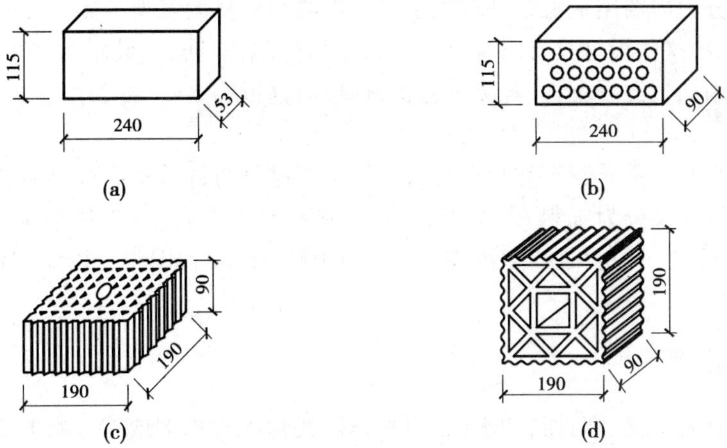

图2-7　砖的规格

砖的强度等级是根据受压试件测得的抗压强度(以 N/mm^2 或MPa计)来划分的。《砌体结构设计规范》(GB 50003—2011)规定,烧结普通砖和烧结多孔砖的强度等级划分为MU30、MU25、MU20、MU15和MU10等五级,其中MU表示砌体中的块体,其后数字表示块体的抗压强度值,单位为MPa。

(二)砌块

砌块是指比砖尺寸大的块材,在建筑工程中多采用高度为180~350 mm的小型砌块。生产砌块多采用地方材料和工农业废料,材料来源广,可节约黏土资源,并且制作使用方便。由于砌块的尺寸比砖大,故用砌块来砌筑墙体还可提高施工速度,改善墙体的功能。

工程中常用的砌块一般指混凝土空心砌块、加气混凝土砌块及硅酸盐实心砌块。此外,还有用黏土、煤矸石等为原料,经焙烧而制成的烧结空心砌块(见图2-8)。砌块按尺寸大小可分为小型、中型和大型三种,我国通常把砌块高度为180~350 mm的称为小型砌块,高度为360~900 mm的称为中型砌块,高度大于900 mm的称为大型砌块。

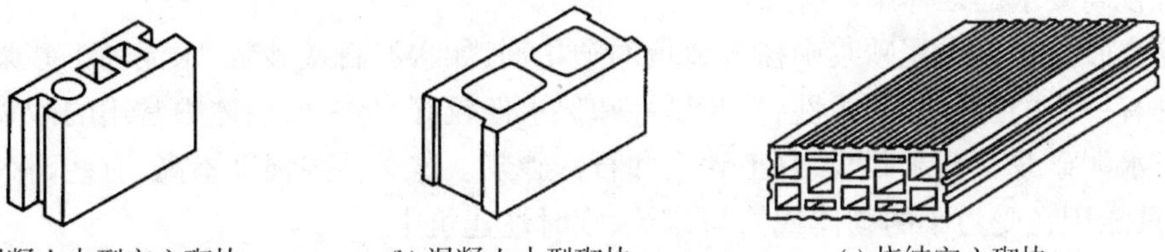

(a) 混凝土中型空心砌块　(b) 混凝土小型砌块　(c) 烧结空心砌块

图2-8　砌块材料

混凝土空心砌块的强度等级是根据标准试验方法,按毛截面面积计算的极限抗压强度值来划分的。《砌体结构设计规范》(GB 50003—2011)规定,混凝土小型空心砌块的强度等级为MU20、MU15、MU10、MU7.5和MU5五个等级。

(三)墙用板材

随着建筑结构体系的改革和大空间多功能框架结构的发展,各种轻质和复合墙用板材也蓬勃兴起。以板材为围墙的建筑体系具有质轻、节能、施工方便、快捷、使用面积大、开间布置灵活等特点。

墙用板材分为内墙用板材和外墙用板材。内墙用板材大多为各类石膏板、石棉水泥板、加气混凝土板等,这些板材具有质量轻、保温效果好、隔声、防火、装饰效果好等优点。外墙用板材大多采用加气混凝土板、各类复合板材、玻璃钢板等。

(四)石材

石材主要来源于重质岩石和轻质岩石。天然石材分为料石和毛石两种。料石按其加工后外形的规则程度又分为细料石、半细料石、粗料石和毛料石。《砌体结构设计规范》(GB 50003—2011)规定,石材的强度等级分为 MU100、MU80、MU60、MU50、MU40、MU30 和 MU20 等七级。

二、砌筑砂浆

砂浆是由胶凝材料、细骨料和水(也可根据需要掺入外加剂或掺合料)按适当比例拌和成拌和物,经一定时间硬化而成的建筑材料。砂浆与混凝土的基本组成相近,只是缺少了粗骨料,因此砂浆又称为细骨料混凝土。

砂浆在建筑工程中的用途广泛,主要用途有以下几个方面:

(1)将砖、石材、砌块等块状材料胶结成砌体;

(2)用于建筑物室内外的墙面、地面、梁、柱、顶棚等构件的表面抹灰;

(3)镶贴大理石、陶瓷墙地砖等各类装饰板材;

(4)用于装配式结构中墙板、混凝土楼板等各种构件的接缝;

(5)制成各类特殊功能的砂浆,如装饰砂浆、保温砂浆、防水砂浆等。

砂浆的作用是将砌体中的单个块体连成整体,并抹平块体表面,从而促使其表面均匀受力,同时填满块体间的缝隙,减少砌体的透气性,提高砌体的保温性能和抗冻性能。

(一)砂浆的分类

砂浆有水泥砂浆、混合砂浆和非水泥砂浆三种类型。

水泥砂浆是由水泥、砂子和水搅拌而成,其强度高,耐久性好,但和易性差,一般用于对强度有较高要求的砌体中。

混合砂浆是在水泥砂浆中掺入适量的塑化剂,如水泥石灰砂浆、水泥黏土砂浆等。这种砂浆具有一定的强度和耐久性,且和易性和保水性较好,是一般墙体中常用的砂浆类型。

非水泥砂浆有石灰砂浆、黏土砂浆和石膏砂浆。这类砂浆强度不高,有些耐久性也不够好,故只能用在受力小的砌体或简易建筑、临时性建筑中。

(二)砂浆的性能要求

砂浆的技术性质主要是新拌砂浆的和易性和硬化后砂浆的强度,另外还有砂浆的黏结力、变形等性能。

新拌砂浆应具有良好的和易性,使砂浆能较容易地铺成均匀的薄层,且与基面紧密黏结。砂浆的和易性包括流动性和保水性两个方面。

为满足工程质量和施工要求,砂浆除应具有足够的强度外,还应有较好的和易性和保水性。和易性好,则便于砌筑、保证砌筑质量和提高施工工效;保水性好,则不致在存放、运输过程中出现明显的泌水、分层和离析,以保证砌筑质量。水泥砂浆的和易性和保水性不如混合砂浆好，在砌筑墙体、柱时，除有防水要求外，一般采用混合砂浆。

（三）砂浆的强度等级

砂浆的强度等级根据其试块的抗压强度确定，试验时应采用同类块体为砂浆试块底模，由边长为70.7 mm的立方体标准试块，在温度为15～25 ℃环境下硬化、龄期28 d（石膏砂浆为7 d）的抗压强度来确定。砌筑砂浆的强度等级为M15、M10、M7.5、M5和M2.5等，其中M表示砂浆，其后数字表示砂浆的强度大小（单位为MPa）。混凝土小型空心砌块砌筑砂浆的强度等级用Mb标记，以区别于其他砌筑砂浆，其强度等级有Mb30、Mb25、Mb20、Mb15、Mb10、Mb7.5和Mb5等。

本章小结

1. 本章对建筑钢材的主要分类、牌号、表示方法等做了详细的分析。

2. 混凝土结构对钢筋性能的要求是：强度高，延性好，良好的焊接性及与混凝土黏结可靠。屈服强度、极限抗拉强度、延伸率和冷弯性能是衡量钢筋强度和延性的重要指标。钢筋混凝土结构中常用的钢筋HRB400和HRB335都是有明显屈服点的钢筋，其中HRB400级钢筋具有强度高、延性好等优点，是目前我国钢筋混凝土结构的主力钢筋。对钢筋进行冷加工能提高强度，但延性有所降低。

3. 混凝土的强度有立方体强度、轴心抗压强度和轴心抗拉强度。混凝土的徐变是在应力不变的情况下随时间而增长的变形。混凝土徐变会使钢筋混凝土构件的变形增加，也会造成预应力损失。混凝土的收缩是混凝土在空气中硬化体积缩小的现象。混凝土的收缩会产生裂缝，也会造成预应力损失。在设计和施工中应采取合理的措施，力求减少徐变和收缩。

4. 砌体由块体与砂浆砌筑而成。本章较为系统地介绍了主要砌体的种类与性能，同时介绍了组成各类砌体的块体及砂浆的种类和主要性能。

思考练习题

一、填空题

1. 普通混凝土中由__________、__________、__________、水、外加剂和矿物质混合料六大组分构成。

2. 结构设计时，低碳钢以__________对应的强度作为设计计算取值的依据。

3. 测定混凝土抗压强度的立方体试块的尺寸为边长__________ mm的立方体。

4. 砂浆按胶凝材料分为__________、__________和__________三种。

二、选择题

1. 钢材的设计强度是根据（　　）确定的。

A. 比例极限　　B. 弹性极限　　C. 屈服强度　　D. 极限强度

2. Q235钢按照质量等级分为A、B、C、D四级，由A到D表示质量由低到高，其分类依据是(　　)。

A. 冲击韧性　　B. 冷弯试验　　C. 化学成分　　D. 伸长率

3. 钢号 Q345A 中的 345 表示钢材的(　　)。

A. f_p 值　　B. f_u 值　　C. f_y 值　　D. f_{yv} 值

4. 在混凝土各强度指标中,其设计值大小关系为(　　)。

A. $f_t > f_c > f_{cu}$　　B. $f_{cu} > f_c > f_t$　　C. $f_{cu} > f_t > f_c$　　D. $f_c > f_{cu} > f_t$

5. 以下不属于减少混凝土收缩措施的项目是(　　)。

A. 控制水泥用量　　B. 提高混凝土强度等级

C. 提高混凝土的密实性　　D. 减少水灰比

三、思考题

1. Q275－C 与 Q420－A 各表示什么意义？它们分别属于哪个钢种？

2. 工程中常采取的提高混凝土耐久性的措施有哪些？

第三章　混凝土结构基本构件

【学习目标】

通过本章学习，掌握钢筋混凝土梁、板的一般构造；掌握单筋矩形截面的受弯构件正截面、斜截面的设计方法；掌握钢筋混凝土柱的一般构造；了解轴心及偏心受压构件的破坏形态，掌握轴心受压构件承载力的计算；了解钢筋混凝土受扭构件的构造要求；了解预应力结构的基本概念，掌握施加预应力方法，了解预应力构件的一般构造。

第一节　钢筋混凝土受弯构件

受弯构件是指构件截面上有弯矩和剪力共同作用，而轴力可以忽略不计的构件，工程中典型的受弯构件有梁、板。

受弯构件在外荷载作用下，截面上将同时承受弯矩 M 和剪力 V 的作用，在弯矩较大区段可能发生沿横截面（称为正截面）受弯破坏；在剪力较大区段可能发生沿斜截面的受剪破坏；当受力钢筋过早切断、弯起或锚固不满足要求时，还可能发生斜截面受弯破坏。故在受弯构件设计时要通过正截面承载力计算，确定受弯构件的材料、截面尺寸与纵向受力钢筋的用量，以保证不发生正截面受弯破坏；通过斜截面承载力计算，进一步复核所选用的材料和截面尺寸，并确定箍筋与弯起钢筋的用量，以保证不发生斜截面受剪破坏；通过一定的构造措施，以保证斜截面不发生受弯破坏。

一、梁和板的一般构造要求

（一）梁的构造

1. 梁的材料选择

《混凝土结构设计规范》（GB 50010—2010）规定：混凝土结构构件中的纵向受力普通钢筋宜选用 HRB400、HRB500、HRBF400、HRBF500 钢筋，也可采用 HRB335、HRBF335、HPB300、RRB400 钢筋。箍筋宜采用 HRB400、HRBF400、HPB300、HRB500、HRBF500 钢筋，也可采用 HRB335、HRBF335 钢筋。

预应力钢筋宜采用预应力钢丝、钢绞线和预应力螺纹钢筋。

钢筋混凝土结构的混凝土强度等级不应低于 C20；当采用强度级别 400 MPa 及以上的钢筋时，混凝土强度等级不应低于 C25。

承受重复荷载的钢筋混凝土构件，混凝土强度等级不应低于 C30。

预应力混凝土结构的混凝土强度等级不宜低于 C40，且不应低于 C30。

2. 梁的截面形式

梁的截面形式常见的有矩形、T 形、工字形，考虑到施工方便和结构整体性要求，工程中也有采用预制和现浇结合的方法，形成叠合梁和叠合板，如图 3-1 所示。

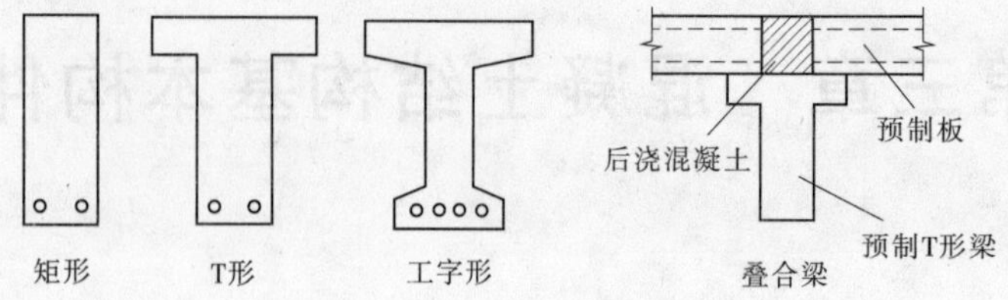

图 3-1　梁的截面形式

梁截面高度 h 与梁的跨度 l 及所受荷载大小有关。一般按高跨比 h/l 估算，如简支梁的高度 $h=(1/12\sim1/8)l$，悬臂梁的高度 $h=l/6$，多跨连续梁的高度 $h=(1/18\sim1/12)l$。

梁截面宽度常用截面高宽比 h/b 确定。对于矩形截面，一般 $h/b=2.0\sim3.5$；对于 T 形截面，一般 $h/b=2.5\sim4.0$。

为了统一模板尺寸和便于施工，通常采用梁宽度 $b=150$ mm、180 mm、200 mm…，当 b 大于 200 mm 时，采用 50 mm 的倍数；当梁高度 $h=250$ mm、300 mm…≤800 mm 时，采用 50 mm 的倍数，当 $h>800$ mm 时，采用 100 mm 的倍数。

3. 梁的配筋

梁中的钢筋有纵向受力钢筋、架立钢筋、箍筋、梁侧构造钢筋和弯起钢筋等，如图 3-2 所示。

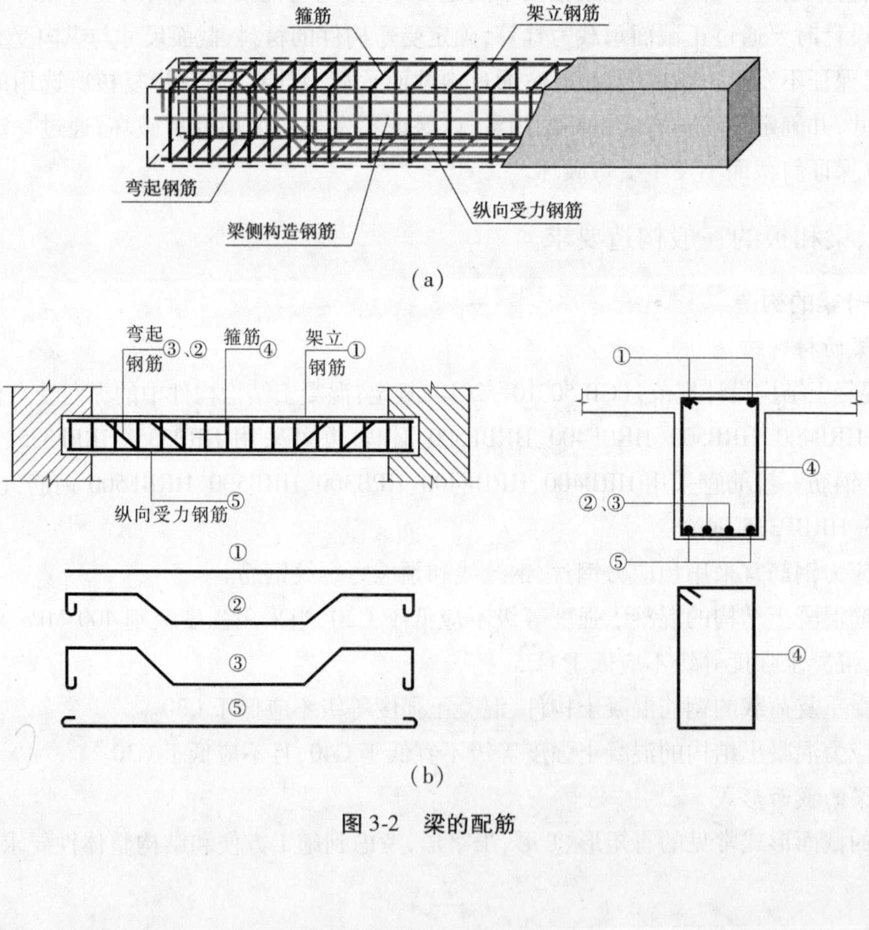

图 3-2　梁的配筋

(c)　　　　　　　　　　　　(d)

续图 3-2

1)纵向受力钢筋

纵向受力钢筋主要承受弯矩 M 产生的拉力,如图 3-2 中⑤号钢筋。常用直径为 10～30 mm。为保证钢筋与混凝土之间具有足够的黏结力和便于浇筑混凝土,梁的上部纵向钢筋的净距不应小于 30 mm 和 1.5d(d 为纵向受力钢筋的最大直径),下部纵向受力钢筋的净距不应小于 25 mm 和 d,当梁的下部纵向受力钢筋配置多于两层时,两层以上钢筋水平方向的中距应比下面两层的中距增大一倍。各层钢筋之间的净距应不小于 25 mm 和 d,如图 3-3 所示。

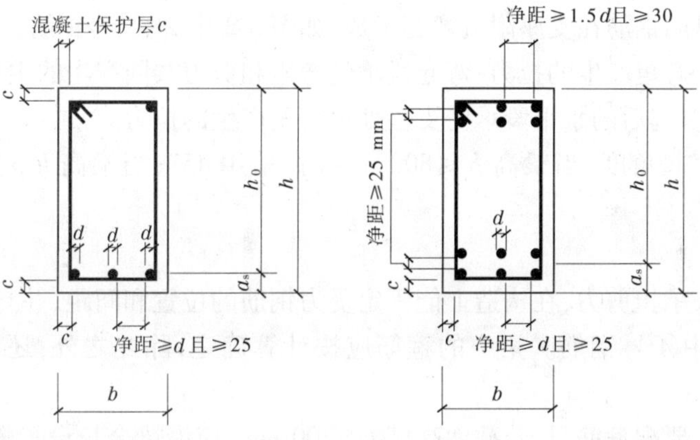

(a)钢筋放一排时　　　　(b)钢筋放二排时

图 3-3　梁内纵向受力钢筋的排列

图 3-3 中,c 为钢筋混凝土梁的保护层厚度,指从箍筋外表面到混凝土表面的垂直距离,其取值见表 3-1。保护层可以有效防止钢筋锈蚀和保证钢筋与混凝土之间的黏结。

在大跨度、重型结构或截面相对较小的 T 形、工字形截面构件中,纵向受力钢筋通常会比较密集。为满足钢筋排布的构造规定,不得不采取多排布筋的方式来配置钢筋,但多排布筋减小了梁截面的有效高度,使梁的承载力降低,而且钢筋多排布置也导致混凝土浇筑困难。故为了方便施工,可采用同类型、同直径的两根或三根钢筋并在一起配置,形成并筋,如图 3-4 所示。直径 28 mm 及以下的钢筋并筋数量不宜超过 3 根,直径为 32 mm 的钢筋宜为 2 根,直径 36 mm 及以上的钢筋不应采用并筋。

表 3-1　混凝土保护层最小厚度　（单位：mm）

环境类别	板、墙、壳	梁、柱
一	15	20
二 a	20	25
二 b	25	30

注：1. 当混凝土强度等级不大于 C25 时，表中保护层厚度数值增加 5 mm，h_0 计算公式再减 5 mm。

2. 环境类别中，一类指室内干燥环境，二 a 指室内潮湿环境、非严寒和非寒冷地区的露天环境等，二 b 指严寒和寒冷地区的露天环境、与无侵蚀的水和土直接接触的环境。

并筋应按单根等效钢筋进行计算，等效钢筋的等效直径应按截面面积相等的原则换算确定。等直径双并筋 $d_e = \sqrt{2}d$，等直径三并筋 $d_e = \sqrt{3}d$，其中 d 为单根钢筋的直径。

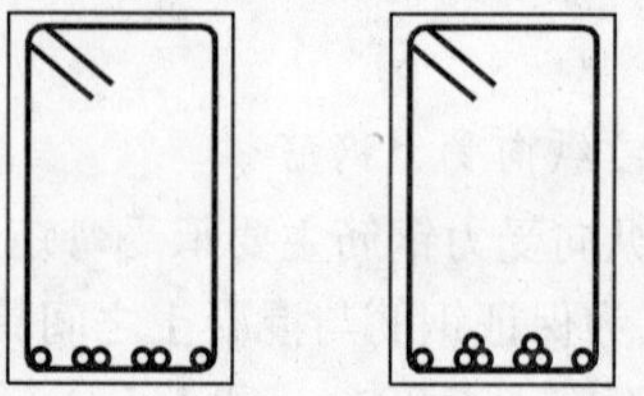

(a)双并筋　(b)三并筋

图 3-4　梁中钢筋的并筋形式

【小贴士】

并筋连接接头宜按每根单筋错开，接头面积百分率按同一连接区段内所有的单根钢筋计算，钢筋的搭接长度应按单筋分别计算。

2）弯起钢筋

弯起钢筋由纵向钢筋在支座附近弯起形成，如图 3-2 中②、③号钢筋。它的作用分三段：跨中水平段承受正弯矩产生的拉力；弯起段承受弯矩和剪力共同产生的主拉应力，即作为受剪钢筋的一部分；弯起后的水平段承受支座处负弯矩产生的拉力。

弯起钢筋的弯起角度：当梁高 $h \leqslant 800$ mm 时，采用 45°；当梁高 $h > 800$ mm 时，采用 60°。

3）箍筋

箍筋主要用来承担剪力，在构造上能固定受力钢筋的位置和间距，并与其他钢筋形成钢筋骨架，如图 3-2 中④号钢筋。梁中的箍筋应按计算确定，除此之外，还应满足以下构造要求。

当按计算不需要配箍筋时，若截面高度 $h > 300$ mm，应沿梁全长设置箍筋；若 $h = 150 \sim 300$ mm，可仅在构件端部各 1/4 跨度范围内设置箍筋，但当在构件中部 1/2 跨度范围内有集中荷载作用时，则应沿梁全长设置箍筋；若 $h < 150$ mm，可不设箍筋。

（1）直径：箍筋的最小直径不应小于表 3-2 的规定。

表 3-2　箍筋的最小直径 d_{min}　（单位：mm）

梁高 h	$h \leqslant 800$	$h > 800$	配有受压钢筋的梁
最小直径 d_{min}	6	8	$\geqslant d/4$

注：d 为受压钢筋中的最大直径。

（2）间距：梁的箍筋从支座边缘 50 mm 处开始设置，但支撑在砌体上的独立梁，在纵向受力钢筋的锚固长度范围内应设置不少于两道的箍筋。梁中箍筋间距 s 除应符合计算要求外，最大间距 s_{max} 尚宜符合表 3-3 的规定。

表 3-3　梁中箍筋的最大间距 s_{max}　（单位：mm）

梁高 h	$V>0.7f_tbh_0$	$V\leqslant0.7f_tbh_0$	梁高 h	$V>0.7f_tbh_0$	$V\leqslant0.7f_tbh_0$
$150<h\leqslant300$	150	200	$500<h\leqslant800$	250	350
$300<h\leqslant500$	200	300	$h>800$	300	400

（3）形式：箍筋的形式有开口（见图 3-5（a）、（d））和封闭（见图 3-5（b）、（c））两种。开口式只用于无振动荷载或开口处无受力钢筋的现浇 T 形梁的跨中部分。除上述情况外，箍筋应做成封闭式。箍筋不能有内折角，末端应做成 135°弯钩。

（4）肢数：一个箍筋垂直部分的根数 n 称为肢数。常用的有单肢箍（见图 3-5（a））、双肢箍（$n=2$，见图 3-5（b）和（d））和四肢箍（$n=4$，见图 3-5（c）） 等几种形式。当梁宽小于 350 mm 时，通常用双肢箍；当梁宽大于等于 350 mm 或纵向受拉钢筋在一排的根数多于 5 根时，应采用四肢箍；当梁配有受压钢筋时，应使受压钢筋至少每隔一根处于箍筋的转角处；只有当梁宽小于 150 mm 或作为腰筋的拉结筋时，才允许使用单肢箍。

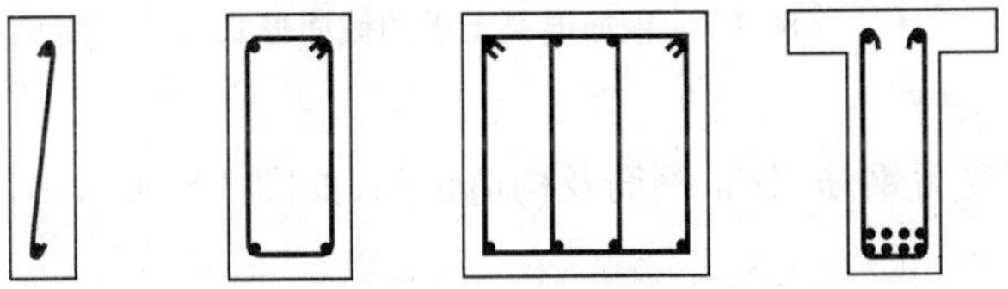

(a)单肢箍　(b)封闭式双肢箍　(c)四肢箍　(d)开口式双肢箍

图 3-5　箍筋的形式和肢数

4）架立钢筋

为了将受力钢筋和箍筋连接成整体骨架，在施工中保持正确的位置，在梁的上部平行于纵向受力钢筋的方向，一般应设置架立钢筋，如图 3-2 中①号钢筋。

架立钢筋的直径：当梁的跨度小于 4 m 时，不宜小于 8 mm；当梁的跨度为 4 ~6 m 时，不宜小于 10 mm；当梁的跨度大于 6 m 时，不宜小于 12 mm。

架立钢筋与受力钢筋的搭接长度：当架立钢筋直径 $d\geqslant12$ mm 时，为 150 mm；当架立钢筋直径 $d<12$ mm 时，为 100 mm。

5）梁侧纵向构造钢筋和拉筋

当梁的腹板高度 $h_w\geqslant450$ mm 时，为保证受力钢筋与箍筋构成的整体骨架的稳定，防止梁侧面中部产生竖向收缩裂缝，应在梁的两个侧面沿高度配置纵向构造钢筋。纵向构造钢筋间距小于等于 200 mm，截面面积大于等于腹板截面面积 bh_w 的 0.1%，并用拉筋连接，如图 3-6所示，拉筋直径一般与箍筋相同，间距常取为箍筋间距的两倍。

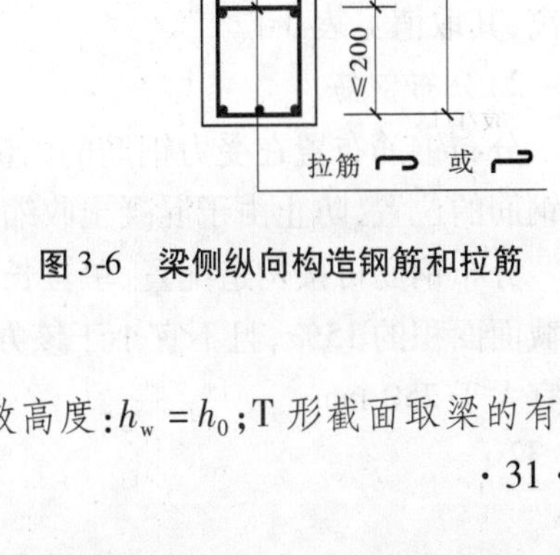

图 3-6　梁侧纵向构造钢筋和拉筋

【小贴士】

梁的腹板高度 h_w 的计算公式：矩形截面取梁的有效高度：$h_w=h_0$；T 形截面取梁的有效

高度减去翼缘高度：$h_w = h_0 - h'_f$；对于工字形截面，取腹板净高：$h_w = h - h_f - h'_f$。

（二）板的构造

1. 板的材料选择

板中受力钢筋宜选用 HPB300、HRB335、HRBF335、HRB400、RRB400 钢筋，分布筋宜选用 HPB300 钢筋。混凝土等级不应低于 C20；当采用强度级别 400 MPa 及以上的钢筋时，混凝土强度等级不应低于 C25。

2. 板的截面形式

钢筋混凝土板的常用截面有矩形、空心和槽形等形式，如图 3-7 所示。板的厚度 h 与其跨度 l 和所受荷载大小有关，一般宜满足跨厚比要求，且要满足《混凝土结构设计规范》(GB 50010—2010)规定的最小板厚要求。

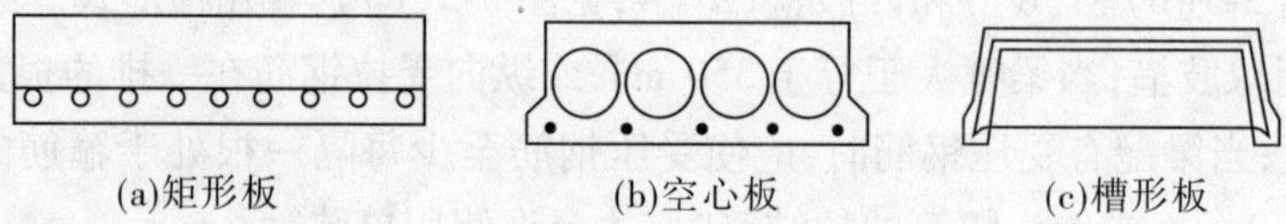

图 3-7　钢筋混凝土板的截面形式

3. 板的配筋

板中钢筋通常有受力钢筋、分布钢筋及构造钢筋，如图 3-8 所示。

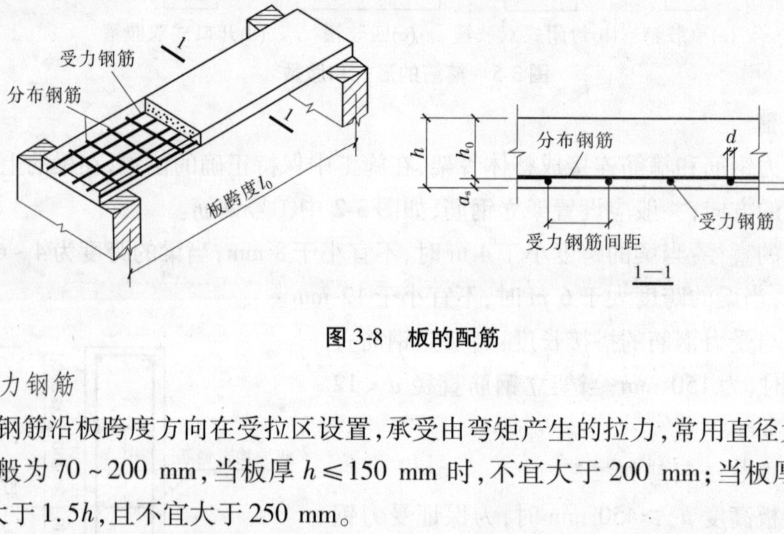

图 3-8　板的配筋

1）受力钢筋

受力钢筋沿板跨度方向在受拉区设置，承受由弯矩产生的拉力，常用直径为 8 ~ 14 mm。其间距一般为 70 ~ 200 mm，当板厚 $h \leqslant 150$ mm 时，不宜大于 200 mm；当板厚 $h > 150$ mm 时，不宜大于 $1.5h$，且不宜大于 250 mm。

图 3-8 中 c 为钢筋混凝土板的保护层厚度，指从外侧钢筋外表面到混凝土表面的垂直距离，其取值见表 3-1。

2）分布钢筋

分布钢筋布置在受力钢筋的内侧，其作用是将板面荷载均匀地传递给受力钢筋，固定受力钢筋的位置，防止由于混凝土收缩及温度变化在垂直板跨方向产生的拉应力。

分布钢筋可按构造配置，单位长度上分布钢筋的截面面积不宜小于单位宽度上受力钢筋截面面积的 15%，且不宜小于该方向板截面面积的 0.15%。其直径不宜小于 6 mm，间距不宜大于 250 mm。

二、受弯构件正截面承载力计算

(一)受弯构件正截面破坏形态

钢筋混凝土受弯构件,当截面尺寸和材料强度确定后,钢筋用量的变化将影响构件的受力性能和破坏形态。梁内纵向受拉钢筋的含量用配筋率 ρ 表示,即

$$\rho = \frac{A_s}{bh_0} \tag{3-1}$$

式中 A_s——纵向受拉钢筋截面面积;

b——梁截面宽度;

h_0——梁的有效高度,$h_0 = h - a_s$,a_s 为受拉钢筋的形心至混凝土受拉区边缘的距离,梁中 $a_s = c + d_v + \frac{d}{2}$,板中 $a_s = c + \frac{d}{2}$,其中 d 为纵向受拉钢筋的直径,d_v 为箍筋的直径。

一级环境等级下的梁、板,当混凝土强度等级大于等于 C25 时,h_0 可近似取为

梁 $h_0 = h - 40$ mm (单层钢筋)

$h_0 = h - 65$ mm (双层钢筋)

板 $h_0 = h - 20$ mm

当混凝土强度等级低于 C25 时,h_0 应按上述数值再减去 5 mm。

根据配筋率 ρ 的不同,钢筋混凝土梁可分为适筋梁、超筋梁和少筋梁三种破坏形态,如图 3-9 所示。

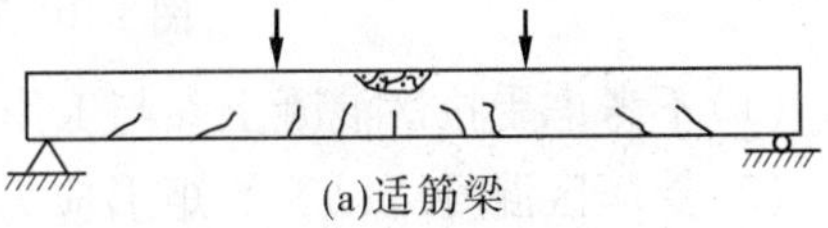

(a)适筋梁

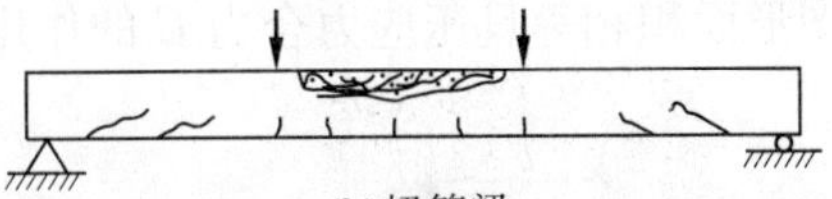

(b)超筋梁

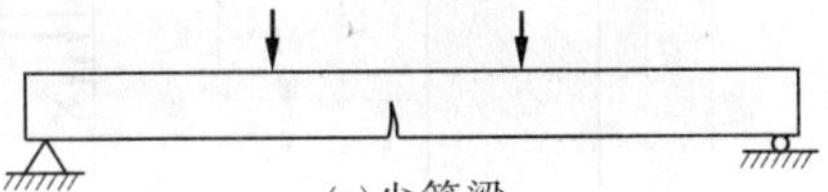

(c)少筋梁

图 3-9 梁正截面破坏形态

1. 适筋梁

配筋率 ρ 适中的梁称为适筋梁,其破坏形态如图 3-9(a)所示。其破坏特征是:破坏开始时,受拉区的钢筋应力先达到屈服强度,之后钢筋应力进入屈服台阶,梁的挠度、裂缝随之增大,最终因受压区的混凝土达到其极限压应变被压碎而破坏。在这一阶段,梁的承载力基本保持不变而变形可以很大,在完全破坏以前具有很好的变形能力,破坏预兆明显,我们把这种破坏称为“延性破坏”。延性破坏是设计钢筋混凝土构件的一个基本原则。受弯构件的正截面承载力计算的基本公式就是根据适筋梁破坏时的平衡条件建立的。

2. 超筋梁

配筋率 ρ 过大的梁称为超筋梁,其破坏形态如图 3-9(b)所示。其破坏特征是:由于纵向受力钢筋配置过多,导致在钢筋没有达到屈服前,受压区混凝土就被压坏,表现为裂缝开展不宽,延伸不高,是没有明显预兆的混凝土受压脆性破坏的特征,因此在建筑结构设计中应予以避免。

3. 少筋梁

配筋率 ρ 过低的梁称为少筋梁,其破坏形态如图 3-9(c)所示。其破坏特征是:由于纵

向受力钢筋配置过少，钢筋有可能在梁一开裂时就进入强化段最终被拉断，梁的破坏与素混凝土梁类似，属于受拉脆性破坏特征。少筋梁的这种受拉脆性破坏比超筋梁受压脆性破坏更为突然，很不安全，而且很不经济，因此在建筑结构设计中不容许采用。

为了保证受弯构件配筋适当，不发生少筋和超筋破坏，就必须控制截面的配筋率，使它在最小配筋率和最大配筋率之间。

（二）单筋矩形截面受弯构件正截面承载力计算

1. 基本公式

单筋截面指仅在受拉区配置受力钢筋，而不考虑受压区钢筋（架立筋）参与受力的截面。单筋矩形截面受弯构件正截面承载力计算是以适筋梁破坏瞬间的受力状态为依据的。梁在弯矩作用下，一侧受拉，另一侧受压。由于混凝土的抗拉强度很低，需要在梁的受拉部位配置抗拉强度高的钢筋来承受拉力（见图 3-10）。为便于计算，进行了如下简化：

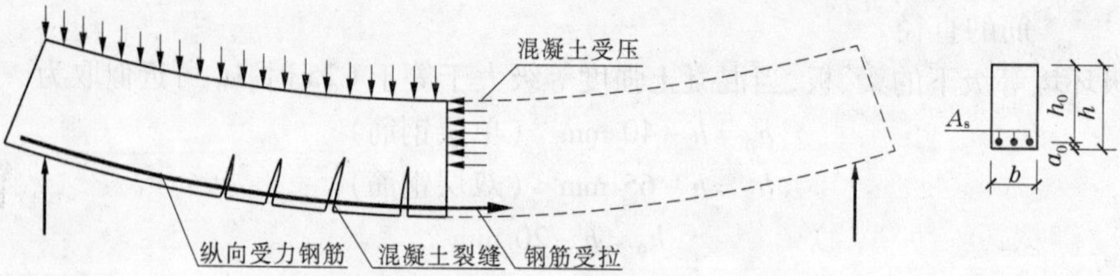

图 3-10　单筋矩形截面梁受力简图

（1）不考虑受拉区混凝土参与工作，拉力完全由钢筋承担；

（2）受压区混凝土以等效矩形应力图形代替实际曲线应力图形（如图 3-11 所示，两应力图形面积相等且压应力合力 C 的作用点不变）。

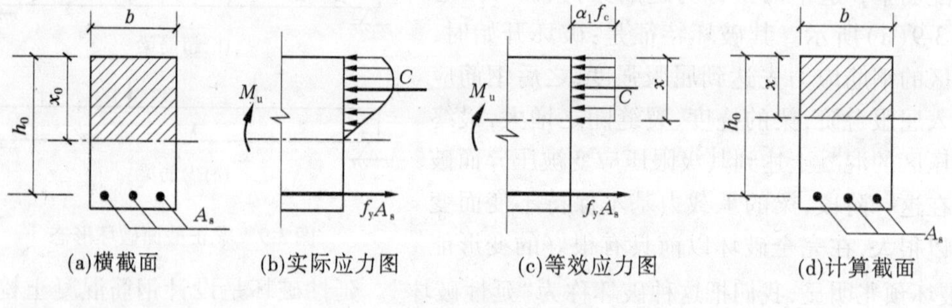

图 3-11　单筋矩形截面受弯构件正截面应力图形

根据静力平衡条件，同时从满足承载力极限状态出发，应满足 $M \leqslant M_u$，可得出单筋矩形截面受弯构件正截面承载力计算的基本公式：

$$\sum X = 0 \qquad \alpha_1 f_c bx = f_y A_s \tag{3-2}$$

$$\sum M_s = 0 \qquad M \leqslant M_u = \alpha_1 f_c bx\left(h_0 - \frac{x}{2}\right) \tag{3-3a}$$

或

$$\sum M_c = 0 \qquad M \leqslant M_u = f_y A_s\left(h_0 - \frac{x}{2}\right) \tag{3-3b}$$

式中　b——矩形截面的宽度，mm；

A_s——受拉纵向钢筋的截面面积，mm^2；

M_u——截面破坏时的极限弯矩，kN·m；

M——作用在截面上的弯矩设计值，kN·m；

α_1——受压混凝土的简化应力系数，其取值见表3-4；

f_c——混凝土轴心抗压强度设计值，N/mm^2；

f_y——钢筋抗拉强度设计值，N/mm^2；

x——受压区高度，mm；

h_0——截面有效高度，mm。

表3-4　受压混凝土的简化应力系数 α_1

混凝土强度等级	≤C50	C55	C60	C65	C70	C75	C80
α_1 值	1.0	0.99	0.98	0.97	0.96	0.95	0.94

2. 基本公式适用条件

为保证受弯构件为适筋破坏，上述基本公式需满足以下适用条件：

（1）为了防止构件发生少筋破坏，要求构件的配筋率 ρ 不得低于其最小配筋率 ρ_{min}，即

$$\rho \geqslant \rho_{min} \tag{3-4a}$$

或

$$A_s \geqslant \rho_{min} bh \tag{3-4b}$$

（2）为了防止构件发生超筋破坏，要求构件的配筋率 ρ 不得高于其最大配筋率 ρ_{max}，即

$$\rho \leqslant \rho_{max} \tag{3-5a}$$

或

$$x \leqslant \xi_b h_0 \tag{3-5b}$$

式中　ρ_{min}——受弯构件最小配筋率，其取值见表3-5；

ρ_{max}——受弯构件最大配筋率；

ξ_b——相对界限受压区高度，其取值见表3-6。

表3-5　钢筋混凝土构件中纵向受力钢筋的最小配筋率 ρ_{min}

受力类型			最小配筋率(%)
受压构件	全部纵向钢筋	强度级别500 N/mm^2	0.50
		强度级别400 N/mm^2	0.55
		强度级别300 N/mm^2、335 N/mm^2	0.60
	一侧纵向钢筋		0.20
受弯构件、偏心受拉构件、轴心受拉构件一侧的受拉钢筋			0.20和45 $\frac{f_t}{f_y}$ 中的较大值

注：1. 受压构件全部纵向钢筋最小配筋率，当采用C60及以上强度等级的混凝土时，应按表中规定增大0.10。

2. 板类受弯构件的受拉钢筋，当采用强度级别为400 N/mm^2、500 N/mm^2 的钢筋时，其最小配筋率应允许采用0.15和 $45f_t/f_y$ 中的较大值。

3. 受压构件的全部纵向钢筋和一侧纵向钢筋的配筋率以及轴心受拉构件和小偏心受拉构件一侧受拉钢筋的配筋率应按构件的全截面面积计算。

4. 当钢筋沿构件截面周边布置时，“一侧纵向钢筋”是指沿受力方向两个对边中的一边布置的纵向钢筋。

表 3-6　相对界限受压区高度 ξ_b

混凝土强度等级	≤C50	C60	C70	C80
HPB300 钢筋	0.576	0.556	0.537	0.518
HRB335 钢筋 HRBF335 钢筋	0.550	0.531	0.512	0.493
HRB400 钢筋 HRBF400 钢筋 RRB400 钢筋	0.518	0.499	0.481	0.463
HRB500 钢筋 HRBF500 钢筋	0.482	0.464	0.447	0.429

【小贴士】

在验算最小配筋率 $\rho \geqslant \rho_{min}$ 中，$\rho = A_s/(bh)$ 取用梁高 h 而不是梁的有效高度 h_0。

3. 单筋矩形截面受弯构件正截面承载力计算步骤

单筋矩形截面受弯构件正截面承载力的计算有两种情况，即截面设计与承载力复核。

1）截面设计

已知：设计弯矩 M，混凝土强度等级 f_c，钢筋级别 f_y，截面尺寸 b、h。

求：所需纵向受拉钢筋截面面积 A_s。

计算步骤如下：

(1) 确定截面有效高度 h_0。

(2) 计算混凝土受压区高度 x，并判断是否超筋。

由式(3-3a)得

$$x = h_0 - \sqrt{h_0^2 - \frac{2M}{\alpha_1 f_c b}}$$

若 $x \leqslant \xi_b h_0$，说明未超筋；若 $x > \xi_b h_0$，说明超筋，应加大截面尺寸，或提高混凝土强度等级，或改用双筋截面。

(3) 计算钢筋截面面积 A_s。

由式(3-2)得

$$A_s = \frac{\alpha_1 f_c bx}{f_y}$$

(4) 选配钢筋。按照有关构造要求，选择钢筋的直径和根数，有关数据查阅表 3-7、表 3-8。

(5) 判断是否少筋。

若 $\rho = \frac{A_s}{bh} \geqslant \rho_{min}$，则不少筋；若 $\rho = \frac{A_s}{bh} < \rho_{min}$，则少筋，说明截面尺寸过大，应适当减小，否则应取 $A_s = \rho_{min}\ bh$。

注意：此步骤中 A_s 应为实际配置钢筋截面面积。

2）承载力复核

已知：混凝土强度等级 f_c，钢筋级别 f_y，截面尺寸 b、h，截面配筋 A_s。

表 3-7 钢筋的计算截面面积及公称质量

直径 d(mm)	不同根数钢筋的计算截面面积(mm^2)									单根钢筋公称质量(kg/m)
	1	2	3	4	5	6	7	8	9	
3	7.1	14.1	21.2	28.3	35.3	42.4	49.5	56.5	63.6	0.055
4	12.6	25.1	37.7	50.2	62.8	75.4	87.9	100.5	113	0.099
5	19.6	39	59	79	98	118	138	157	177	0.154
6	28.3	57	85	113	142	170	198	226	255	0.222
6.5	33.2	66	100	133	166	199	232	265	199	0.260
8	50.3	101	151	201	252	302	352	402	453	0.395
8.2	52.8	106	158	211	264	317	370	423	475	0.432
10	78.5	157	236	314	393	471	550	628	707	0.617
12	113.1	226	339	452	565	678	791	904	1 017	0.888
14	153.9	308	461	615	769	923	1 077	1 230	1 387	1.21
16	201.1	402	603	804	1 005	1 206	1 407	1 608	1 809	1.58
18	254.5	509	763	1 017	1 272	1 526	1 780	2 036	2 290	2.00(2.11)
20	314.2	628	941	1 256	1 570	1 884	2 200	2 513	2 827	2.47
22	380.1	760	1 140	1 520	1 900	2 281	2 661	3 041	3 421	2.98
25	490.9	982	1 473	1 964	2 454	2 945	3 436	3 927	4 418	3.85(4.10)
28	615.3	1 232	1 847	2 463	3 079	3 695	4 310	4 926	5 542	4.83
32	804.3	1 609	2 418	3 217	4 021	4 826	5 630	6 434	7 238	6.31(6.65)
36	1 017.9	2 036	3 054	4 072	5 089	6 107	7 125	8 143	9 161	7.99
40	1 256.1	2 513	3 770	5 027	6 283	7 540	8 796	10 053	11 310	9.87(10.34)
50	1 963.5	3 928	5 892	7 856	9 820	11 784	13 748	15 712	17 676	15.42(16.28)

注:表中直径 $d=8.2$ mm 的计算截面面积及公称质量仅适用于有纵肋的热处理钢筋。

求:截面所能承受的最大弯矩设计值 M_u,或已知弯矩设计值 M,复核截面是否安全。

计算步骤如下:

(1)确定截面有效高度 h_0。

(2)计算混凝土受压区高度 x,并判断受弯构件类型。

由式(3-2)得

$$x=\frac{f_y A_s}{\alpha_1 f_c b}$$

若 $x \leqslant \xi_b h_0$,且 $\rho=\frac{A_s}{bh} \geqslant \rho_{min}$,说明适筋;若 $x>\xi_b h_0$,说明超筋;若 $\rho=\frac{A_s}{bh}<\rho_{min}$,说明少筋。

(3)计算截面受弯承载力 M_u。

适筋梁:$M_u=\alpha_1 f_c bx\left(h_0-\frac{x}{2}\right)$;

超筋梁:取 $x=\xi_b h_0$,即 $M_u=\alpha_1 f_c b h_0^2 \xi_b(1-0.5\xi_b)$;

少筋梁:应修改设计。

(4)判断截面受弯承载力是否安全。

若 $M \leqslant M_u$,则截面安全;否则,截面不安全。

表 3-8　各种钢筋按一定间距排列时每米板宽内的钢筋截面面积

钢筋间距(mm)	当钢筋直径(mm)为下列数值时的钢筋截面面积(mm^2)													
	3	4	5	6	6/8	8	8/10	10	10/12	12	12/14	14	14/16	16
70	101.0	179	281	404	561	719	920	1 121	1 369	1 616	1 908	2 199	2 536	2 872
75	94.3	167	262	377	524	671	859	1 047	1 277	1 508	1 780	2 053	2 367	2 681
80	88.4	157	245	354	491	629	805	981	1 198	1 414	1 669	1 924	2 218	2 513
85	83.2	148	231	333	462	592	758	924	1 127	1 331	1 571	1 811	2 088	2 365
90	78.5	140	218	314	437	559	716	872	1 064	1 257	1 484	1 710	1 972	2 234
95	74.5	132	207	298	414	529	678	826	1 008	1 190	1 405	1 620	1 868	2 116
100	70.6	126	196	283	393	503	644	785	958	1 131	1 335	1 539	1 775	2 011
110	64.2	114.0	178	257	357	457	585	714	871	1 028	1 214	1 399	1 614	1 828
120	58.9	105.0	163	236	327	419	537	654	798	942	1 112	1 283	1 480	1 676
125	56.5	100.6	157	226	314	402	515	628	766	905	1 068	1 232	1 420	1 608
130	54.4	96.6	151	218	302	387	495	604	737	870	1 027	1 184	1 366	1 547
140	50.5	89.7	140	202	281	359	460	561	684	808	954	1 100	1 268	1 436
150	47.1	83.8	131	189	262	335	429	523	639	754	890	1 026	1 183	1 340
160	44.1	78.5	123	177	246	314	403	491	599	707	834	962	1 110	1 257
170	41.5	73.9	115	166	231	296	379	462	564	665	786	906	1 044	1 183
180	39.2	69.8	109	157	218	279	358	436	532	628	742	855	985	1 117
190	37.2	66.1	103	149	207	265	339	413	504	595	702	810	934	1 058
200	35.3	62.8	98.2	141	196	251	322	393	479	565	668	770	888	1 005
220	32.1	57.1	89.3	129	178	228	292	357	436	514	607	700	807	914
240	29.4	52.4	81.9	118	164	209	268	327	399	471	556	641	740	838
250	28.3	50.2	78.5	113	157	201	258	314	383	452	534	616	710	804
260	27.2	48.3	75.5	109	151	193	248	302	368	435	514	592	682	773
280	25.2	44.9	70.1	101	140	180	230	281	342	404	477	550	634	718
300	23.6	41.9	65.5	94	131	168	215	262	320	377	445	513	592	670
320	22.1	39.2	61.4	88	123	157	201	245	299	353	417	481	554	628

【例 3-1】　已知某矩形截面梁 $b \times h = 250\ mm \times 500\ mm$，$a_s = 40\ mm$，由荷载设计值所产生的弯矩 $M = 165\ kN \cdot m$。混凝土选用 C30，钢筋选用 HRB400 级。试求所需的受拉钢筋截面面积 A_s 并绘制梁配筋图。

解：由已知条件查表得：$f_c = 14.3\ N/mm^2$，$f_t = 1.43\ N/mm^2$，$f_y = 360\ N/mm^2$，$\alpha_1 = 1.0$，$\xi_b = 0.518$。

(1)确定截面有效高度 h_0。

$$h_0 = h - a_s = 500 - 40 = 460(mm)$$

(2)计算混凝土受压区高度 x，并判断是否超筋。

$x = h_0 - \sqrt{h_0^2 - \dfrac{2M}{\alpha_1 f_c b}} = 460 - \sqrt{460^2 - \dfrac{2 \times 165 \times 10^6}{1.0 \times 14.3 \times 250}} = 114.6(mm) < \xi_b h_0 = 0.518 \times 460 = 238.3(mm)$

说明不超筋。

(3)计算钢筋截面面积A_s。

$$A_s=\frac{\alpha_1 f_c bx}{f_y}=\frac{1.0\times14.3\times250\times114.6}{360}=1\ 138(\text{mm}^2)$$

(4)选配钢筋。选4 ⏀20($A_s=1\ 256\ \text{mm}^2$)。

放置4 ⏀20钢筋所需最小截面宽为

$$b_{\min}=2c+2d_v+4\times20+3\times25=2\times20+2\times10+4\times20+3\times25=215(\text{mm})<b=250(\text{mm})$$

(5)判断是否少筋。

$$0.45\frac{f_t}{f_y}=0.45\times\frac{1.43}{360}=0.18\%<0.2\%,取\rho_{\min}=0.2\%$$

$$\rho=\frac{A_s}{bh}=\frac{1\ 256}{250\times500}=1.00\%>\rho_{\min}=0.2\%$$

说明不少筋。

绘制梁配筋图如图3-12所示。

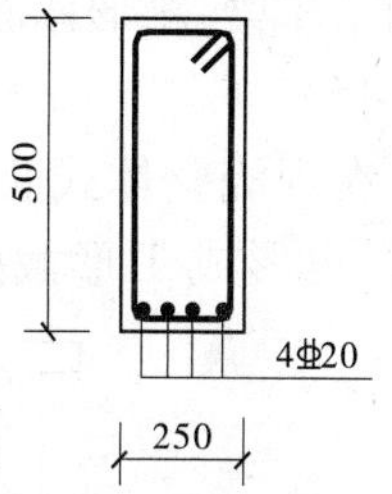

图3-12　梁配筋图

【小贴士】

钢筋配筋计算中,理论上实际配筋与计算钢筋面积的误差在±5%范围内,但在实际工程中,考虑施工等各方面因素的影响,实际配筋会超出理论的误差范围,但只要配筋率ρ在经济配筋率范围波动时,对总造价影响不大。板的经济配筋率为0.3%~0.8%,单筋矩形梁的经济配筋率为0.6%~1.5%,T形截面梁的经济配筋率为0.9%~1.8%。

【例3-2】　某学校教室梁截面尺寸及配筋如图3-13所示,弯矩设计值$M=90\ \text{kN}\cdot\text{m}$,$a_s=40\ \text{mm}$,混凝土强度等级为C35,HRB400级钢筋。验算此梁是否安全。

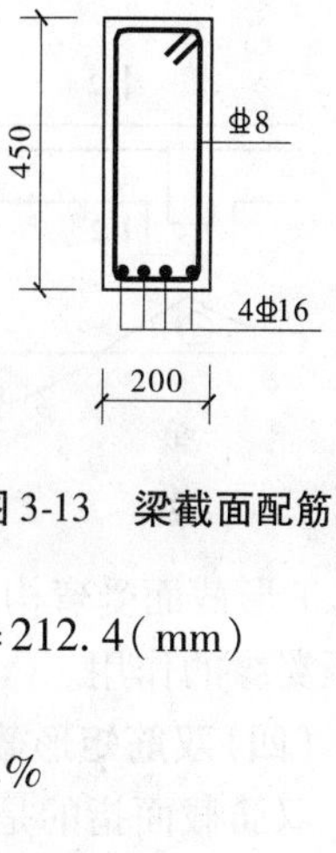

图3-13　梁截面配筋图

解:由已知条件查表得:$f_c=16.7\ \text{N/mm}^2$,$f_t=1.57\ \text{N/mm}^2$,$f_y=360\ \text{N/mm}^2$,$\alpha_1=1.0$,$\xi_b=0.518$,$A_s=804\ \text{mm}^2$。

(1)确定截面有效高度h_0。

$$h_0=h-a_s=450-40=410(\text{mm})$$

(2)计算混凝土受压区高度x,并判断受弯构件类型。

$$x=\frac{f_yA_s}{\alpha_1 f_c b}=\frac{360\times804}{1.0\times16.7\times200}=86.7(\text{mm})<\xi_b h_0=0.518\times410=212.4(\text{mm})$$

$$0.45\frac{f_t}{f_y}=0.45\times\frac{1.43}{360}=0.18\%<0.2\%,取\rho_{\min}=0.2\%$$

$$\rho=\frac{A_s}{bh}=\frac{804}{200\times450}=0.89\%>\rho_{\min}=0.2\%$$

该梁属于适筋梁。

(3)计算截面受弯承载力M_u。

$$M_u=\alpha_1 f_c bx(h_0-\frac{x}{2})=1.0\times16.7\times200\times86.7\times(410-\frac{86.7}{2})$$

$$=106.2\times10^6(\text{N}\cdot\text{mm})=106.2\ \text{kN}\cdot\text{m}>M=90\ \text{kN}\cdot\text{m}$$

该梁安全。

(三)单筋T形截面梁正截面承载力计算

矩形截面梁具有构造简单和施工方便等优点,但由于梁受拉区混凝土开裂退出工作,实际上受拉区混凝土的作用未能得到充分发挥。如挖去部分受拉区混凝土,并将钢筋集中放置,就形成了由梁肋和位于受压区的翼缘所组成的 T 形截面,如图 3-14 所示。这样既不会降低承载力,又能达到节省混凝土、减轻结构自重、降低造价的目的。

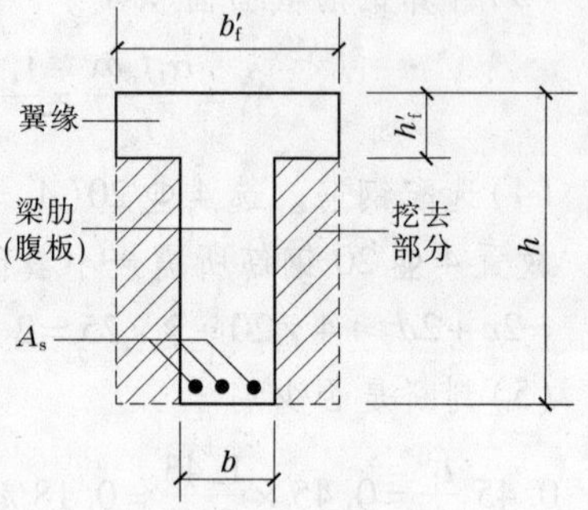

图 3-14 T 形截面

T 形截面梁在工程中的应用非常广泛,如 T 形截面吊车梁、箱形截面桥梁、大型屋面板、空心板(见图 3-15)。

在现浇整体式肋梁楼盖中,梁和板是在一起整浇的,也形成 T 形截面梁,如图 3-16 所示。它的跨

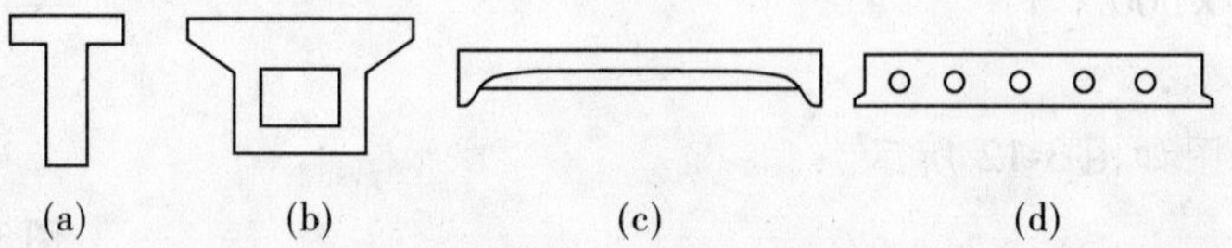

图 3-15 T 形截面独立梁

中截面往往承受正弯矩,翼缘受压可按 T 形截面计算,而支座截面往往承受负弯矩,翼缘受拉开裂。此时不再考虑混凝土承担拉力,因此对支座截面应按肋宽为 b 的矩形截面计算,形状类似于倒 T 形截面梁。

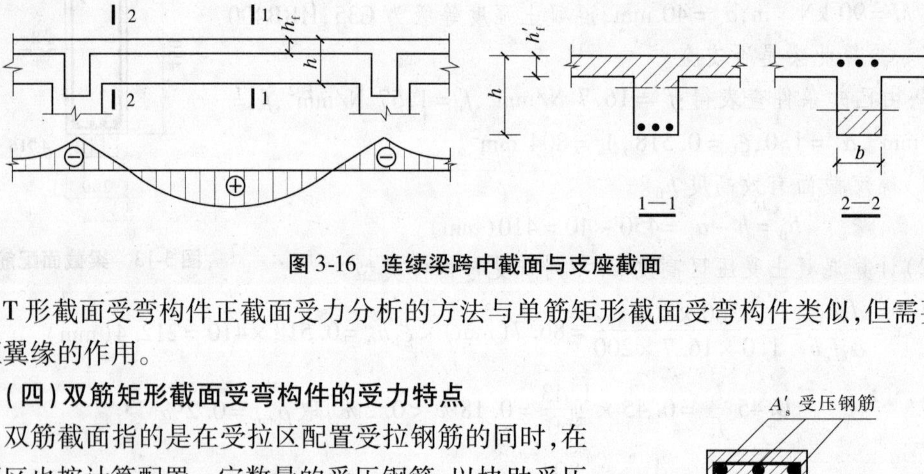

图 3-16 连续梁跨中截面与支座截面

T 形截面受弯构件正截面受力分析的方法与单筋矩形截面受弯构件类似,但需要考虑受压翼缘的作用。

(四)双筋矩形截面受弯构件的受力特点

双筋截面指的是在受拉区配置受拉钢筋的同时,在受压区也按计算配置一定数量的受压钢筋,以协助受压区混凝土承担一部分压力的截面,如图 3-17 所示。

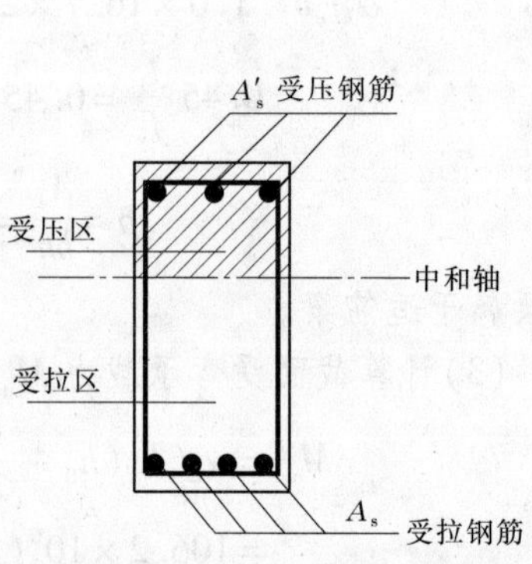

图 3-17 双筋截面梁

受压钢筋可提高构件截面的延性,并可减少构件在荷载作用下的变形,但用钢量较大,因此一般情况下采用钢筋来承担压力是不经济的,但遇到下列情况之一可考虑采用双筋截面。

(1)截面所承受的弯矩较大,且截面尺寸和材料品种等由于某种原因不能改变,此时,若采用单筋,则会出现超筋现象。

(2)同一截面在不同荷载组合下出现正、反号弯矩。

(3)构件的某些截面由于某种原因,在截面的受压区预先已经布置了一定数量的受力钢筋(如连续梁的某些支座截面)。

三、受弯构件斜截面承载力计算

一般而言,在荷载作用下,受弯构件在各个截面上既产生弯矩 M,又产生剪力 V。因此,受弯构件除可能产生由于弯矩过大引起的正截面受弯破坏外,还可能产生在弯矩和剪力共同作用下引起的斜截面破坏。故斜截面承载力计算应同时满足斜截面抗剪承载力 $V \leqslant V_u$ 和斜截面抗弯承载力 $M \leqslant M_u$ 的要求。斜截面抗剪承载力主要通过配置箍筋和弯起钢筋来满足,斜截面抗弯承载力则通过构造措施来保证。

箍筋和弯起钢筋统称为腹筋,《混凝土结构设计规范》(GB 50010—2010)建议宜优先选用箍筋作为受剪钢筋。

(一)受弯构件斜截面破坏形态

影响受弯构件斜截面承载力的因素很多,有腹筋和纵筋的含量、混凝土强度等级、荷载种类和作用方式、截面形状及剪跨比 λ 等。其中,剪跨比 $\lambda = a/h_0$,a 称为剪跨(即集中荷载至支座的距离),h_0 为截面有效高度。

受弯构件斜截面破坏形态主要取决于箍筋数量和剪跨比 λ。根据箍筋数量和剪跨比 λ 的不同,可分为剪压破坏、斜压破坏和斜拉破坏三种类型。

1. 剪压破坏

当梁内箍筋配置适当,且剪跨比适中($1 \leqslant \lambda \leqslant 3$)时,将发生剪压破坏。其破坏特征是:随着荷载的增加,在剪弯区段首先出现一批与截面下边缘垂直的裂缝,随后斜向延伸并形成一条临界斜裂缝。随着荷载进一步增加,与临界斜裂缝相交的箍筋应力达到屈服强度,临界斜裂缝继续向上发展延伸,直至剪压区混凝土被压碎而破坏,如图 3-18(a)所示。

2. 斜压破坏

当梁内箍筋数量配置过多或剪跨比较小($\lambda < 1$)时,将发生斜压破坏。其破坏特征是:随着荷载的增加,剪弯区段腹部混凝土首先开裂,并产生若干条相互平行的斜裂缝,将腹部混凝土分割为若干个斜向短柱而压碎,破坏时箍筋应力尚未达到屈服,如图 3-18(b)所示。

3. 斜拉破坏

当梁内箍筋数量配置过少且剪跨比较大($\lambda > 3$)时,将发斜拉破坏。其破坏特征是:斜裂缝一旦出现,箍筋应力立即达到屈服强度,斜裂缝将迅速延伸到截面顶部,形成临界斜裂缝,把梁斜向劈成两部分,破坏很突然,具有明显的脆性破坏特性,如图 3-18(c)所示。

在斜截面的三种破坏形态中,只有剪压破坏能充分发挥钢筋和混凝土的强度,因此斜截面受剪承载力主要以剪压破坏作为计算依据,而斜压破坏和斜拉破坏则应避免。

(二)受弯构件斜截面受剪承载力计算

1. 基本公式

受弯构件斜截面受剪承载力计算公式是以剪压破坏的破坏特征为依据,在试验分析的基础上给出的。

(1)对于矩形、T 形、工字形截面等一般受弯构件,当仅配置箍筋时:

$$V \leqslant V_u = 0.7 f_t b h_0 + f_{yv} \frac{A_{sv}}{s} h_0 \tag{3-6a}$$

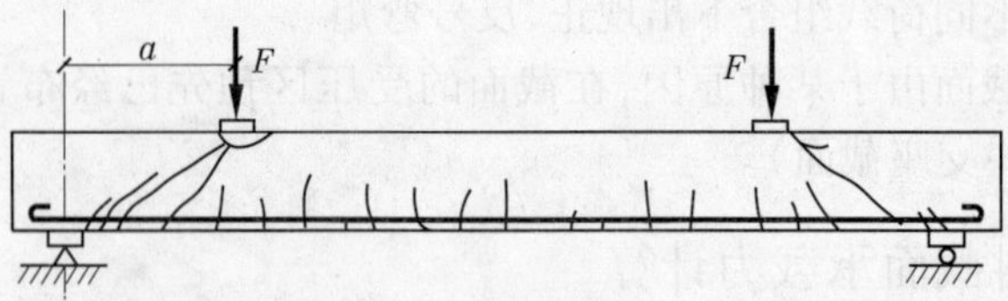

(a)剪压破坏

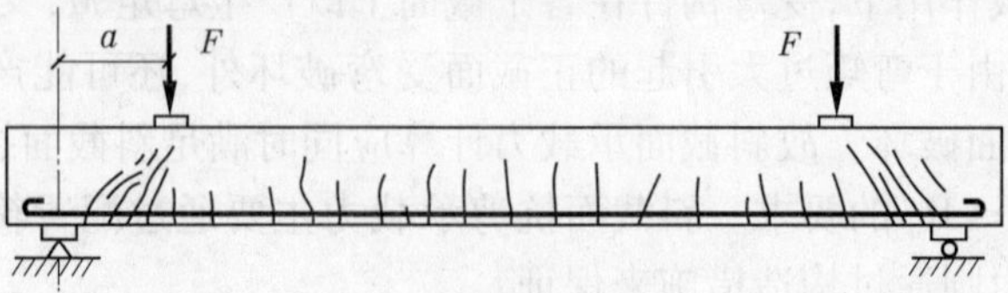

(b)斜压破坏

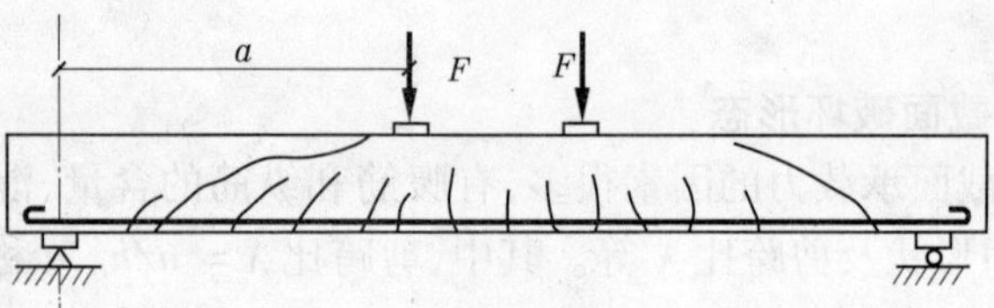

(c)斜拉破坏

图 3-18　梁斜截面破坏形态

式中　V——构件计算截面上的剪力设计值,kN;

V_u——截面破坏时的极限剪力值,kN;

f_t——混凝土轴心抗拉强度设计值,N/mm²;

f_{yv}——箍筋抗拉强度设计值,N/mm²;

b——矩形截面宽度,T 形、工字形截面腹板宽度,mm;

h_0——截面有效高度,mm;

s——箍筋间距,mm;

A_{sv}——同一截面内箍筋的截面面积,mm²,$A_{sv}=nA_{sv1}$,其中 n 为同一截面内箍筋的肢数,A_{sv1} 为单肢箍筋的截面面积。

(2)对于承受集中荷载作用为主的独立梁(包括作用多种荷载,其中集中荷载对支座截面或节点边缘所产生的剪力值占总剪力值 75% 以上的情况):

$$V \leqslant V_u = \frac{1.75}{\lambda+1}f_t bh_0 + f_{yv}\frac{A_{sv}}{s}h_0 \qquad (3\text{-}6b)$$

式中　λ——计算截面剪跨比,当 $\lambda<1.5$ 时,取 $\lambda=1.5$,当 $\lambda>3$ 时,取 $\lambda=3$。

(3)构造配箍条件。

当矩形、T 形、工字形截面受弯构件满足如下条件时:

$$V \leqslant 0.7f_t bh_0 \qquad (3\text{-}7a)$$

或

$$V \leqslant \frac{1.75}{\lambda+1}f_t bh_0 \qquad (3\text{-}7b)$$

可不进行斜截面受剪承载力计算,而按构造配置箍筋。

2. 适用条件

(1)为防止配箍量过大而发生斜压破坏的条件——最小截面尺寸限制。

当$\frac{h_w}{b} \leqslant 4$时(即一般梁),应满足

$$V \leqslant 0.25\beta_c f_c b h_0 \tag{3-8a}$$

当$\frac{h_w}{b} \geqslant 6$时(即薄腹梁),应满足

$$V \leqslant 0.2\beta_c f_c b h_0 \tag{3-8b}$$

当$4 < \frac{h_w}{b} < 6$时,应满足

$$V \leqslant 0.025\left(14 - \frac{h_w}{b}\right)\beta_c f_c b h_0 \tag{3-8c}$$

式中 V——截面最大剪力设计值,N;

b——矩形截面的宽度,T 形、工字形截面的腹板宽度,mm;

h_w——截面的腹板高度,mm;

f_c——混凝土轴心抗压强度设计值,N/mm^2;

β_c——混凝土强度影响系数,当混凝土强度等级≤C50 时,取$\beta_c = 1.0$,当混凝土强度等级为 C80 时,取$\beta_c = 0.8$,具体取值参照表 3-9。

表 3-9 混凝土强度影响系数β_c

混凝土强度等级	≤C50	C55	C60	C65	C70	C75	C80
β_c	1.0	0.97	0.93	0.9	0.87	0.83	0.8

(2)为防止配箍量过小而发生斜拉破坏的条件——最小配箍率$\rho_{sv,min}$的限制。

配箍率ρ_{sv}应满足

$$\rho_{sv} = \frac{A_{sv}}{bs} = \frac{nA_{sv1}}{bs} \geqslant \rho_{sv,min} = 0.24\frac{f_t}{f_{yv}} \tag{3-9}$$

同时箍筋应满足最小直径(见表 3-2)和最大间距(见表 3-3)的要求。

【小贴士】

验算梁的最小配箍率是保证梁斜截面承载力计算的下限条件,其目的是防止构件发生斜拉破坏。但仅满足最小配箍率要求还不够,同时要保证箍筋直径不宜过细,间距不宜过大,以免斜裂缝在开展过程中未与箍筋相交。

3. 斜截面受剪承载力计算步骤

已知:截面尺寸 b、h,混凝土强度等级,箍筋级别。

求:箍筋数量。

计算步骤如下。

1)确定计算截面,求剪力设计值 V

计算斜截面承载力时,剪力设计值的计算截面应按下列规定采用:

(1)支座边缘处的截面(见图 3-19 截面 1—1);

(2)受拉区弯起钢筋弯起点处的截面(见图 3-19(a)截面 2—2、3—3);

(3)箍筋截面面积或间距改变处的截面(见图 3-19(b)截面 4—4);

(4)截面尺寸改变处的截面。

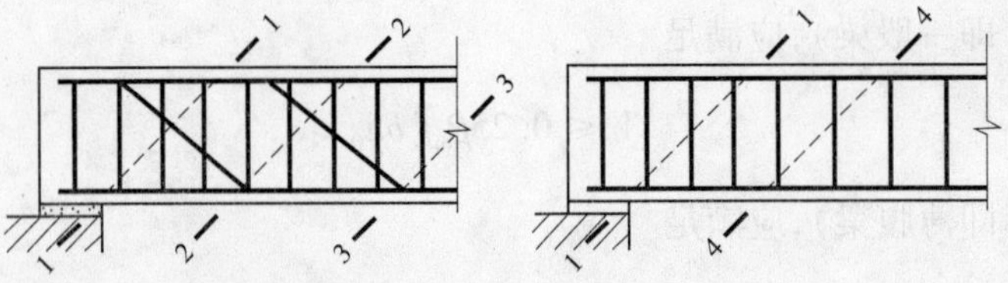

(a)弯起钢筋　　　　(b)箍筋

图 3-19　斜截面受剪承载力剪力设计值的计算截面

2）复核截面尺寸

截面尺寸应满足式(3-8a)或式(3-8b)或式(3-8c)的要求；否则，应增大截面尺寸或提高混凝土强度等级。

3）确定是否需要按计算配置箍筋

如满足式(3-7a)或式(3-7b)的要求，则不必进行斜截面承载力计算，直接按构造要求配置箍筋即可；否则，应按计算配置箍筋。

4）计算箍筋

对于一般梁，由式(3-6a)得

$$\frac{A_{sv}}{s}=\frac{nA_{sv1}}{s}\geqslant\frac{V-0.7f_t bh_0}{f_{yv}h_0}$$

对于集中荷载作用的独立梁，由式(3-6b)得

$$\frac{A_{sv}}{s}=\frac{nA_{sv1}}{s}\geqslant\frac{V-\frac{1.75}{\lambda+1}f_t bh_0}{f_{yv}h_0}$$

计算出$\frac{A_{sv}}{s}$后，先按构造要求选定箍筋直径 d 和肢数 n，进而计算出箍筋间距 s，且应满足 $s\leqslant s_{max}$。

5）验算配箍率

配箍率应满足式(3-9)的要求。

【例 3-3】　在图 3-20 中所示的钢筋混凝土梁，承受均布荷载，荷载设计值 $q=50$ kN/m(包括梁自重在内)，截面尺寸 $b\times h=250$ mm $\times 500$ mm，混凝土强度等级为 C30，纵筋为 HRB400 级钢筋，箍筋为 HPB300 级钢筋，$\gamma_0=1.0$，构件处于室内干燥环境，计算梁的箍筋。

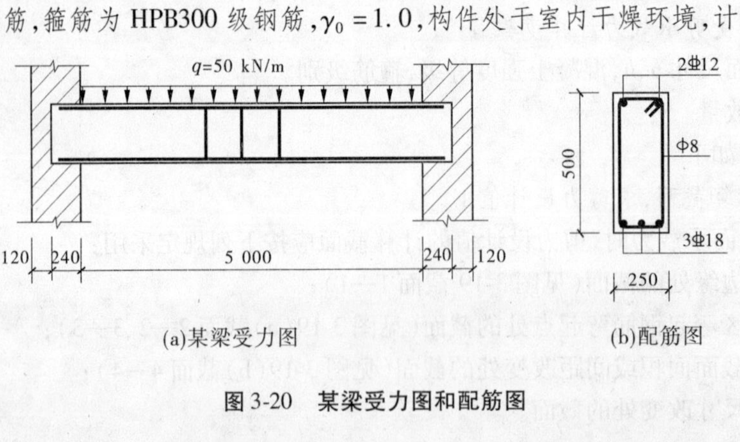

(a)某梁受力图　　　　(b)配筋图

图 3-20　某梁受力图和配筋图

解:查表得:$f_c=14.3\ N/mm^2$,$f_t=1.43\ N/mm^2$,$f_{yv}=270\ N/mm^2$,$\beta_c=1.0$。

(1)计算支座边缘截面剪力设计值 V。

$$V=\gamma_0\frac{1}{2}ql_n=1.0\times\frac{1}{2}\times50\times5=125(kN)$$

(2)复核截面尺寸。

$$h_0=h-a_s=500-40=460(mm)$$

$$\frac{h_w}{b}=\frac{460}{250}=1.84<4$$

则

$$\begin{aligned}0.25\beta_c f_c bh_0&=0.25\times1.0\times14.3\times250\times460=411.125\times10^3(N)\\&=411.125\ kN>V=125\ kN\end{aligned}$$

截面尺寸满足要求。

(3)确定是否需要按计算配置箍筋。

$$0.7f_tbh_0=0.7\times1.43\times250\times460=115.115\times10^3(N)=115.115\ kN<V=125\ kN$$

故需按计算配置箍筋。

(4)计算箍筋。

$$\frac{A_{sv}}{s}\leqslant\frac{V-0.7f_tbh_0}{f_{yv}h_0}=\frac{125\,000-115\,115}{270\times460}=0.079\,6(mm^2/mm)$$

选用双肢Φ8($n=2$,$A_{sv1}=50.3\ mm^2$),则箍筋间距

$$s\leqslant\frac{2\times50.3}{0.079\,6}=1\,263(mm)$$

取 $s=200\ mm=s_{max}=200\ mm$。

(5)验算配箍率。

$$\rho_{sv}=\frac{nA_{sv1}}{bs}=\frac{2\times50.3}{250\times200}=0.2\%>\rho_{sv,min}=0.24\frac{f_t}{f_{yv}}=0.24\times\frac{1.43}{270}=0.13\%$$

满足要求。

故选用双肢Φ8@200,沿梁全长均匀布置,配筋图见图3-20(b)。

(三)保证斜截面受弯承载力的构造措施

受弯构件在配筋计算时,纵向受拉钢筋是根据梁的最大弯矩确定的,如果梁的纵向受拉钢筋沿梁通长配置,既不弯起,也不截断,则梁全长各截面受弯承载力均能保证。但这样配筋很不经济,因为在弯矩较小的截面上,纵向受力钢筋未被充分利用。故在实际工程中常常在不需要钢筋处对钢筋进行截断,以节约用钢量。

梁底承受正弯矩的纵向受力钢筋,一般不宜在跨中受拉区截断;支座位置承受负弯矩的纵向受力钢筋,一般要求在伸出支座一定长度位置截断,具体截断位置可参考图3-21,详见11G101—1图集。

图3-21中 h_c——柱截面沿框架方向宽度,mm;

l_n——净跨,m,为左右跨中的较大值;

d——受拉纵筋直径,mm;

l_{ab}——受拉钢筋基本锚固长度,mm,取值见表3-10;

l_a——受拉钢筋锚固长度,mm,$l_a=\zeta_a l_{ab}$,ζ_a 取值见表3-11。

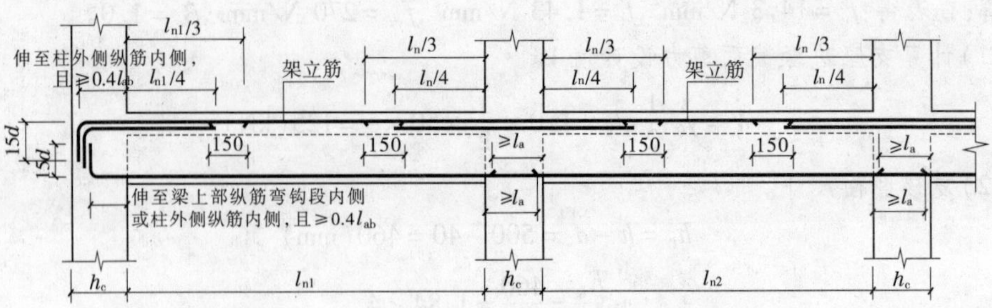

图 3-21　非抗震楼层框架梁 KL 纵向钢筋构造

表 3-10　受拉钢筋基本锚固长度 l_{ab}

钢筋种类	抗震等级	混凝土强度等级								
		C20	C25	C30	C35	C40	C45	C50	C55	≥C60
HPB300	一、二级(l_{abE})	45d	39d	35d	32d	29d	28d	26d	25d	24d
	三级(l_{abE})	41d	36d	32d	29d	26d	25d	24d	23d	22d
	四级(l_{abE}) 非抗震(l_{ab})	39d	34d	30d	28d	25d	24d	23d	22d	21d
HRB335 HRBF335	一、二级(l_{abE})	44d	38d	33d	31d	29d	26d	25d	24d	24d
	三级(l_{abE})	40d	35d	31d	28d	26d	24d	23d	22d	22d
	四级(l_{abE}) 非抗震(l_{ab})	38d	33d	29d	27d	25d	23d	22d	21d	21d
HRB400 HRBF400 RRB400	一、二级(l_{abE})	—	46d	40d	37d	33d	32d	31d	30d	29d
	三级(l_{abE})	—	42d	37d	34d	30d	29d	28d	27d	26d
	四级(l_{abE}) 非抗震(l_{ab})	—	40d	35d	32d	29d	28d	27d	26d	25d
HRB500 HRBF500	一、二级(l_{abE})	—	55d	49d	45d	41d	39d	37d	36d	35d
	三级(l_{abE})	—	50d	45d	41d	38d	36d	34d	33d	32d
	四级(l_{abE}) 非抗震(l_{ab})	—	48d	43d	39d	36d	34d	32d	31d	30d

表 3-11　受拉钢筋基本锚固长度修正系数 ζ_a

锚固条件		ζ_a	说明
带肋钢筋的公称直径大于 25 mm		1.10	—
环氧树脂涂层带肋钢筋		1.25	
施工过程中易受扰动的钢筋		1.10	
锚固区保护层厚度	3d	0.80	中间时按内插值，d 为锚固钢筋直径
	5d	0.70	

【知识链接】

本书仅给出了非抗震楼层框架梁纵向钢筋构造要求，11G101—1 图集很详细地介绍了各种梁、板钢筋构造要求，如有需要，可参考。

第二节　钢筋混凝土受压构件

一、受压构件分类

当构件上作用着以纵向压力为主的内力时，则称为受压构件。受压构件在工程结构中是最为常见的构件，如钢筋混凝土柱、桁架中的上弦杆以及受压腹杆等均属于受压构件。

钢筋混凝土受压构件（柱）按纵向力与构件截面形心相互位置的不同，可分为轴心受压构件和偏心受压构件。当纵向压力与构件形心轴线相重合时为轴心受压构件，否则为偏心受压构件，偏心受压构件又可分为单向偏心受压构件和双向偏心受压构件；当构件上同时作用有轴力 N 和弯矩 M 时，可看成具有偏心距 $e_0 = M/N$ 的偏心压力 N 的作用，因此这类压弯构件也属于偏心受压构件，如图 3-22 所示。

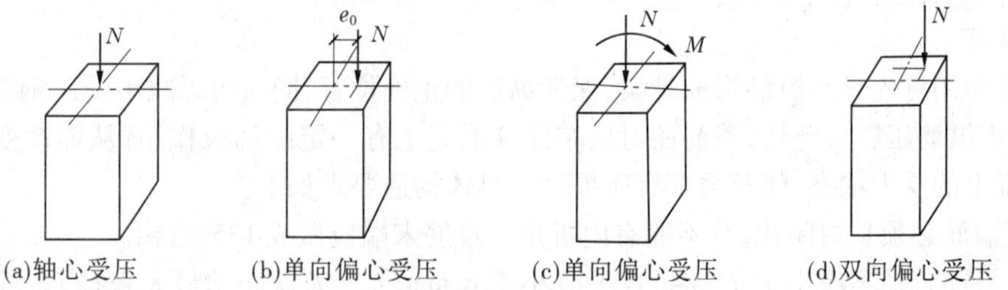

图 3-22　轴心受压和偏心受压

二、构造要求

（一）材料选择

材料强度等级可参照本章梁构造要求选取，但柱筋一般不宜采用高强度钢筋。

（二）截面要求

钢筋混凝土受压构件通常采用方形或矩形截面，以便制作模板。一般轴心受压柱以方形为主，偏心受压柱以矩形截面为主。当有特殊要求时，也可采用其他形式的截面，如轴心受压柱可采用圆形、多边形等，偏心受压柱还可采用工字形、T 形等。

截面尺寸不宜小于 250 mm × 250 mm，柱截面尺寸宜取整数，在 800 mm 以下时以 50 mm 为模数，在 800 mm 以上以 100 mm 为模数。

（三）配筋

1. 纵向受力钢筋

纵筋作用主要是协助混凝土承受压力，以减小截面尺寸，同时承受可能产生的弯矩以及混凝土收缩和温度变化引起的拉应力，如图 3-23 所示。具体构造要求如下：

（1）纵向受力钢筋宜采用直径较大的钢筋，以增大钢筋骨架的刚度，减少施工时可能产生的纵向弯曲和受压时的局部屈曲。轴心受压柱的纵向受力钢筋应沿截面四周均匀对称布置，偏心受压柱的纵向受力钢筋布置在弯矩作用方向的两对边，圆柱中纵向受力钢筋宜沿周边均匀布置（见图3-23）。纵向受力钢筋的直径不宜小于12 mm，通常在16～32 mm范围内选用，方形和矩形截面柱中纵向受力钢筋不少于4根，圆柱中不宜少于8根且不应少于6根。

(2)柱中纵筋的净距不应小于50 mm，轴心受压柱各边纵向受力钢筋及偏心受压柱中垂直于弯矩作用平面的侧面上的纵筋的中距不宜大于300 mm（见图3-23）。

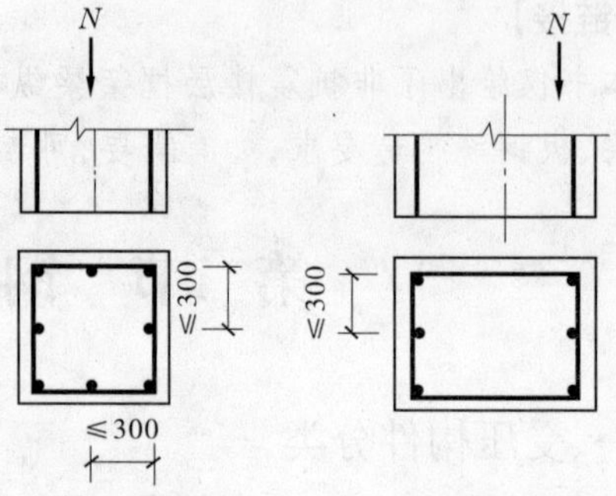

图3-23　柱纵向钢筋布置

(3)当偏心受压柱的截面高度 $h \geq 600$ mm时，在柱的侧面上应设置直径为10～16 mm的纵向构造钢筋，并相应设置复合箍筋或拉筋。

(4)受压构件纵向钢筋的配筋率（$\rho' = \frac{A'_s}{bh}$）不应小于表3-5中的数据。

(5)纵筋连接方式有焊接连接、机械连接和搭接连接。通常将下层柱纵筋伸出楼板一定距离与上层柱筋连接。

2. 箍筋

箍筋作用首先是与纵筋形成骨架，保证纵筋的正确位置，同时可以减小受压钢筋支承长度，以防止纵筋压屈。此外，箍筋还对核芯部分混凝土有一定的约束作用，从而改变了核芯部分混凝土的受力状态，使其强度有所提高。具体构造要求如下：

(1)箍筋必须是封闭式，并不能有内折角。箍筋末端应做成135°弯钩。

(2)箍筋直径不应小于 $d_{max}/4$，且不应小于6 mm（d_{max} 为纵筋的最大直径）。间距不应大于400 mm及构件截面的短边尺寸，且不应大于 $15d_{min}$（d_{min} 为纵筋的最小直径）。

(3)当柱中全部纵向受力钢筋的配筋率超过3%时，箍筋直径不应小于8 mm，间距不应大于 $10d_{min}$，且不应大于200 mm。

(4)当柱截面短边尺寸大于400 mm，且各边纵向钢筋多于3根时，或当柱截面短边不大于400 mm，但各边纵向钢筋多于4根时，应设置复合箍筋，其布置要求是使纵向钢筋至少每隔一根位于箍筋转角处（见图3-24）。

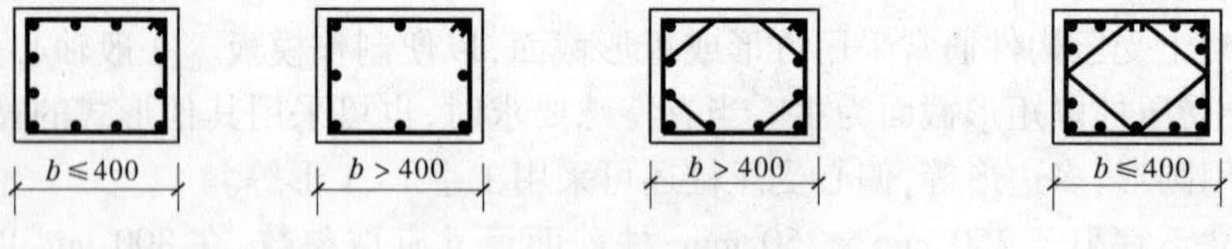

图3-24　箍筋的构造

三、轴心受压构件承载力计算

（一）轴心受压构件破坏特征

按照长细比 l_0/b 的大小，轴心受压柱可分为短柱和长柱两类。对于方形柱和矩形柱，当 $l_0/b \leq 8$ 时属于短柱，否则为长柱。其中，l_0 为柱的计算长度，取值参考表3-12，b 为矩形截面的短边尺寸。

表 3-12 框架结构各层柱的计算长度 l_0

楼盖类型	柱的类别	l_0
现浇楼盖	底层柱	$1.0H$
	其余各层柱	$1.25H$
装配式楼盖	底层柱	$1.25H$
	其余各层柱	$1.5H$

注：H 为对底层柱为基础顶面到一层楼盖顶面之间的距离，其余各层为上下两层楼盖顶面之间的距离。

配有普通箍筋的矩形截面短柱，在轴向压力作用下，其钢筋应力首先达到屈服强度，而后混凝土应变达到极限压应变，此时混凝土产生纵向裂缝，保护层剥落，箍筋间纵筋发生压屈，向外凸出，混凝土被压碎而破坏，如图 3-25(a)所示。

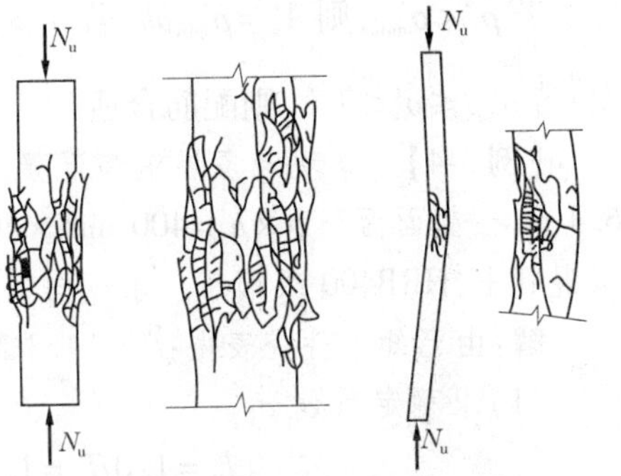

(a)短柱破坏　(b)长柱破坏

图 3-25　轴心受压柱的破坏形态

对于长柱，在轴向压力作用下，由于各种偶然因素造成的偏心距的影响，宜发生纵向弯曲，破坏时在构件一侧产生竖向裂缝，混凝土被压碎，在另一侧产生水平裂缝，如图 3-25(b)所示。对于长细比过大的柱，还有可能发生失稳破坏。

试验表明，长柱的破坏荷载低于同条件的短柱。

(二)轴心受压构件承载力计算基本公式

在轴心受压柱承载力计算中(见图 3-26)，规范采用了稳定系数 φ 表示承载力的降低程度。计算公式如下：

$$N \leqslant 0.9\varphi(f_c A + f'_y A'_s) \tag{3-10}$$

式中 N——轴向压力设计值，kN；

f_c——混凝土轴心抗压强度设计值，N/mm^2；

f'_y——纵向钢筋的抗压强度设计值，N/mm^2；

A'_s——全部纵向钢筋的截面面积，mm^2；

A——构件截面面积，mm^2，当纵向钢筋配筋率大于 3% 时，A 应用$(A - A'_s)$代替；

φ——钢筋混凝土构件的稳定系数，对于矩形截面，按式(3-11)计算：

$$\varphi = \frac{1}{1 + 0.002(l_0/b - 8)^2} \tag{3-11}$$

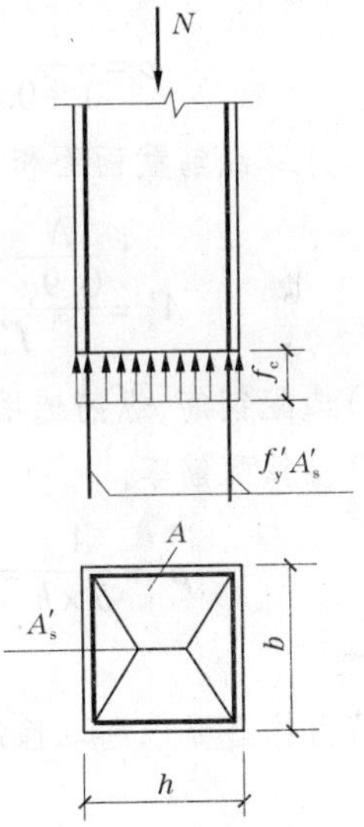

图 3-26　轴心受压柱计算图示

(三)轴心受压构件承载力计算步骤

已知：构件截面尺寸 b、h，轴向力设计值 N，构件的计算长度 l_0，材料强度指标 f_c、f'_y。

求：纵向钢筋截面面积 A'_s。

计算步骤如下：

(1)由式(3-11)求稳定系数 φ。

(2)计算纵筋截面面积 A'_s。由式(3-10)得:

$$A'_s=\frac{\frac{N}{0.9\varphi}-f_cA}{f'_y}$$

(3)选配钢筋。按照有关构造要求进行配筋。

(4)验算配筋率。

$$\rho'=\frac{A'_s}{b\times h}$$

若 $\rho'<\rho'_{\min}$,则 $A'_s=\rho'_{\min}bh$;若 $\rho'>3\%$,则用 $(A-A'_s)$ 代替 A,按 $A'_s=\frac{\frac{N}{0.9\varphi}-f_cA}{f'_y-f_c}$ 重新计算 A'_s;若 $\rho'_{\min}\leqslant\rho'\leqslant3\%$,则配筋合适。

【例 3-4】 某现浇多层钢筋混凝土框架结构,底层中柱按轴心受压构件计算,柱高 $H=6.4$ m,柱截面面积 $b\times h=400\ \text{mm}\times400\ \text{mm}$,承受轴向压力设计值 $N=2\ 450$ kN,采用 C30 级混凝土,HRB400 级钢筋。求纵向钢筋面积,并配置纵向钢筋和箍筋。

解:由已知条件查表得:$f_c=14.3\ \text{N/mm}^2$,$f'_y=360\ \text{N/mm}^2$,$\rho'_{\min}=0.55\%$。

(1)求稳定系数 φ。

$$l_0=1.0H=1.0\times6.4=6.4(\text{m})=6\ 400\ \text{mm}$$

$$\frac{l_0}{b}=\frac{6\ 400}{400}=16$$

$$\varphi=\frac{1}{1+0.002(l_0/b-8)^2}=\frac{1}{1+0.002\times(16-8)^2}=0.89$$

(2)计算纵筋截面面积 A'_s。

$$A'_s=\frac{\frac{N}{0.9\varphi}-f_cA}{f'_y}=\frac{\frac{2\ 450\times10^3}{0.9\times0.89}-14.3\times400^2}{360}=2\ 141(\text{mm}^2)$$

(3)选配钢筋,纵筋选用 8 ⌀ 20($A'_s=2\ 513\ \text{mm}^2$)。

(4)验算配筋率。

$$\rho'=\frac{A'_s}{b\times h}=\frac{2\ 513}{400\times400}=1.57\%>\rho'_{\min}=0.55\%\text{,且 }\rho'<3\%$$

满足要求。

(5)由构造要求选取箍筋。

直径 $$d\begin{cases}\geqslant\frac{d}{4}=\frac{20}{4}=5(\text{mm})\\ \geqslant6\ (\text{mm})\end{cases}$$

取为 ⌀ 8。

间距 $$s\begin{cases}\leqslant400\ \text{mm}\\ \leqslant b=400\ \text{mm}\\ \leqslant15d=15\times20=300(\text{mm})\end{cases}$$

取 $s=300$ mm。

箍筋选用Φ 8@300,配筋图如图3-27所示。

四、偏心受压构件的受力特点

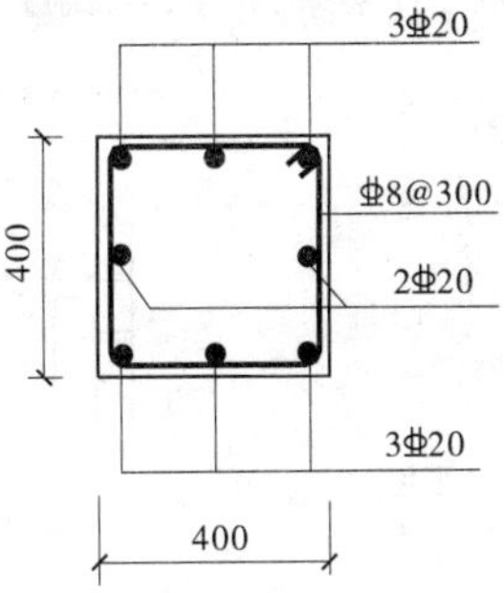

图3-27 柱配筋图

试验研究表明,偏心受压构件的破坏形态与轴向压力偏心距 e_0 的大小和构件的配筋情况有关,分为大偏心受压破坏和小偏心受压破坏两种(如图3-28所示)。

(一)大偏心受压破坏(受拉破坏)

当偏心距 e_0 较大,且受拉钢筋 A_s 配置不太多时,易发生大偏心受压破坏。其破坏特征是:离 N 较远一侧的截面受拉,另一侧截面受压;首先在受拉区出现横向裂缝,裂缝处拉力全部由钢筋承担。荷载继续加大,受拉钢筋首先达到屈服,并形成一条明显的主裂缝,随后主裂缝明显加宽并向受压一侧延伸,受压区高度迅速减小。最后,受压区边缘出现纵向裂缝,受压区混凝土被压碎而导致构件破坏(见图3-28(a))。这种破坏形态在破坏前有明显的预兆,属于延性破坏。

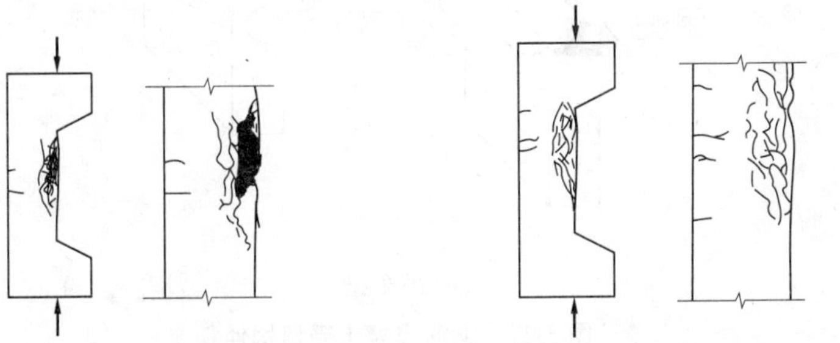

(a)大偏心受压破坏　　(b)小偏心受压破坏

图3-28 偏心受压构件的破坏形态

(二)小偏心受压破坏(受压破坏)

当偏心距 e_0 较小,或偏心距 e_0 虽然较大但配置的受拉钢筋过多时,易发生小偏心受压破坏。其破坏特征是:整个截面全部受压或大部分受压,随着荷载 N 逐渐增加,靠近 N 的混凝土达到极限应变被压碎,受压钢筋 A'_s 的应力也达到 f'_y,远离 N 一侧的钢筋 A_s 可能受压,也可能受拉,但因本身截面应力太小,或因配筋过多,都达不到屈服强度(见图3-28(b))。这种破坏形态在破坏前没有明显的预兆,属于脆性破坏。

(三)大、小偏心受压破坏的界限

两种偏心受压破坏的界限条件是在破坏时纵向钢筋达到其屈服强度,同时混凝土达到极限压应变被压碎,称为界限破坏,此时其相对受压区高度称为界限相对受压区高度 ξ_b。故当 $\xi \leq \xi_b$ 时,属于大偏心受压破坏;当 $\xi > \xi_b$ 时,属于小偏心受压破坏。

第三节 钢筋混凝土受扭构件

扭转是结构构件基本受力形态之一。在钢筋混凝土结构中,纯受扭构件的情况较少,构件通常都处于弯矩、剪力和扭矩共同作用下的复合受力状态。例如,钢筋混凝土雨篷梁、框架边梁、吊车梁梯等，均属于弯、剪、扭复合受扭构件，如图 3-29 所示。

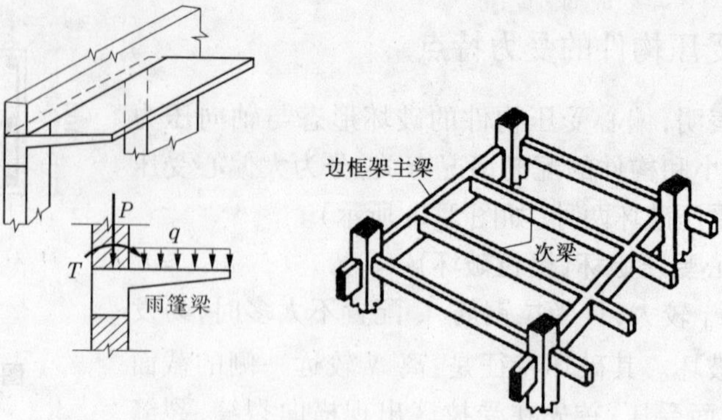

(a)雨篷梁　　(b)框架边梁

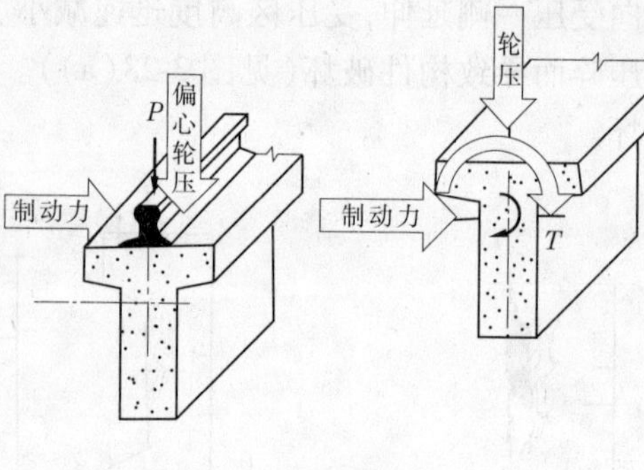

(c)吊车梁

图 3-29　钢筋混凝土受扭构件

一、受力特点

图 3-30 为一钢筋混凝土矩形截面纯扭构件。试验表明，当扭矩增加时，构件首先在某一长边中点最薄弱处产生一条倾角约为 45°斜裂缝 ab，之后斜裂缝向两相邻面按 45°螺旋方向分别延伸至 c 和 d，同时陆续出现更多条大体连续的螺旋裂缝，直到其中一条裂缝所穿越的钢筋首先达到屈服强度，这条主裂缝急速扩展，最后另一个长边的混凝土压碎，构件破坏。

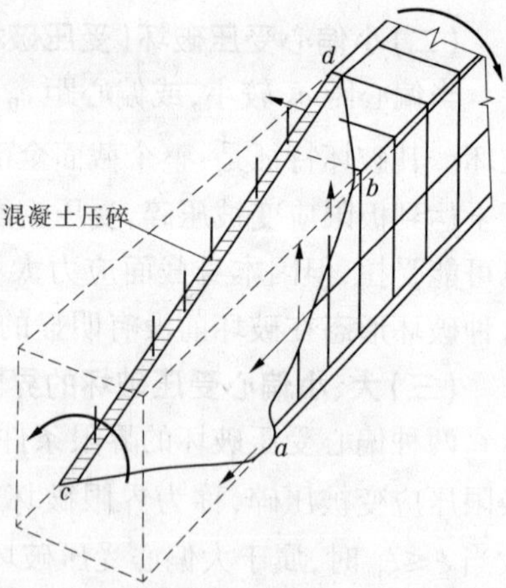

图 3-30　钢筋混凝土纯扭构件的破坏面

从受力合理的观点考虑，受扭钢筋最有效的配筋方式应采用与轴线成 45°角的螺旋形钢筋。但螺旋形钢筋施工不便，且不能适应变号扭矩的作用，因此实际受扭构件一般都采用横向封闭箍筋和纵向受力钢筋组成的钢筋骨架来抵抗扭矩的作用。

对于同时承受弯矩、剪力和扭矩的构件，则应按受弯和受剪分别计算承受弯矩的纵向受力钢筋和承受剪力的箍筋，然后与受扭纵筋和受扭箍筋叠加进行配筋。

二、受扭构件的构造要求

(一)受扭纵筋

受扭纵筋应沿截面周边均匀对称布置,且在截面四角必须设置受扭纵筋;受扭纵筋的间距不应大于200 mm和梁截面短边尺寸;受扭纵筋的接头与在支座内的锚固均应按受拉钢筋的构造要求处理。

在弯剪扭构件中,梁的架立钢筋和梁侧面的纵向构造钢筋可作为受扭纵筋。

(二)受扭箍筋

受扭箍筋必须做成封闭式,且应沿截面周边布置;箍筋末端应做成135°弯钩,弯钩端头平直段长度不应小于10d(d为箍筋直径);箍筋间距应符合表3-3中最大箍筋间距要求。

第四节　预应力混凝土构件基本知识

一、预应力混凝土的基本概念

普通钢筋混凝土结构或构件,由于混凝土的抗拉强度很低,所以抗裂性能很差。一般情况下,当钢筋应力超过20~30 N/mm^{2}时,混凝土就会开裂。在正常使用条件下,一般均处于带裂缝工作状态。对于使用上允许开裂的构件,裂缝宽度一般应限制在0.2~0.3 mm以内,此时相应的受拉钢筋应力最高也只能达到150~250 N/mm^2。对于使用上不允许开裂的构件,普通钢筋混凝土就无法满足要求。可见,在普通钢筋混凝土构件中,钢筋的强度不能充分利用,更限制了高强度钢筋的应用。同时,混凝土的开裂还将导致构件刚度降低,变形增大。因而,普通钢筋混凝土不宜用于对裂缝控制要求较严格的构件以及具有密闭性和耐久性要求的结构。

为了避免普通钢筋混凝土结构的裂缝过早出现,保证构件具有足够的抗裂性能和刚度,充分利用高强度材料,可在结构构件承受使用荷载以前,通过张拉钢筋,利用钢筋的回弹,预先对受拉区的混凝土施加压力,以此产生的预压应力用来减小或抵消由荷载所引起的拉应力。这种在构件受荷载之前预先对构件的混凝土受拉区施加预压应力的结构称为预应力混凝土结构。

与普通钢筋混凝土相比,预应力混凝土具有下列优点:

(1)构件的抗裂性能较好,扩大了构件的适用范围。

(2)构件的刚度较大,能延迟裂缝的出现和开展,可减少构件的变形。

(3)构件的耐久性较好。由于预应力混凝土能使构件不出现裂缝或减小裂缝,可减少外界环境对钢筋的侵蚀,从而延长构件的使用年限。

(4)能充分利用高强度钢筋和高强度等级混凝土,可以减少钢筋用量,减小构件截面尺寸,减轻构件自重,增大跨越能力。

二、施加预应力的方法

对混凝土施加预应力一般是通过张拉钢筋,利用钢筋被拉伸后产生的回弹力挤压混凝土来实现的。根据张拉钢筋与浇筑混凝土的先后关系,施加预应力的方法可分为先张法和后张法两类。

(一)先张法

在浇筑混凝土之前张拉预应力钢筋的方法称为先张法,如图3-31所示。

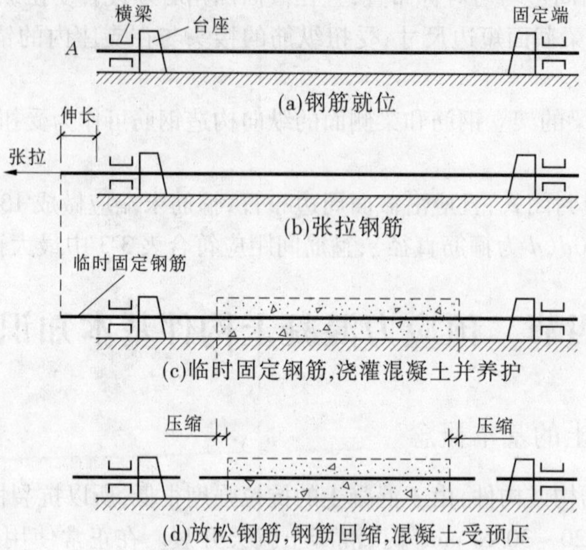

图3-31　先张法主要工序示意图

先张法的主要施工工序:①在台座上穿置预应力钢筋,使钢筋就位;②用千斤顶张拉预应力钢筋至预定长度后,用夹具将预应力钢筋固定在台座的传力架上;③支模、浇筑并养护混凝土;④待混凝土达到一定强度后(为混凝土设计强度的75%左右),切断并放松预应力钢筋。预应力钢筋与混凝土之间的黏结力阻止其弹性回缩,而使构件混凝土处于预压状态。

(二)后张法

在结硬后的混凝土构件上张拉钢筋的方法称为后张法,如图3-32所示。

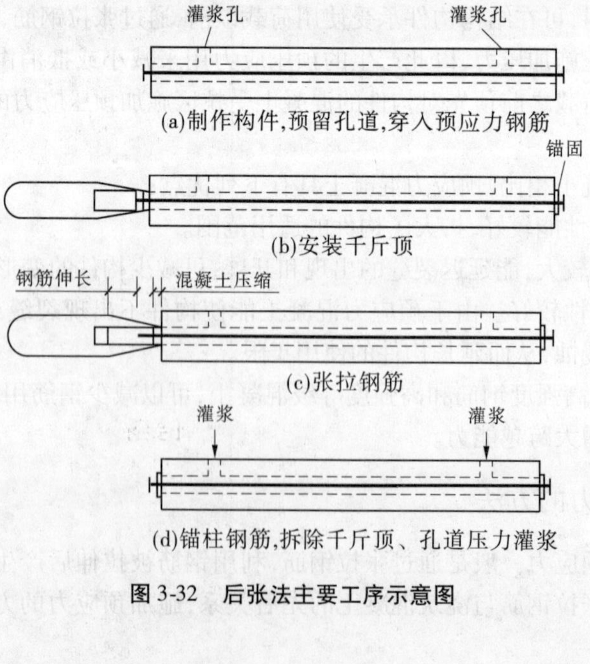

图3-32　后张法主要工序示意图

后张法的主要施工工序：①先浇筑混凝土构件，并在构件中预留预应力钢筋的孔道；②待混凝土达到规定强度（为混凝土设计强度的75%以上）后，穿预应力钢筋，然后直接在构件上张拉预应力钢筋；③当预应力钢筋张拉至规定应力后，在张拉端用锚具将其锚住，阻止钢筋回缩，从而使构件处于预压状态。

两种方法比较而言，先张法的生产工序少，工艺简单，能成批生产，质量容易保证，适用于批量生产的中小型构件，如楼板、屋面板等；后张法不需台座，便于在现场制作大型构件，但工序较多，操作也较麻烦，适用于大、中型构件。

三、预应力混凝土材料

（一）混凝土

预应力混凝土结构构件对混凝土的性能要求是强度高、收缩徐变小、快硬、早强。

《混凝土结构设计规范》（GB 50010—2010）规定：预应力混凝土结构强度等级不宜低于C40，且不应低于C30。

（二）预应力钢筋

预应力混凝土结构构件对预应力钢筋的性能要求是强度高、具有良好的塑性及加工性能、与混凝土间有良好的黏结性能。

预应力筋宜采用钢绞线、钢丝，也可采用热处理钢筋。

四、预应力混凝土构件的一般构造要求

（一）截面形式及尺寸

截面形式：轴心受拉构件一般为正方形或矩形截面，当受弯构件荷载或跨度较小时为矩形截面，反之为T形、工字形和箱形。

因预应力对构造刚度和抗裂能力有提高作用，故构件截面可选得小些。一般取截面高度h为$(1/20\sim1/14)l_0$，l_0为构件跨度，宽度也相应减小。

（二）钢筋的净距及保护层要求

钢筋的净距及保护层要求见表3-13。

表3-13　预应力钢筋净距要求

要求	预应力钢丝	钢绞线	
		1×3	1×7
钢筋净距	≥15 mm	≥20 mm	≥25 mm

注：1. 钢筋保护层厚度同普通梁。

2. 除满足上述净距要求外，先张法预应力钢筋净距不应小于其公称直径d的2.5倍和混凝土粗骨料最大粒径的1.25倍。

3. 混凝土密实性有可靠保证时，净间距可放宽为最大粗骨料粒径的1.0倍。

（三）后张法（有黏结力预应力混凝土）孔道及排气孔要求

后张法（有黏结力预应力混凝土）孔道及排气孔要求见表3-14。

在框架梁中，预留孔道在竖直方向的净距不应小于孔道外径，水平方向的净距不应小于1.5倍孔道外径，且不宜小于粗骨料粒径的1.25倍；从孔道外壁至构件边缘的净间距，梁底不宜小于50 mm，梁侧不宜小于40 mm；裂缝控制等级为三级的梁，梁底、梁侧分别不宜小于

60 mm 和 50 mm。

表 3-14　孔道及排气孔要求

孔道间水平净距	孔道至构件边净距	孔道内径－预应钢筋束外径孔	道截面面积－预应力束截面面积
不宜小于 50 mm，不宜小于粗骨料粒径的 1.25 倍	不宜小于 30 mm，不宜小于孔道直径的一半	相差 6～15 mm	相差 3.0～4.0 倍

（四）先张法端部加强措施

由于先张法是在构件端部钢筋弹性回弹与混凝土产生相对滑动趋势（产生相对滑动趋势的长度叫传递长度），通过在端部黏结力的积累阻止其回弹，为了尽快阻止其回弹，所以端部要采取加强措施。

（1）对于单根预应力钢筋，其端部宜设置长度大于等于 150 mm 且不少于 4 圈螺旋筋（见图 3-33（a））；当有可靠经验时，亦可利用支座垫板上的插筋代替螺旋筋但不少于 4 根，长度大于等于 120 mm（见图 3-33（b））。

（2）对于分散布置的多根预应力钢筋，在构件端部 $10d$ 且不小于 100 mm 长度范围内，宜设置 3～5 片与预应力钢筋垂直的钢筋网（见图 3-33（c））。

（3）对于钢丝配筋的薄板，在端部 100 mm 长度范围内宜适当加密横向钢筋（见图 3-33（d））。

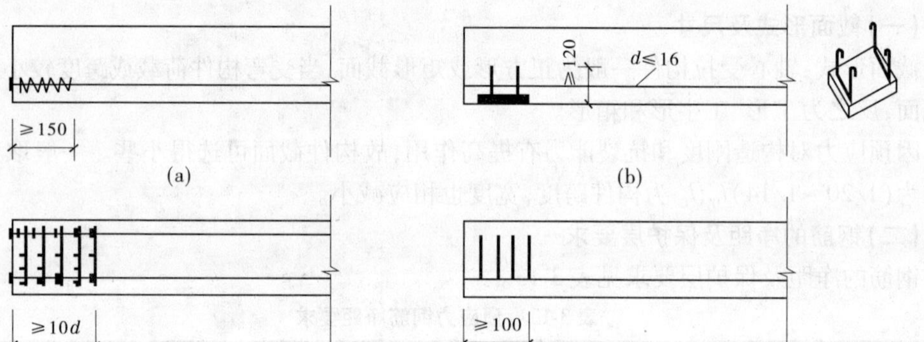

图 3-33　先张法端部加强构造图

（4）对于槽形板类构件，应在构件端部 100 mm 长度范围内沿构件板面设置附加横向钢筋，其数量不应少于 2 根。

（五）后张法端部加强措施

（1）为了提高锚具下局部混凝土的抗压强度，防止局部混凝土压碎，应在端部预埋钢板（厚度大于等于 10 mm），并应在垫板下设置附加横向钢筋网片（见图 3-34（a））或螺旋式钢筋（见图 3-34（b））等。

（2）在局部受压间接钢筋配置区以外，在构件端部长度 l 不小于 $3e$（e 为截面重心线上部或下部预应力钢筋的合力点至邻近边缘的距离）但不大于 $1.2h$（h 为构件端部截面高

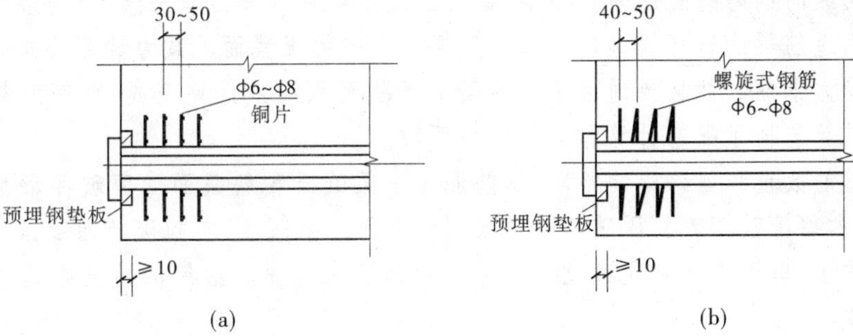

图 3-34　后张法端部加强构造图

度)、高度为 $2e$ 的附加配筋区范围内,应均匀配置附加防劈裂箍筋或网片(见图 3-35)。

(3)当构件端部预应力筋需集中布置在截面下部或集中布置在上部和下部时,应在构件端部 $0.2h$ 范围内设置附加竖向防端面裂缝构造钢筋。当 e 大于 $0.2h$ 时,可根据实际情况适当配置构造钢筋,竖向防端面裂缝构造钢筋宜靠近端面配置,可采用焊接钢筋网、封闭式箍筋或其他形式,且宜采用带肋钢筋。

(六)其他构造措施

(1)当构件在端部有局部凹进时,应增设折线构造钢筋(见图 3-36)或其他有效的构造钢筋。

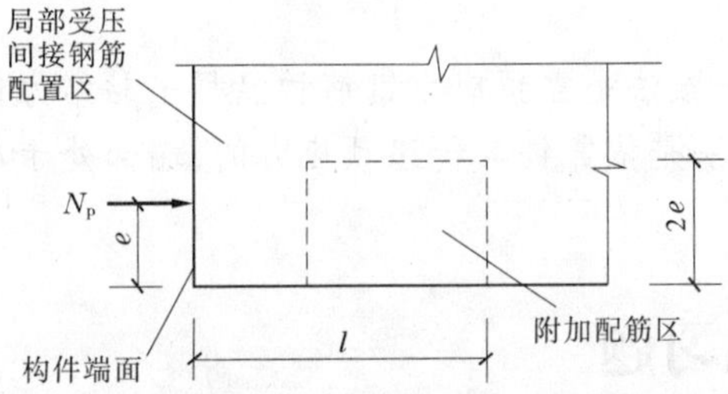

图 3-35　防止沿孔道劈裂的配筋范围

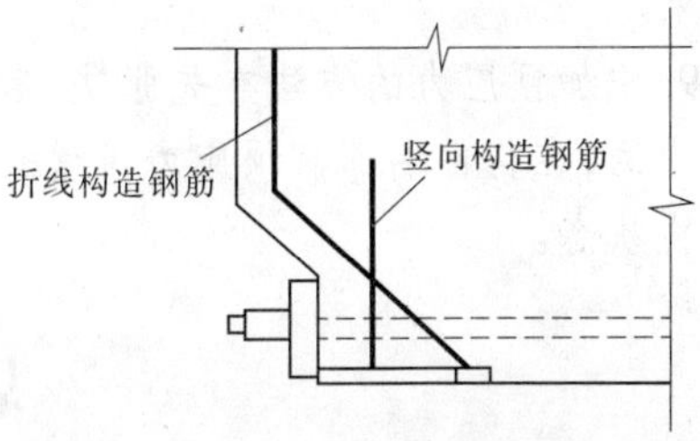

图 3-36　构件端部凹进处构造钢筋

(2)长期外露的金属锚具应采取可靠的防腐及防火措施,并应符合下列规定:无黏结预应力筋外露锚具应采用注有足量防腐油脂的塑料帽封闭锚具端头,并应采用无收缩砂浆或细石混凝土封闭保护,其锚具及预应力筋端部的保护层厚度不应小于:一类环境时 20 mm,二 a、二 b 类环境时 50 mm,三 a、三 b 类环境时 80 mm。

(3)凡制作时需要预先起拱的构件,预留孔道宜随构件同时起拱。

(4)曲线预应力钢丝束、钢绞线束的曲率半径不宜小于 4 m,对于折线配筋的构件,在预应力钢筋弯折处的曲率半径可适当减小。当曲率半径不能满足上述要求时,可在曲线预应力束弯折处内侧设置钢筋网片或螺旋筋。

本章小结

1. 掌握钢筋混凝土梁、板基本构造要求。

2. 根据梁纵向钢筋的配筋率的不同，钢筋混凝土梁可以分为适筋梁、超筋梁和少筋梁三种类型。根据适筋梁的破坏模型建立起钢筋混凝土梁的正截面承载力计算公式。钢筋混凝土梁的纵向受力钢筋的数量要通过钢筋混凝土正截面承载力计算完成，钢筋混凝土梁的正截面承载力计算包括了配筋计算和截面校核两种。

3. 随着箍筋数量和剪跨比的不同，钢筋混凝土梁的三种斜截面受剪破坏形态为斜压破坏、斜拉破坏和剪压破坏。斜压破坏通过限制截面尺寸来防止，斜拉破坏通过按最小配箍率配置箍筋来防止，剪压破坏要通过设计计算配置箍筋来避免。箍筋的数量则通过斜截面承载力计算完成。

4. 受压构件基本要求。高强度钢筋在受压构件中不能发挥作用，因此在受压构件中不宜采用高强度钢筋。

5. 轴心受压构件的承载力由混凝土和纵向受力钢筋两部分抗压能力组成，同时要考虑纵向弯曲对构件截面承载力的影响。其计算公式为 $N \leqslant 0.9\varphi(f_c A + f'_y A'_s)$。

6. 偏心受压构件按其破坏特征不同，分为大偏心受压构件和小偏心受压构件。当 $\xi \leqslant \xi_b$ 时，为大偏心受压破坏；当 $\xi > \xi_b$ 时，为小偏心受压破坏。

7. 实际工程采用沿构件截面周边均匀对称布置的纵向受力钢筋和沿构件长度方向均匀布置的封闭箍筋作为抗扭钢筋。

8. 预应力混凝土改善了普通混凝土构件抗裂性差、刚度小、变形大、不能充分利用高强材料、适用范围受到限制的缺陷，可以运用到有防水、抗渗要求的特殊环境及大跨、重荷载结构。

9. 施加预应力的方法有先张法、后张法。先张法是靠预应力钢筋和混凝土黏结力传递预应力的，在构件端部有预应力传递长度；后张法是依靠锚具传递预应力的，端部处于局压的应力状态。

思考练习题

一、填空题

1. 受弯构件正截破坏的三种形态是________、________、________。

2. 受弯构件斜截破坏的三种形态是________、________、________。

3. 当梁的腹板高度不小于________ mm 时，在梁的两侧应设置纵向构造钢筋和相应的拉筋。

4. 腹筋包括________、________。在钢筋混凝土梁中，宜优先采用________作为受剪钢筋。

5. 梁中箍筋应满足________与________的构造要求。

6. 钢筋混凝土柱中纵向钢筋净距不应小于________ mm。

7. 钢筋混凝土轴心受压构件的承载力由________和________两部分抗压能力组成。

8. 钢筋混凝土偏心受压构件破坏形态分为________和________。

9. 实际工程中，采用沿构件截面周边均匀对称布置的________和沿构件长度方向均匀布置的________作为抗扭钢筋。

10. 施加预应力的方法主要有__________和__________两种。

二、选择题

1. 梁中下部纵向受力钢筋的净距不应小于(　　)

A. 25 mm 和 1.5d　　B. 30 mm 和 d　　C. 30 mm 和 1.5d　　D. 25 mm 和 d

2. 抗剪公式适用的上限值是为了保证(　　)。

A. 构件不发生斜压破坏　　B. 构件不发生剪压破坏

C. 构件不发生斜拉破坏　　D. 以上均不对

3. 钢筋混凝土适筋梁的破坏形态属于(　　)

A. 脆性破坏　　B. 延性破坏　　C. A、B 形式均有　　D. 界限破坏

4. 钢筋混凝土单筋矩形截面梁中的架立筋,计算时(　　)。

A. 考虑其承担剪力　　B. 考虑其协助混凝土承担压力

C. 不考虑其承担压力　　D. 考虑其承担拉力

5. 板中纵向受力钢筋根据(　　)配置。

A. 构造　　B. 正截面承载力计算　　C. 斜截面承载力　　D. A + B

6. 提高梁的正截面抗弯承载力最有效的措施是(　　)。

A. 提高混凝土强度　　B. 提高钢筋强度

C. 加大截面宽度　　D. 加大截面高度

7. 梁的混凝土保护层厚度指(　　)。

A. 钢筋内边缘至混凝土表面的距离

B. 纵向受力钢筋外边缘至混凝土表面的距离

C. 箍筋外边缘至混凝土构件外边缘的距离

D. 纵向受力钢筋重心至混凝土表面的距离

8. 下列关于钢筋混凝土柱构造要求的叙述中,不正确的是(　　)。

A. 纵向钢筋配置越多越好　　B. 纵向钢筋沿周边布置

C. 箍筋应形成封闭　　D. 纵向钢筋净距不小于 50 mm

9. 某矩形截面轴心受压柱,截面尺寸为 400 mm×400 mm,经承载力计算纵向受力钢筋面积 $A_s = 760\ mm^2$,实配钢筋以下何项是正确的(　　)。

A. 3Φ18　　B. 4Φ16　　C. 2Φ22　　D. 5Φ14

10. 预应力混凝土结构的混凝土强度等级不应低于(　　)。

A. C25　　B. C30　　C. C40　　D. C45

三、判断题

1. 梁中箍筋的主要作用是承受弯矩。(　　)

2. 板中分布钢筋的主要作用是来承担弯矩的。(　　)

3. 梁中架立钢筋的主要作用是承担支座产生的负弯矩。(　　)

4. 配置了受拉钢筋的钢筋混凝土梁,其极限承载力不可能小于同样截面、相同混凝土强度的素混凝土梁的承载力。(　　)

5. 受弯构件正截面的三种破坏形态均属脆性破坏。(　　)

6. 钢筋混凝土梁斜截面的剪压破坏要通过设计配置箍筋来避免。 ( )

7. 同条件下,长柱承载力大于短柱。 ( )

8. 悬挑构件受力钢筋布置在结构的上部。 ( )

9. 架立钢筋可作为抗扭钢筋使用。 ( )

10. 先张法适用于大型构件。 ( )

四、简答题

1. 钢筋混凝土梁和板中通常配置哪几种钢筋?各起什么作用?

2. 梁、板内纵向受力钢筋的直径、根数、间距有何规定?梁中箍筋有哪几种形式?各适用于什么情况?箍筋肢数、间距有何规定?

3. 混凝土保护层的作用是什么?室内正常环境中梁、板的保护层厚度一般取多少?

4. 根据纵向受力钢筋配筋率的不同,钢筋混凝土梁可分为哪几种类型?不同类型梁的破坏特征有何不同?其破坏性质分别属于什么?实际工程设计中如何防止少筋和超筋?

5. 钢筋混凝土受弯构件斜截面受剪破坏有哪几种形态?其破坏特征各是什么?以哪种破坏形式作为计算的依据?如何防止斜压和斜拉?

6. 简述钢筋混凝土柱中纵筋和箍筋的主要构造要求。

7. 偏心受压构件的破坏形态有哪几种?如何界定?

8. 受扭构件的箍筋和受扭纵筋各有哪些构造措施?

9. 什么是预应力混凝土?为什么在普通钢筋混凝土结构中一般不采用高强钢筋?

10. 预应力混凝土结构的主要优缺点是什么?

五、计算题

1. 钢筋混凝土矩形截面梁,截面尺寸 $b \times h = 200\ \text{mm} \times 500\ \text{mm}$,弯矩设计值 $M = 120\ \text{kN} \cdot \text{m}$,混凝土强度等级为 C30,钢筋为 HRB400 级,试计算纵向受力钢筋面积 A_s。

2. 矩形截面梁 $b \times h = 250\ \text{mm} \times 500\ \text{mm}$,混凝土强度等级为 C30,钢筋为 HRB400 级,受拉钢筋为 4 ⌀ 18($A_s = 1\ 017\ \text{mm}^2$),构件处于正常工作环境,弯矩设计值 $M = 100\ \text{kN} \cdot \text{m}$,构件安全等级为Ⅱ级。验算该梁的正截面承载力。

3. 一根承受均布荷载的钢筋混凝土矩形截面梁,其截面尺寸 $b \times h = 250\ \text{mm} \times 500\ \text{mm}$,配置一排纵筋。已知支座边缘剪力设计值 $V = 250\ \text{kN}$,该梁混凝土强度等级为 C30,钢筋为 HRB400 级,试确定箍筋数量。

4. 某均布荷载简支梁,截面尺寸 $b \times h = 200\ \text{mm} \times 400\ \text{mm}$,混凝土强度等级为 C30,受拉纵筋 4 ⌀ 20,箍筋双肢Φ 8@200,试计算梁所能承担的最大剪力。

5. 某钢筋混凝土轴心受压柱,截面尺寸为 $350\ \text{mm} \times 350\ \text{mm}$,计算长度 $l_0 = 3.85\text{m}$,混凝土强度等级为 C30,纵筋和箍筋均采用 HRB400 级,承受轴心压力设计值 $N = 1\ 800\ \text{kN}$。试根据计算和构造选配纵筋与箍筋。

第四章　现浇混凝土楼盖

【学习目标】

通过本章学习，熟悉钢筋混凝土楼盖的类型，熟悉各类型楼盖的主要特点；了解现浇钢筋混凝土单向板、双向板肋形楼盖的设计计算；熟悉单向板、双向板肋形楼盖的受力特点；掌握单向板、双向板肋形楼盖的构造要求及表示方法；熟悉常见现浇混凝土楼梯的类型；熟悉板式楼梯、梁式楼梯的受力特点；掌握板式楼梯、梁式楼梯的构造要求及表示方法；熟悉常见钢筋混凝土悬挑构件的类型及受力特点；掌握雨篷、挑檐、挑梁等构件的构造要求。

第一节　钢筋混凝土楼盖的分类

钢筋混凝土楼盖是建筑结构中的重要组成部分，正确选择楼盖的类型和布置方案，合理进行结构计算和设计，对建筑物的安全使用和经济结构效果有着十分重要的意义。钢筋混凝土楼盖按施工方法的不同可分为现浇整体式、装配式和装配整体式三种形式。

一、现浇整体式楼盖

现浇式楼盖整体性好，刚度大，防水性好，抗震性强，并能适应房间的平面形状、设备管道、荷载或施工条件比较特殊的情况。其缺点是费工，费模板，现场湿作业量大，工期长，施工受温度的限制。整体现浇式楼盖结构按楼板受力和支承条件的不同可以分为现浇肋形楼盖（单向板肋梁楼盖和双向板肋梁楼盖）、井字楼盖和无梁楼盖。

（一）现浇肋形楼盖

现浇肋形楼盖是由板、次梁、主梁组成的梁板结构，是楼盖中最常见的结构形式。肋形楼盖主要承受垂直于板面的荷载作用，荷载由上至下依次传递，板上的荷载先传递给次梁，次梁再将荷载传递给主梁，主梁的荷载再传递给柱或墙。在肋形楼盖中，板四周一般均有梁或者墙支承。因为梁的抗弯刚度比板大得多，所以可以将梁视为板的不动支座。四边支承的板的荷载通过板的双向弯曲传到两个方向上，传到支承上的荷载的大小取决于该板两个方向上边长的比值，但当板的长短边比值超过一定数值时，沿长边方向所分配的荷载可以忽略不计，故荷载可视为仅沿短边方向传递，这样的四边支承可视为两边支承。因此，根据长短边的不同，肋形楼盖可以分为单向板肋形楼盖和双向板肋形楼盖，如图 4-1 所示。

（二）井字楼盖

井字楼盖是由肋形楼盖演变而来的，与肋形楼盖不同的是，井字楼盖不分主、次梁，如图 4-2所示，井字楼盖两个方向上梁的截面尺寸相同，梁的跨度较大，可少设或不设内柱，能跨越较大的空间，宜用于跨度较大且柱网呈方形的公共建筑门厅及中、小礼堂等，但用钢量大且造价高，常用于公共建筑的大厅。

（三）无梁楼盖

无梁楼盖的特点是钢筋混凝土楼板直接由柱来支承，板上的荷载直接传递给柱，如

(a)单向板肋梁楼盖　　(b)双向板肋梁楼盖

图 4-1　肋形楼盖

图 4-3所示。当荷载和柱网较大时,为了改善板的受力条件,提高柱顶处板的抗冲切能力以及降低板中的弯矩,通常在每层柱的上部设置柱帽。无梁楼盖具有楼层净空高、天棚平整、节省模板、施工方便等特点,常用于书库、仓库、商场等建筑中。

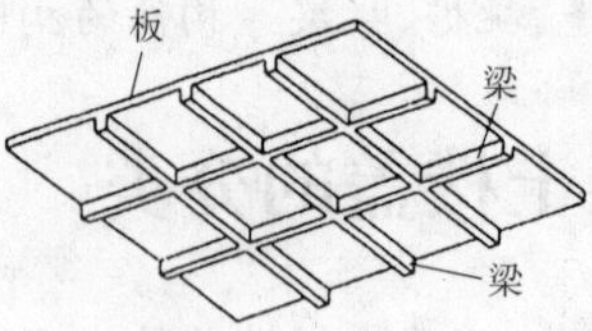

图 4-2　井字楼盖

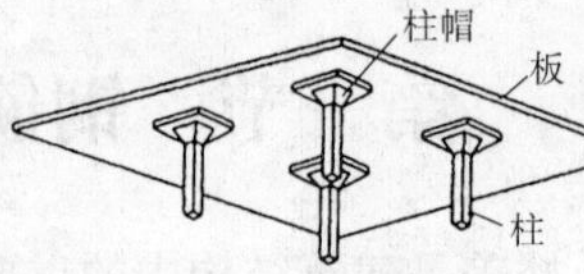

图 4-3　无梁楼盖

二、装配式楼盖

装配式楼盖采用混凝土预制板或预制梁等预制构件,便于工业化生产和机械化施工,加快了施工进度,在多层民用建筑和多层工业厂房中得到了广泛应用。但是,这种楼盖由于整体性、防水性和抗震性较差,不便于开设孔洞,故对于高层建筑、有抗震设防要求以及使用上要求防水和开设孔洞的楼面,均不宜采用。

三、装配整体式楼盖

装配整体式楼盖的整体性较装配式的好,又较现浇式的节省模板和支撑。但这种楼盖需要进行混凝土的二次浇筑,有时还须增加焊接工作量,故给施工进度和造价都带来一些不利影响。因此,这种楼盖仅适用于荷载较大的多层工业厂房、高层民用建筑及有抗震设防要求的建筑。采用装配式楼盖可以克服现浇楼盖的缺点,而装配整体式楼盖则兼具现浇式楼盖和装配式楼盖的优点。在具体的实际工程中究竟采用何种楼盖形式,应根据房屋的性质、用途、平面尺寸、荷载大小、采光以及技术经济等因素进行综合考虑。

【知识链接】　装配式混凝土楼盖的连接构造

在装配式混凝土楼盖中,楼盖除承受竖向荷载外,还作为纵墙的支点,起着将水平荷载传递给横墙的作用,楼盖中不可避免地产生弯曲和剪切应力。因此,板与板之间、板与墙之间以及板与梁之间的连接应有足够的强度承担这些应力。此外,为加强装配式构件之间的联系,增强结构的整体性,应加强各构件之间的连接构造。

1. 板与板的连接

板与板的连接一般采用强度不低于 C20 的细石混凝土或砂浆灌缝(见图 4-4(a))。

当楼面有振动荷载或房屋有抗震设防要求时,板缝内应设置拉接钢筋(见图 4-4(b))。此时,板间缝应适当加宽。

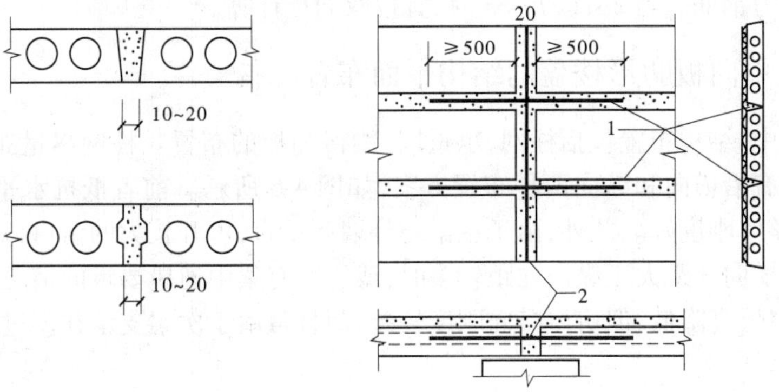

(a)一般连接构造　　(b)有抗震要求时的连接构造

1—拉接钢筋,间距≤2 000 mm;2—通长构造钢筋

图 4-4　板与板的连接构造

2. 板与墙和板与梁的连接

板与墙和板与梁的连接分支承与非支承两种情况。

板与支承墙和梁的连接一般采用在支座上坐浆(厚度为 10 ~ 20 mm)。板在砖墙上支承宽应大于等于100 mm,在钢筋混凝土梁上支承宽应为60 ~ 80 mm(见图4-5),方能保证可靠地连接。

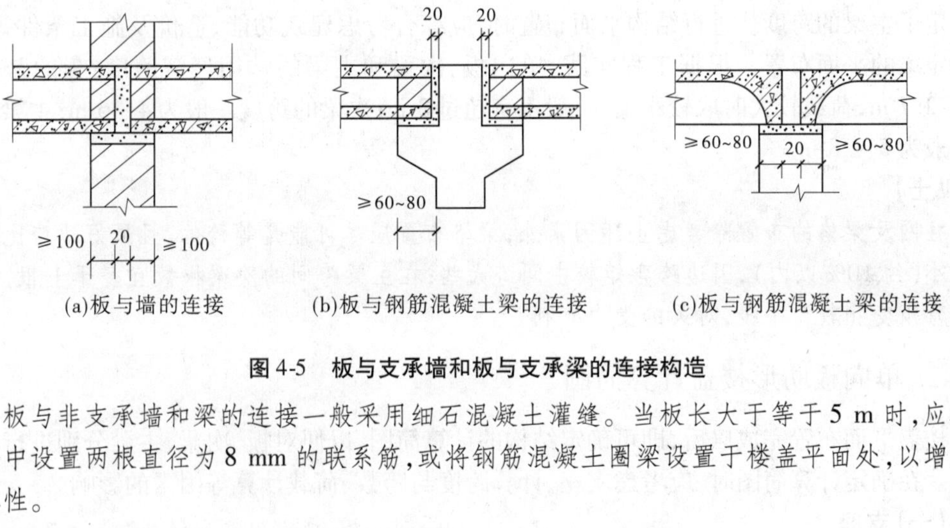

(a)板与墙的连接　　(b)板与钢筋混凝土梁的连接　　(c)板与钢筋混凝土梁的连接

图 4-5　板与支承墙和板与支承梁的连接构造

板与非支承墙和梁的连接一般采用细石混凝土灌缝。当板长大于等于5 m 时,应在板的跨中设置两根直径为 8 mm 的联系筋,或将钢筋混凝土圈梁设置于楼盖平面处,以增强其整体性。

第二节　现浇单向板肋梁楼盖

现浇肋形楼盖中,当板的长边 l_2 与短边 l_1 之比 $l_2/l_1 \geqslant 3$ 时,经力学分析可知,在荷载作用下板短跨方向的弯矩远远大于板长跨方向的弯矩。可以认为板仅在短跨方向有弯矩存在并产生挠度,这类板称为单向板。板中的受力钢筋应沿短跨方向布置。对于 $l_2/l_1 \leqslant 2$ 的板,在长边和短边上都受到梁的支承作用,与单向板相比,板的短、长跨方向上都有一定数值的弯矩存在,沿长边方向的弯矩不能忽略。这种板称为双向板。双向板沿板的长、短边两个方向都需布置受力钢筋。当 $2 < l_2/l_1 < 3$ 时,宜按双向板计算。

一、整体式单向板肋形楼盖的结构平面布置

在肋梁楼盖中,结构布置包括柱网、承重墙、梁格和板的布置。柱网尽量布置成长方形或正方形。主梁有沿横向和纵向两种布置方案,如图4-6所示。前者抵抗水平荷载的侧向刚度较大,房屋整体刚度好。此外,由于主梁与外墙面垂直,可开较大的窗口,对室内采光有利。后者适用于横向柱距大于纵向柱距较多时,或房屋有集中通风要求的情况,因主梁沿纵向布置,可使房屋层高降低,但房屋横向刚度较差,而且常由于次梁支承在窗过梁上,从而限制了窗洞的高度。

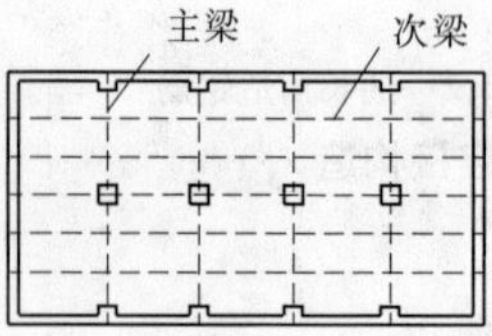

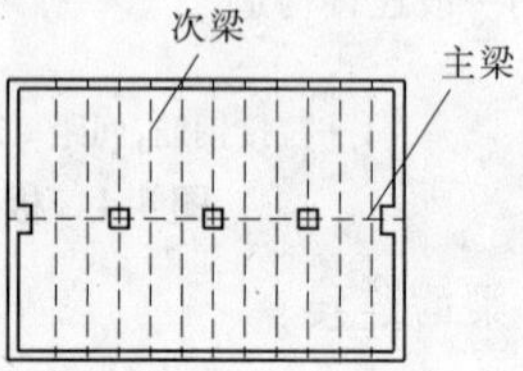

图4-6　梁的布置

单向板肋梁楼盖中,次梁的间距决定了板的跨度,主梁的间距决定了次梁的跨度,柱距则决定了主梁的跨度。进行结构平面布置时,应综合考虑建筑功能、造价及施工条件等,合理确定梁的平面布置。根据工程实践,单向板、次梁和主梁的常用经济跨度:板的跨度为1.7～2.7 m,荷载较大时取较小值,一般不宜超过3 m;次梁的跨度一般为4～6 m;主梁的跨度一般为5～ 8 m。

【小贴士】

柱网及梁格的布置除考虑上述因素外,梁格布置应尽可能是等跨的,且最好边跨比中间跨稍小(约10%以内),因边跨弯矩较中间跨大些;在主梁跨间的次梁根数宜多于1根,以使主梁弯矩变化较为平缓,对梁的受力有利。

二、单向板肋形楼盖计算简图

楼盖平面布置完成以后,即可确定结构的计算简图,以便对板、次梁、主梁分别进行内力计算。在确定计算简图时,应考虑支座、计算跨度与跨数、荷载计算等因素的影响。

(一)支座

在现浇单向板肋梁楼盖中,板一般可视为以次梁和边墙(或梁)为铰支承的多跨连续板;次梁一般可视为以主梁和边墙(或梁)为铰支承的多跨连续梁;对于支承在混凝土柱上的主梁,其计算模型应根据梁柱线刚度比而定。当主梁与柱的线刚度比大于等于3时,主梁可视为以柱和边墙(或梁)为铰支承的多跨连续梁,否则应按梁、柱刚接的框架模型(框架梁)计算主梁。

(二)计算跨度与跨数

连续板、梁各跨的计算跨度 l_0 是指在计算内力时所用的跨长,它的取值与支座的构造形式、构件的截面尺寸以及内力的计算方法有关,对于单跨及多跨的连续板、梁,在不同支承

条件下的计算跨度可以按表 4-1 计算。

表 4-1　梁、板的计算跨度

按弹性理论计算	单跨	两端搁置	$l_0 = l_n + a \leqslant l_n + h$ （板） $l_0 = l_n + a \leqslant 1.05 l_n$ （梁）
		一端搁置、一端与支承构件整浇	$l_0 = l_n + a/2 \leqslant l_n + h/2$ （板） $l_0 = l_n + a/2 + b/2 \leqslant 1.025 l_n + b/2$ （梁）
		两端与支承构件整浇	$l_0 = l_n$ （板） $l_0 = l_c$ （梁）
	多跨	两端搁置	$l_0 = l_n + a \leqslant l_n + h$ （板） $l_0 = l_n + a \leqslant 1.05 l_n$ （梁）
		一端搁置、一端与支承构件整浇	$l_0 = l_n + b/2 + a/2 \leqslant l_n + b/2 + h/2$ （板） $l_0 = l_n + b/2 + a/2 \leqslant 1.025 l_n + b/2$ （梁）
		两端与支承构件整浇	$l_0 = l_c$ （板和梁）
按塑性理论计算	多跨	两端搁置	$l_0 = l_n + a \leqslant l_n + h$ （板） $l_0 = l_n + a \leqslant 1.05 l_n$ （梁）
		一端搁置、一端与支承构件整浇	$l_0 = l_n + a/2 \leqslant l_n + h/2$ （板） $l_0 = l_n + a/2 \leqslant 1.025 l_n$ （梁）
		两端与支承构件整浇	$l_0 = l_n$ （板和梁）

注：l_0 为板、梁的计算跨度，l_c 为支座中心线间距离，l_n 为板、梁的净跨，h 为板厚，a 为板、梁端搁置的支承长度，b 为中间支座宽度或与构件整浇的端支承长度。

当连续板、梁的某跨受到荷载作用时，它的相邻各跨也会受到影响，并产生变形和内力，但这种影响是距该跨愈远愈小，当超过两跨以上时，影响已很小。因此，对于多跨连续板、梁（跨度相等或相差不超过 10%），当跨数超过五跨时，可按五跨来计算。此时，除连续板、梁两边的第一、二跨外，其余的中间跨度和中间支座的内力值均按五跨连续板、梁的中间跨度和中间支座采用。如果跨数未超过五跨，则计算时应按实际跨数考虑，如图 4-7 所示。

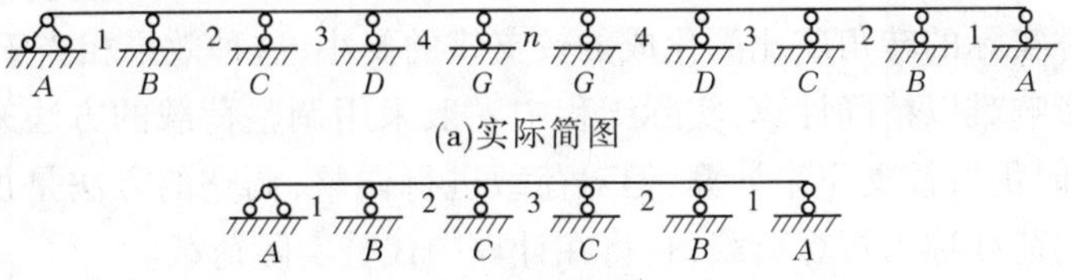

(a)实际简图

(b)计算简图

图 4-7　连续梁、板的计算简图

（三）荷载计算

作用在楼盖上的荷载有恒荷载和活荷载两种。恒荷载包括构件自重、各种构造层重量、永久设备自重等。活荷载主要为使用时的人群、家具以及一般设备的重量，上述荷载通常按照均布荷载考虑。楼盖恒荷载的标准值可由所选的构件尺寸、构造层做法以及材料容重等通过计算确定，活荷载标准值按《建筑结构荷载规范》（GB 50009—2012）的有关规定来选取。荷载计算就是确定板、次梁、主梁承受的荷载大小和形式,如图 4-8 所示。

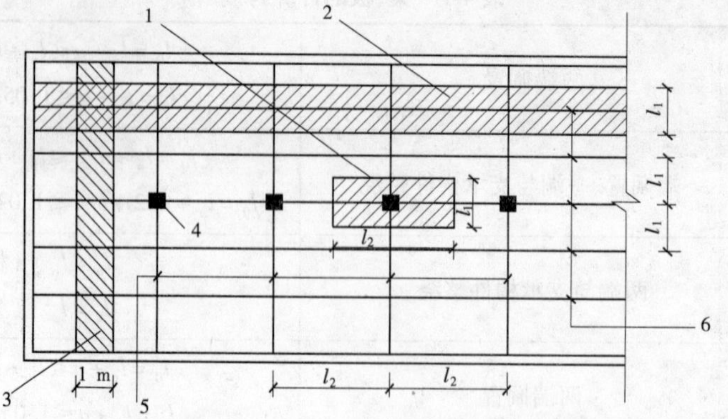

1—主梁承受的集中荷载范围;2—次梁承受的均布荷载范围;
3—板的计算单元;4—柱;5—主梁;6—次梁

图 4-8 梁、板的计算简图

1. 板

当楼面承受均布荷载时,通常取宽度为 1 m 的板带为计算单元。板所受的荷载有恒荷载(包括板自重、各种构造层及永久设备自重等)和活荷载。

2. 次梁

在计算板传递给次梁的荷载时,取其相邻板跨中线所包围的面积作为该次梁的受荷面积。次梁所受的荷载为次梁自重和其受荷面积上传来的荷载。

3. 主梁

对于主梁,其荷载为主梁自重和次梁传来的集中荷载,但由于主梁自重同次梁传来的集中荷载相比往往较小,为简化计算,一般将主梁自重化为集中荷载加入次梁传来的集中荷载一起计算。

单向板楼盖的荷载计算单元及板、梁的计算简图如图 4-9 所示。

在确定连续板、梁的计算简图时,一般假设其支座为铰接,即忽略了支座对板、梁的约束作用。对于梁、板整浇的现浇楼盖,这种假设与实际情况并不完全相符。因此,由于支座的抗扭转约束,构件实际的转角应比简化成的铰支座的要小,这种效果相当于减小了跨中的最大正弯矩,但其影响难以精确计算,实际工程中一般采用调整荷载的方法来考虑,即在进行荷载和内力计算时仍按铰支座来计算,但对荷载进行调整,调整的方法是加大恒荷载、减小活荷载,调整后的荷载称为折算荷载,它将在计算中代替实际荷载。

三、整体式单向板肋形楼盖的内力计算

整体式单向板肋形楼盖的内力计算主要有弹性理论计算法和塑性理论计算法。

(一)弹性理论计算法

按弹性理论方法计算是假定结构构件(梁、板)为理想的匀质弹性体,因此其内力可按结构力学方法分析。按弹性理论方法计算,概念简单,易于掌握,且计算结果比实际偏大,可靠度大。

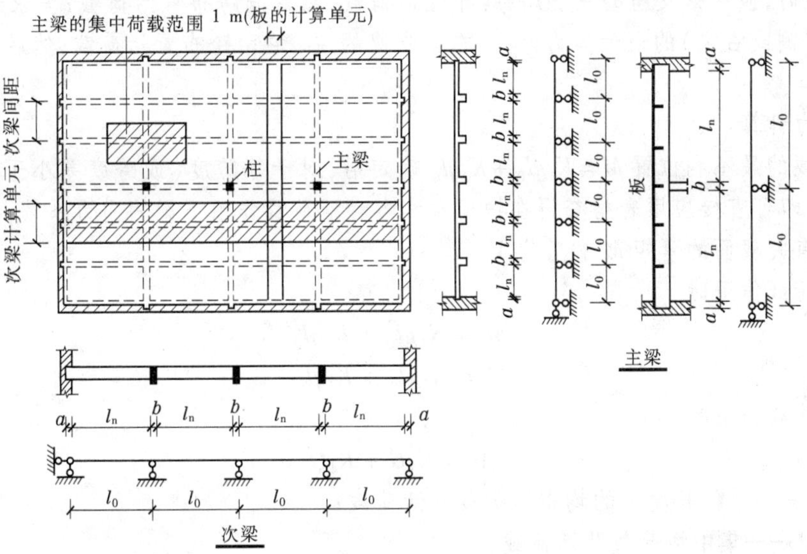

图 4-9　楼面受荷范围

【知识链接】　弹性理论计算法

1. 活荷载的最不利组合

由于活荷载作用位置的可变性，为使构件在各种可能的荷载情况下都能达到设计要求，需要确定各截面的最大内力，因此存在一个将活荷载与恒荷载组合起来，使某一指定截面的内力为最不利的问题，即荷载的最不利组合问题。对于多跨连续梁，除恒荷载按实际情况满布于结构上外，活荷载并不是满布于梁上时出现最大内力，因此需要研究可变荷载作用的位置对连续梁内力的影响。图 4-10 为一五跨连续梁在不同跨作用活荷载时的弯矩分布情况。

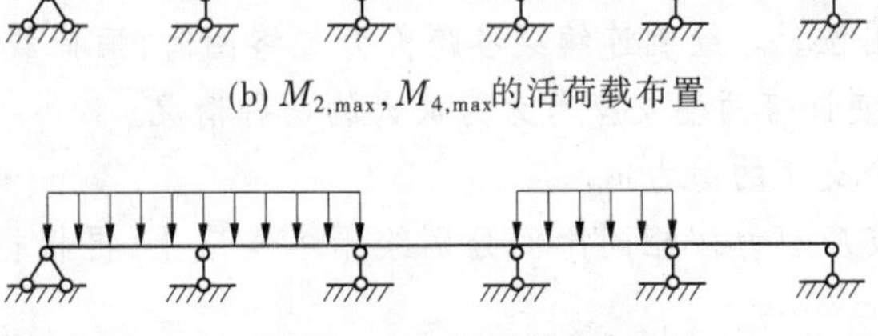

(a) $M_{1,max}$, $M_{3,max}$, $M_{5,max}$的活荷载布置

(b) $M_{2,max}$, $M_{4,max}$的活荷载布置

(c) $M_{B,max}$, $V_{B,max}$活荷载布置

图 4-10　活荷载的布置

经分析，连续梁最不利荷载组合的规律为：当求连续梁各跨的跨中最大正弯矩时，应在该跨布置活荷载，然后向左、右两边隔跨布置活荷载；当求连续梁各中间支座的最大(绝对

值）负弯矩时，应在该支座的左、右两跨布置活荷载，然后隔跨布置活荷截；当求连续梁各支座截面（左侧或右侧）的最大剪力时，应在该支座的左、右两跨布置活荷载，然后隔跨布置活荷载。

2. 内力计算

活荷载的最不利位置 $M = K_1gl_0 + K_2ql_0$ 确定后，对于等跨度（或跨度差小于等于10%）的连续梁，即可直接应用表格查得在恒荷载和各种活荷载作用下梁的内力系数，并按下列公式求出梁有关截面的弯矩 M 和剪力 V：

均布荷载作用时

$$M = K_1gl_0^2 + K_2ql_0^2 \tag{4-1}$$

$$V = K_3gl_0 + K_4ql_0 \tag{4-2}$$

集中荷载作用时

$$V = K_3G + K_4Q \tag{4-3}$$

式中　g、q——单位长度上的均布恒荷载及活荷载；

G、Q——集中恒荷载及活荷载；

K_1、K_2、K_3、K_4——内力系数；

l_0——梁的计算跨度。

3. 内力包络图

内力（弯矩、剪力）包络图是指在恒载内力（弯矩、剪力）图上叠加以各种不利活荷载位置作用下得出的内力（弯矩、剪力）图的最外轮廓线所围成的图形，也称内力叠合图。利用内力包络图可以合理地确定梁中纵向受力钢筋弯起与切断的位置，还可检验构件截面强度是否可靠、材料用量是否节省。弯矩包络图的绘制方法：

（1）确定活荷载作用位置，即确定使各控制截面产生最不利内力的活荷载布置位置。具体地讲，当在绘制连续梁第一跨弯矩包络图时，恒荷载应满布各跨，活荷载的布置位置应考虑能使该跨跨中截面分别产生 M_{max} 和 M_{min}，使该跨左、右支座截面分别产生最大（绝对值）负弯矩。

（2）根据上述荷载作用情况，分别求出各支座的弯矩值。

（3）将求得的各支座弯矩按相同比例绘于支座上，并将同一荷载作用情况下各跨两端的支座弯矩连成直线，再以此为基线，在其上根据荷载情况分别按简支梁作出弯矩图形。

（4）连接弯矩图形的最外轮廓线，即得所求的弯矩包络图，可用加粗的线型区分出来。

剪力包络图的绘制方法：

（1）确定荷载作用位置。绘制连续梁各跨剪力包络图时，恒荷载应满布各跨，活荷载的布置位置应考虑分别使该跨两端支座剪力为最大的两种情况。

（2）分别求出各个支座的剪力值。

（3）将求得的各支座剪力按相同比例分别绘于各支座上，再根据各跨荷载情况分别按简支梁绘制剪力图。

（4）连接剪力图形的最外轮廓线，即得所求的剪力包络图，并用加粗的线型区分出来。

图4-11、图4-12分别为某五跨连续梁的弯矩和剪力包络图示例。由于绘制内力包络图的工作量较大，故在楼盖设计中，除主梁和不等跨的次梁（跨度差大于20%）有时需根据包络图来确定钢筋弯起和截断位置外，对于连续板和等跨连续次梁，一般不必绘制包络图，而

直接按照连续板、梁的构造要求来确定钢筋弯起和截断位置。

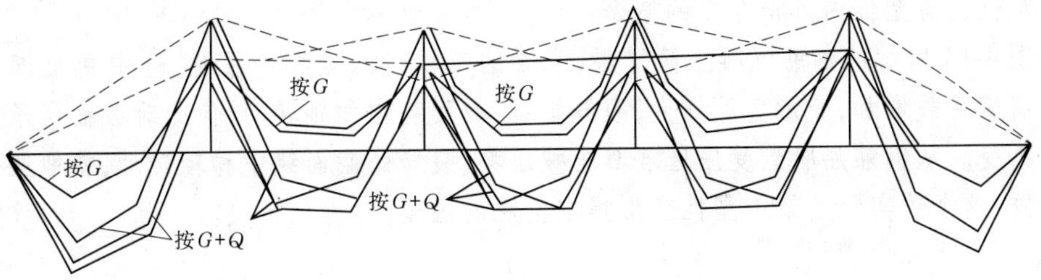

图 4-11　五跨连续梁的弯矩包络图

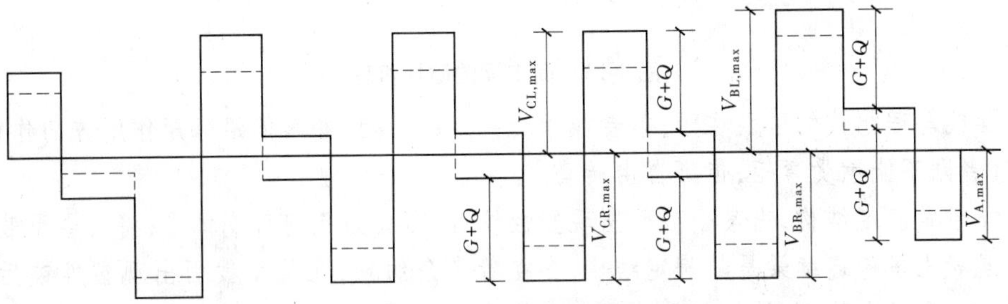

图 4-12　五跨连续梁的剪力包络图

(二)塑性理论计算法

钢筋混凝土是钢筋与混凝土这两种材料组成的非匀质的弹塑性体,按弹性理论的计算方法忽视了钢筋混凝土的非弹性性质,假定结构为理想的匀质弹性体(这种假定只在构件处在低应力状态时才较为符合)。按弹性理论计算结构内力存在着三个方面的问题:其一,按弹性理论计算的结构内力与按破坏阶段的构件截面设计方法是互不协调的,材料强度未能得到充分发挥。其二,弹性理论计算法是按可变荷载的各种最不利布置时的内力包络图来配筋的,但各跨中和各支座截面的最大内力实际上并不可能同时出现,而且由于超静定结构具有多余约束,当某一截面应力达到破坏阶段时,并不等于整个结构的破坏。可见,按弹性理论方法计算,整个结构各截面的材料不能充分利用。其三,按弹性理论方法计算时,支座弯矩总是远大于跨中弯矩,这将使支座配筋拥挤、构造复杂、施工不便。

塑性理论计算法的适用条件和适用范围:

(1)适用条件。按塑性理论计算法计算内力时,是在考虑了支座截面能出现塑性铰,并具有一定塑性转动能力的前提下进行的。为了保证在调幅截面能够形成塑性铰,且具有足够的转动能力,《混凝土结构设计规范》(GB 50010—2010)规定:塑性铰截面中混凝土受压区高度不大于 $0.35h_0$。

(2)适用范围。采用塑性内力重分布法虽然可节约钢材,方便施工,但在构件使用阶段的裂缝和变形均较大,所以对于下列结构不能采用这种方法,而应按弹性理论法计算其内力:在使用阶段不允许出现裂缝,或对裂缝开展有较高要求的结构;重要部位的结构和可靠度要求较高的结构;直接承受动力荷载和疲劳荷载作用的结构;处于侵蚀性环境中的结构。一般工业与民用建筑的整体式肋形楼盖中的板和次梁,通常采用塑性理论法计算,而主梁属于重要构件,截面高度较大,配筋也较多,一般仍采用弹性理论方法。

【知识链接】 塑性理论计算法

1. 塑性铰与塑性内力重分布的概念

如图 4-13 所示的钢筋混凝土简支梁，当梁的工作进入破坏阶段时，跨中受拉钢筋首先屈服。随着荷载增加，变形急剧增大，裂缝扩展，截面绕中和轴转动，但此时截面所承受的弯矩维持不变。从钢筋屈服到受压区混凝土被压坏，裂缝处截面绕中和轴转动，就像梁中出现了一个铰，这个铰实际是梁中塑性变形集中出现的区域，称为塑性铰。

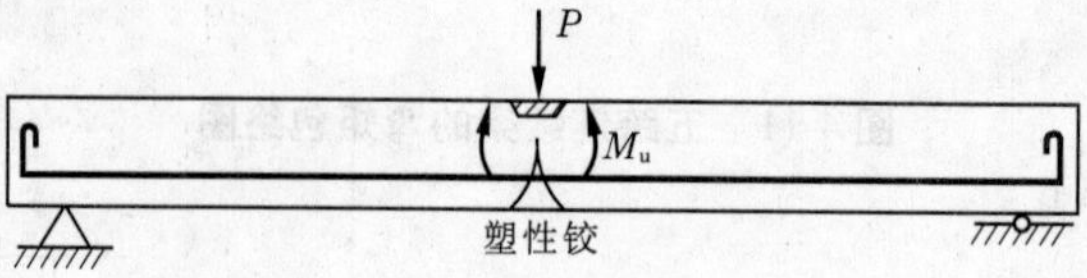

图 4-13 简支梁的破坏机理

塑性铰与理想铰的区别在于：前者能承受一定的弯矩，并只能沿弯矩作用方向作微小的转动；后者则不能承受弯矩，但可自由转动。

简支梁是静定结构，当某个截面出现塑性铰后，即成为几何可变体系，将失去承载能力。而钢筋混凝土多跨连续梁是超静定结构，存在着多余约束，在某个截面出现塑性铰后，相当于减少了一个多余约束，结构仍是几何不变体系，还能继续承担后续的荷载。但此时梁的内力不再按原来的规律分布，将出现内力的重分布。

如图 4-14 所示的两跨连续梁，承受均布荷载 q，按弹性理论计算得到的支座最大弯矩为 M_B，跨中最大弯矩为 M_1。设计时，若支座截面按弯矩 M_B 配筋，这样可使支座截面配筋减少，方便施工，这种做法称为弯矩调幅。梁在荷载作用下，当支座弯矩达到 M_B 时，支座截面便产生较大塑性变形而形成塑性铰，随着荷载继续增加，因中间支座已形成塑性铰，只能转动，所承受的弯矩 M_B 将保持不变，但两边跨的跨内弯矩将随荷载的增加而增大，当全部荷载 q 作用时，跨中最大弯矩达到，这种在多跨连续梁中，由于某个截面出现塑性铰，使该塑性铰截面的内力向其他截面转移的现象，称为塑性内力重分布。事实上，钢筋混凝土超静定结构，都具有塑性内力重分布的性质。

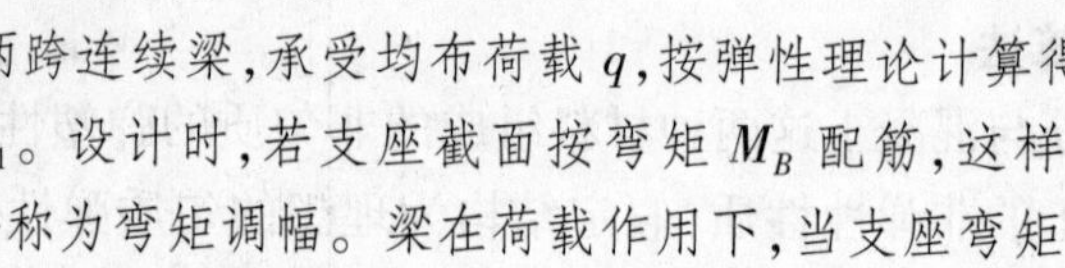

图 4-14 两跨连续梁的内力塑性重分布

应当指出的是，如按弯矩包络图配筋，支座的最大负弯矩与跨中的最大正弯矩并不是在同一荷载作用下产生的，所以当下调支座负弯矩时，在这一组荷载作用下增大后的跨中正弯矩，实际上并不大于包络图上外包线的弯矩，因此跨中截面并不会因此而增加配筋。可见，利用塑性内力重分布，可调整连续梁的支座弯矩和跨中弯矩，既方便了施工，又能取得经济的配筋，也更符合构件的实际工作情况。

综上所述，钢筋混凝土连续梁塑性内力重分布的基本规律如下：

(1)钢筋混凝土连续梁达到承载能力极限状态的标志，不是某一截面到达了极限弯矩，而是必须出现足够的塑性铰，使整个结构形成几何可变体系。

(2)塑性铰出现以前，连续梁的弯矩服从于弹性的内力分布规律；塑性铰出现以后，结构计算简图发生改变，各截面的弯矩的增长率发生变化。

(3)按弹性理论计算，连续梁的内力与外力既符合平衡条件，也满足变形协调关系。按塑性内力重分布法计算，内力与外力符合平衡条件，但转角相等的变形协调关系不再成立。

(4)通过控制支座截面和跨中截面的配筋比，可以人为控制连续梁中塑性铰出现的早晚和位置，即控制调幅的大小和方向。

2. 按塑性理论计算的基本原则

(1)必须确保结构安全可靠。由于连续梁出现塑性铰后是按简支梁工作的，因此每跨调整后的两个支座弯矩的平均值加上跨中弯矩的绝对值之和应不小于相应的简支梁跨中弯矩，即

$$M_0 \leqslant \frac{M_B + M_C}{2} + M_1 \tag{4-4}$$

式中 M_B、M_C 和 M_1——支座 B、C 和跨中截面塑性铰上的弯矩，如图4-15所示；

M_0——在全部荷载$(g+q)$作用下简支梁的跨中弯矩。

此外，调整后的所有支座和跨中塑性铰上的弯矩 M 的绝对值，对于承受均布荷载的梁，均应满足：

$$M \geqslant \frac{(g+q)l^2}{24} \tag{4-5}$$

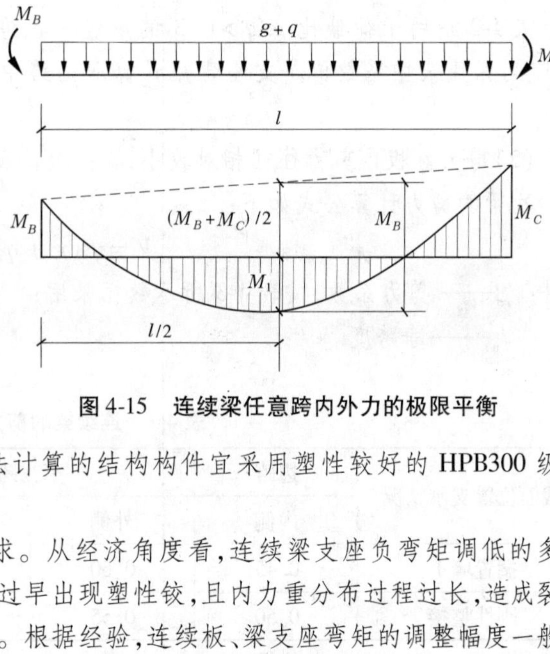

图4-15 连续梁任意跨内外力的极限平衡

由此可见，按塑性理论计算结构的内力时，要求结构材料具有良好的塑性性能，以保证结构内力能满足极限平衡的要求，故《混凝土结构设计规范》(GB 50010—2010)规定，按塑性内力重分布法计算的结构构件宜采用塑性较好的HPB300级钢筋、HRB400级钢筋和HRB500级钢筋。

(2)必须满足刚度和裂缝宽度的要求。从经济角度看，连续梁支座负弯矩调低的多一些比较理想，但如降低过多，将会使支座过早出现塑性铰，且内力重分布过程过长，造成裂缝开展过宽、变形过大，以致影响正常使用。根据经验，连续板、梁支座弯矩的调整幅度一般不应超过30%；对于活荷载 q 与恒荷载 g 之比 $g/q \leqslant 1/3$ 的连续板、梁中，弯矩调幅不得超过15%。

(3)应力求节约钢材、方便施工。为能节约较多钢材，同时使支座配筋简单，便于施工，应尽可能多地减小支座弯矩，一般常使它等于或接近于跨中弯矩。

3. 等跨连续板、梁的内力值

(1)弯矩在均布荷载作用下等跨连续板和次梁按塑性理论计算的内力公式如下：

$$M = \alpha(g + q)l_0^2 \tag{4-6}$$

式中　α——弯矩系数，板和次梁按表 4-2 所示数据采用；

g、q——均布恒荷载和活荷载；

l_0——计算跨度，当板、次梁的支座为整体连接时，取 $l_0 = l_n$，当端支座为砖墙时，板的端跨取 $l_0 = l_n + \frac{h}{2}$，次梁端跨取 $l_0 = l_n + \frac{h}{2}$（h 为支座宽度）和 $l_0 = 1.025l_n$ 的较小值。

表 4-2　连续梁及连续单向板弯矩系数 α

<table>
<tr><th colspan="2" rowspan="2">截面位置
支承情况</th><th colspan="2">边跨</th><th colspan="2">第二跨</th><th colspan="2">中间跨</th></tr>
<tr><th>端支座</th><th>边跨中</th><th>第二支座</th><th>第二跨中</th><th>中间支座</th><th>中间跨中</th></tr>
<tr><td colspan="2">梁板搁置墙上</td><td>0</td><td>1/11</td><td rowspan="4">二跨连续 -1/10
三跨以上连续 -1/11</td><td rowspan="4">1/16</td><td rowspan="4">-1/14</td><td rowspan="4">1/16</td></tr>
<tr><td rowspan="2">整浇刚性连接</td><td>板</td><td>-1/16</td><td rowspan="2">1/14</td></tr>
<tr><td>梁</td><td>-1/24</td></tr>
<tr><td colspan="2">梁与柱刚性连接</td><td>-1/16</td><td>1/14</td></tr>
</table>

【小贴士】

表 4-2 适用于荷载比 $g/q > 0.3$ 的情况。各跨长度不等，但当相邻两跨比值小于 1.1 时，仍可采用表中系数值。支座弯矩计算取两跨中的较长跨度，跨中弯矩计算仍取本跨跨度。

(2) 剪力。板内剪力往往相对较小，在一般情况下不需要进行剪力计算。

次梁的剪力计算公式如下：

$$V = \beta(g + q)l_n \tag{4-7}$$

式中　β—— 剪力系数，按表 4-3 所示数据采用；

l_n—— 净跨度。

表 4-3　连续梁的剪力系数 β

<table>
<tr><th rowspan="2">截面位置支承情况</th><th>边跨</th><th colspan="2">第二跨</th><th colspan="2">中间跨</th></tr>
<tr><th>内侧</th><th>外侧</th><th>内侧</th><th>外侧</th><th>内侧</th></tr>
<tr><td>搁置墙上</td><td>0.45</td><td>0.60</td><td rowspan="2">0.55</td><td rowspan="2">0.55</td><td rowspan="2">0.55</td></tr>
<tr><td>刚性整接</td><td>0.50</td><td>0.55</td></tr>
</table>

四、单向板肋梁楼盖的截面设计与构造要求

（一）单向板的截面设计与构造要求

1. 截面设计

(1) 板的计算单元通常取为 1 m，按单筋矩形截面设计。

(2)板按塑性方法计算内力。

(3)按受弯构件计算纵向受力钢筋。

2. 构造要求

(1)板的厚度应满足表 4-4 的规定，单向板跨度与厚度比不大于 30，当板的荷载、跨度较大时宜适当减小。

表 4-4　混凝土梁、板截面的常规尺寸

构件种类		高跨比(h/l)	说明
单向板	简支 两端连续	≥1/35 ≥1/40	最小板厚： 屋面板　$h \geq 60$ mm 民用建筑楼板　$h \geq 60$ mm 工业建筑楼板　$h \geq 70$ mm 行车道下的楼板　$h \geq 80$ mm
双向板	单跨简支 多跨连续	≥1/45 ≥1/50 （按短向跨度）	板厚一般取　80 mm $\leq h \leq$ 160 mm
密肋板	单跨简支 多跨连续	≥1/20 ≥1/25 （h 为肋高）	板厚：$h \geq 50$ mm
悬臂板		≥1/12	板的悬臂长度≤500 mm　$h \geq 60$ mm 板的悬臂长度＞1 200 mm　$h \geq 100$ mm
无梁楼板	无柱帽 有柱帽	≥1/30 ≥1/35	$h \geq 150$ mm 柱帽宽度 $c=(0.2 \sim 0.3)l$
多跨连续次梁 多跨连续主梁 单跨简支梁		1/18～1/12 1/14～1/8 1/14～1/8	最小梁高：次梁　$h \geq l/25$ 主梁　$h \geq l/15$ 宽高比(b/h)一般为 1/3～1/2，并以 50 mm 为模数

(2)板的支承长度应满足其受力钢筋在支座内锚固的要求，且一般不小于板厚，现浇板在砌体墙上的支承长度不宜小于 120 mm。

(3)简支板或连续板下部纵向受力钢筋伸入支座的锚固长度不应小于 $5d$，d 为下部纵向受力钢筋的直径。当连续板内温度、收缩应力较大时，伸入支座的锚固长度宜适当增加。

(4)板中受力钢筋。

①钢筋的间距：为了便于浇筑混凝土，保证钢筋周围混凝土的密实性，保证板的承载力，当板厚不大于 150 mm 时，不宜大于 200 mm；当板厚大于 150 mm 时，不宜大于板厚的 1.5 倍，且不大于 250 mm。

②采用分离式配筋的多跨板，板底钢筋宜全部伸入支座锚固；而在支座处另配负弯矩钢筋，负弯矩钢筋向跨内的延伸长度应根据负弯矩图确定，并满足钢筋锚固的要求。

(5)板中构造钢筋。

①分布钢筋：当按单向板设计时，除沿受力方向布置受力钢筋外，尚应在垂直受力方向布置分布钢筋，单位宽度上的配筋不宜小于单位跨度上受力钢筋的15%，且配筋率不宜小于0.15%；分布钢筋的直径不宜小于6 mm，间距不宜大于250 mm；当集中荷载较大时，分布钢筋的配筋面积尚应增加，且间距不宜大于200 mm。分布钢筋应布置在受力钢筋的内侧。它的作用是：与受力钢筋组成钢筋网，便于施工中固定受力钢筋的位置；承受由于温度变化和混凝土收缩所产生的内力；承受并分布板上局部荷载产生的内力；对于四边支承板，可承受在计算中未考虑但实际存在的长跨方向的弯矩。

分布钢筋宜采用HPB300级钢筋和HRB400级钢筋，常用直径是6 mm和8 mm。《混凝土结构设计规范》（GB 50010—2010）规定：单位长度上分布钢筋的截面面积不宜小于单位宽度上受力钢筋截面面积的15%，且不宜小于该方向板截面面积的0.15%；分布钢筋的间距不宜大于250 mm，直径不宜小于6 mm；对集中荷载较大或温度变化较大的情况，分布钢筋的截面面积应适当增加，其间距不宜大于200 mm。

②嵌入承重墙内的板面构造钢筋：嵌固在承重墙内的单向板，由于墙的约束作用，板在墙边也会产生一定的负弯距；垂直于板跨度方向，由部分荷载将就近传给支承墙，也会产生一定的负弯距，使板面受拉开裂，为避免这种裂缝的出现和开展，《混凝土结构设计规范》（GB 50010—2010）规定，对于嵌固在承重砌体墙内的现浇混凝土板，应沿支承周边配置上部构造钢筋，并符合以下要求：钢筋直径不宜小于8 mm，间距不宜大于200 mm，其伸入板内的长度，从墙边算起不宜小于板短边跨度的1/7；在两边嵌固于墙内的板角部分，应配置双向上部构造钢筋，该钢筋伸入板内的长度从墙边算起不宜小于板短边跨度的1/4；沿板的受力方向配置的上部构造钢筋，其截面面积不宜小于该方向跨中受力钢筋截面面积的1/3；沿非受力方向配置的上部构造钢筋，可根据经验适当减少。

【小贴士】

构造钢筋与分布钢筋的区别是：分布钢筋理论上只起到固定受力钢筋的作用，构造钢筋是按最小配筋率来确定的，分布钢筋为构造钢筋的一种。分布钢筋可使结构更好地整体受力和传力，按主筋的直径确定的。

（二）次梁的截面设计与构造要求

1. 截面设计

次梁的内力计算一般按塑性方法计算。

（1）按正截面受弯承载力确定纵向受拉钢筋时，通常跨中按T形截面计算，支座因翼缘位于受拉区，按矩形截面计算。

（2）按斜截面受剪承载力确定横向钢筋，当荷载、跨度较小时，一般只利用箍筋抗剪；当荷载、跨度较大时，宜在支座附近设置弯起钢筋，以减少箍筋用量。

（3）当次梁考虑塑性内力重分布时，调幅截面的相对受压区高度应满足$0.1 \leqslant \xi \leqslant 0.35$。

（4）当次梁的截面尺寸满足要求时，一般不必作使用阶段的挠度和裂缝宽度验算。

2. 构造要求

（1）截面尺寸：次梁的跨度$l=4\sim6$ m，梁高$h=(1/18\sim1/12)l$，梁宽$b=(1/3\sim1/2)h$，一般不必作使用阶段的挠度和裂缝宽度验算。纵向钢筋的配筋率一般为0.6%～1.5%。

（2）次梁在砌体墙上的支承长度$a \geqslant 240$ mm。

（3）钢筋的直径：梁的纵向受力钢筋及架立钢筋不宜少于2根，钢筋直径不宜小于表4-5

的规定。

表 4-5　梁内纵向钢筋的最小直径

钢筋类型	受力钢筋		架立钢筋		
条件	$h<300$ mm	$h\geq300$ mm	$l<4$ m	$4\ \text{m}\leq l\leq6$ m	$l>6$ m
直径 d(mm)	8	10	8	10	12

注:表中 h 为梁高,l 为梁的跨度。

(4)钢筋的间距:钢筋混凝土结构中钢筋与混凝土之所以能够协同工作,是由于它们之间存在着黏结锚固作用。因此,受力钢筋周围应有一定厚度的混凝土层握裹。对于构件边缘的钢筋,表现为保护层厚度;对于构件内部的钢筋,则表现为钢筋的间距。钢筋间距还应考虑施工时浇筑混凝土操作的方便。梁内纵向钢筋的净间距不应小于表 4-6 的规定。

表 4-6　梁内纵向钢筋的最小净间距

间距类型	水平净距		垂直净距(层距)
钢筋类型	上部钢筋	下部钢筋	25 mm 且 d
最小净距	300 mm 且 $1.5d$	25 mm 且 d	

注:d 为钢筋的最大值径。

(5)梁侧的纵向构造钢筋:《混凝土结构设计规范》(GB 50010—2010)规定,当梁的腹板高度 $h_w\geq450$ mm 时,在梁的两个侧面沿高度配置纵向构造钢筋(腰筋),每侧纵向构造钢筋(不包括梁上、下部受力钢筋及架立钢筋)的截面面积不应小于腹板截面面积 bh_w 的 0.1%,且其间距不宜大于 200 mm。

(三)主梁的截面设计与构造要求

1. 截面设计

主梁内力计算通常按弹性理论方法进行。因主梁是比较重要的构件,需要有较大的强度储备,并要求在使用荷载下,挠度及裂缝开展不宜过大。主梁除自重外,主要承受由次梁传来的集中荷载,计算时,可不考虑次梁的连续性,为了简化计算,可将主梁的自重折算成集中荷载计算。

(1)按正截面受弯承载力确定纵向受拉钢筋时,通常跨中按 T 形截面计算,支座因翼缘位于受拉区,按矩形截面计算。

(2)按斜截面受剪承载力确定横向钢筋,当荷载、跨度较小时,一般只利用箍筋抗剪;当荷载、跨度较大时,宜在支座附近设置弯起钢筋,以减少箍筋用量。

(3)主梁支座截面的有效高度 h_0:在主梁支座处,由于板、次梁和主梁截面的上部纵向钢筋相互交叉重叠(见图 4-16),且主梁负筋位于板和次梁的负筋之下,因此主梁支座截面的有效高度减小。在计算主梁支座截面纵筋时,截面有效高度 h_0 可取为:

单排钢筋时　　$h_0=h-(50\sim60)$ mm

双排钢筋时　　$h_0=h-(70\sim80)$ mm

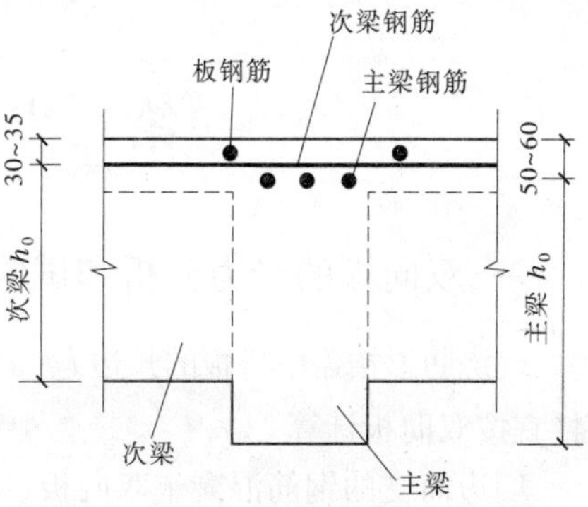

图 4-16　主梁支座处截面的有效高度

2. 构造要求

(1)截面尺寸:主梁的跨度 $l=5\sim8$ m,梁高 $h=(1/14\sim1/8)l$,梁宽 $b=(1/3\sim1/2)h$,一般不必作使用阶段的挠度和裂缝宽度验算。纵向钢筋的配筋率一般为 0.6% ~1.5% 。

(2)主梁在砌体墙上的支承长度 $a\geqslant370$ mm。

(3)钢筋的直径及间距要求与次梁相同。

(4)主梁纵向受力钢筋的弯起和截断,原则上应按弯矩包络图确定,并满足有关构造要求。

(5)主梁附加横向钢筋。主梁和次梁相交处,在主梁高度范围内受到次梁传来的集中荷载的作用,其腹部可能出现斜裂缝(见图 4-17(a))。因此,应在集中荷载影响区 s 范围内加设附加横向钢筋(箍筋、吊筋),以防止斜裂缝出现而引起局部破坏。位于梁下部或梁截面高度范围内的集中荷载,应全部由附加横向钢筋承担,并应布置在长度为 $s=2h_1+3b$ 的范围内。附加横向钢筋宜优先采用箍筋(见图 4-17(b))。当采用吊筋时,其弯起段应伸至梁上边缘,且末端水平段长度在受拉区不应小于 $20d$,在受压区不应小于 $10d$(d 为吊筋的直径)。

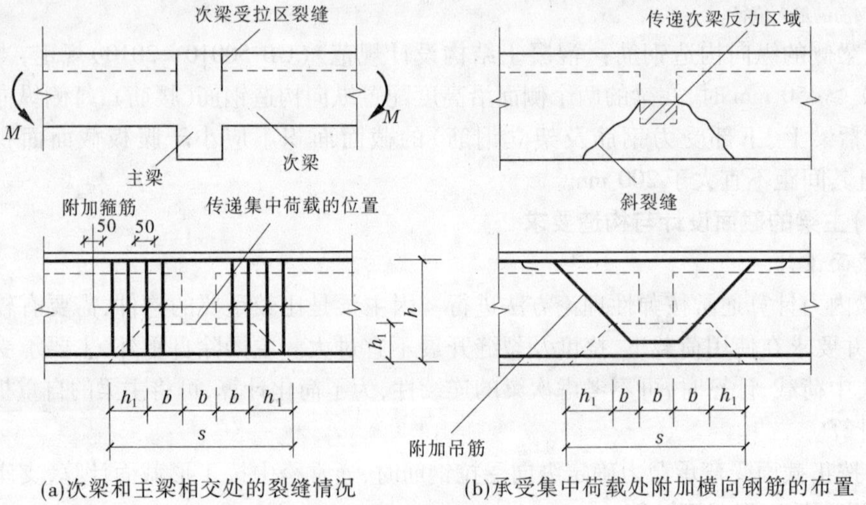

(a)次梁和主梁相交处的裂缝情况　　(b)承受集中荷载处附加横向钢筋的布置

图 4-17　附加横向钢筋的布置

第三节　双向板肋梁楼盖

一、双向板的受力分析和试验研究

现浇肋形楼盖中将板的长边 l_2 与短边 l_1 之比 $l_2/l_1\leqslant2$ 的板,称为双向板。当 $2<l_2/l_1<3$ 时,宜按双向板计算。

四边简支的钢筋混凝土双向板(方板和矩形板),在均布荷载作用下的试验表明:在裂缝出现之前,板基本上处于弹性工作阶段。随着荷载的增加,方板沿板底对角线出现第一批裂缝,之后向两个正交的对角线方向发展且裂缝宽度不断加宽;继续增加荷载,钢筋应力达到屈服点,裂缝显著开展;即将破坏时,板顶面靠近四角处,出现垂直对角线方向、大体呈环状的裂缝,这种裂缝的出现促使板底裂缝进一步开展;此后,板随即破坏。矩形板的第一批裂缝出现在板底中部且平行于长边方向;随着荷载的不断增加,裂缝宽度不断开展,并分支向四角延伸,伸向四角的裂缝大体与板边成45°;即将破坏时,板顶角区也产生与方板类似的环状裂缝。

双向板在弹性工作阶段,板的四角有翘起的趋势,若周边没有可靠固定,将产生如图4-18所示的犹如碗形的变形,板传给支座的压力沿边长不是均匀分布的,而是在每边的中心处达到最大值,因此在双向板肋形楼盖中,由于板顶面实际会受墙或支承梁约束,破坏时就会出现如图4-19所示的板底及板顶裂缝。

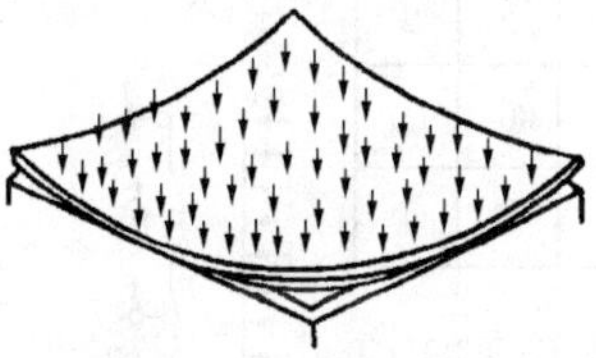

图4-18　双向板的变形

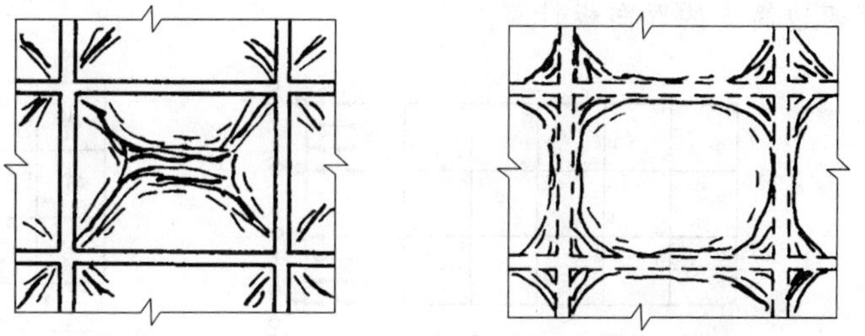

(a)板底面裂缝分布　　(b)板顶面裂缝分布

图4-19　肋形楼盖中双向板的裂缝分布

【**知识链接**】　双向板的内力计算

双向板的内力计算有弹性计算法和塑性计算法两种,本书仅介绍双向板内力的弹性计算法。弹性计算法是以弹性薄板理论为依据而进行计算的一种方法,由于这种方法内力分析比较复杂,为简化计算,通常直接应用根据弹性薄板理论编制的弯矩系数表进行计算。

(一)单跨双向板的计算

单跨双向板按其四边支承情况的不同,在楼盖中常会遇到如下六种情况:①四边简支,如图4-20(a)所示;②一边固定、三边简支,如图4-20(b)所示;③两对边固定、两对边简支,如图4-20(c)所示;④两邻边固定、两邻边简支,如图4-20(d)所示;⑤三边固定、一边简支,如图4-20(e)所示;⑥四边固定,如图4-20(f)所示。

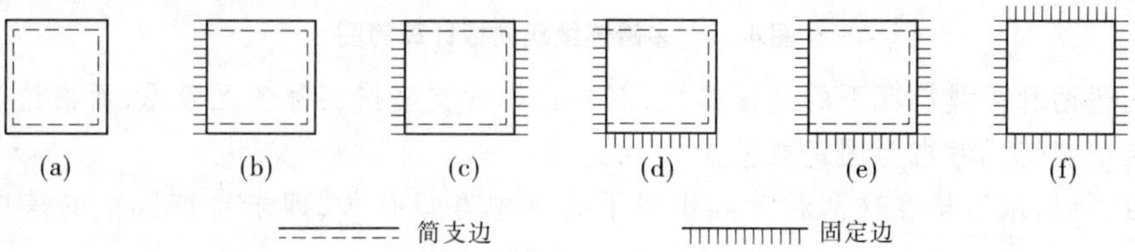

图4-20　双向板的六种四边支承情况

根据不同支承情况,可从相关参考书中查出弯矩系数,即可求得弯矩。

(二)多跨连续双向板的计算

多跨连续双向板按弹性理论的精确计算十分复杂,在实用计算时通常以上述单跨板内力计算为基础,假定板在梁上可以自由转动,并略去梁的竖向变形,这样将梁视为板的不动铰支座，从而使计算简化。

计算多跨连续双向板的最大弯矩时，也需考虑活荷载的最不利布置。

1. 跨中最大正弯矩

当求跨中最大正弯矩时，其活荷载的最不利位置为如图4-21(a)所示的棋盘式布置。为便于利用区格板的表格，可将图4-21(a)所示计算简图上的荷载(恒荷载g和活荷载q)分解为满布于各跨的$g+q/2$和隔跨交替布置的$\pm q/2$两部分(见图4-21(b)、(c))。当各区格满布$g+q/2$时(见图4-21(b))，由于区格板支座两边结构对称，且荷载对称，可将各支座视为不转动，于是可近似地将区格板看成四边固定的双向板，求出其跨中弯矩。当所求区格作用$+q/2$，相邻区格作用$-q/2$(其余区格均间隔布置，见图4-21(c))时，可近似看作承受反对称荷载$\pm q/2$的连续板，此时中间支座的弯矩为零或很小，故内区格的跨中弯矩近似地按四边简支的双向板计算。

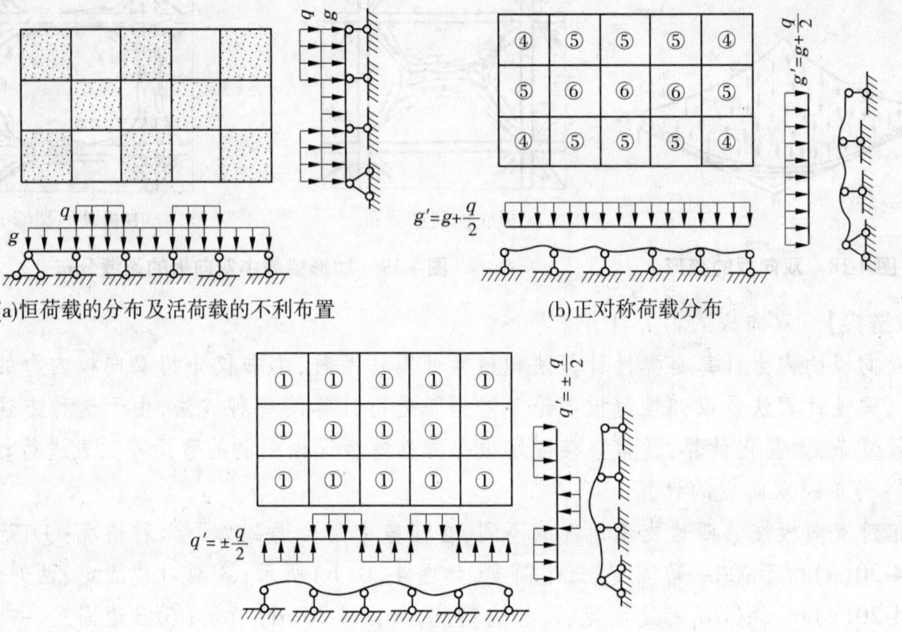

(a)恒荷载的分布及活荷载的不利布置

(b)正对称荷载分布

(c)反对称荷载分布

图4-21　多跨连续双向板计算简图

在上述两种荷载情况下的边区格板，其外边界的支座按实际情况考虑，而内边界的支座则按相应荷载情况考虑为固定或简支。

最后，将所求区格在这两种荷载作用下的跨中弯矩叠加，即求得该区格的跨中最大正弯矩。

2. 支座最大弯矩

当板面上全部满布恒荷载及活荷载时，支座弯矩最大。所以，对于所有中间区格，均可按四边固定的双向板(见图4-20(f))计算。边区格的内支座取相邻两区格板在该支座上弯矩的平均值。进行边区格计算时，其外边支承条件按实际情况考虑。

3. 双向板配筋计算要点

(1)双向板若短跨方向跨中截面的有效高度为h_{01}，则长跨方向截面的有效高度$h_{02}=$

$h_{01}-d$（d 为板中受力钢筋直径），若两向钢筋直径不同，取其平均值。

（2）当板与支座为整体连接并按弹性理论方法计算双向板内力时，应采用支座边缘处的弯矩值为计算弯矩。

（3）对于四边与梁整体连接的板，不论按何种方法分析内力，均应考虑周边支承梁对板产生水平推力的有利影响。

因此，设计时应将计算所得弯矩值根据下列情况予以减少：对于中间跨的跨中截面及中间支座截面，减少 20%；对于边跨的跨中截面及楼板边缘算起的第二支座截面，当 $l_{02}/l_{01}<1.5$ 时，减少 20%，当 $1.5\leq l_{02}/l_{01}\leq 2$ 时，减少 10%（l_{01} 为垂直于楼板边缘方向的计算跨度，l_{02} 为沿楼板边缘方向的计算跨度）；对于楼板的角区格，不应减少。

（三）双向板支承梁的计算

多跨连续双向板传给周边支承梁的荷载如图 4-22 所示。支承梁承受三角形或梯形荷载，其内力可采用等效均布荷载的方法计算。其方法是：首先按支座弯矩相等的条件把它们换算成等效均布荷载，在求得连续梁的支座弯矩后，再按实际的荷载分布（三角形或梯形），以支座弯矩作为梁端弯矩，按单跨简支梁求出各跨跨中弯矩和支座剪力。

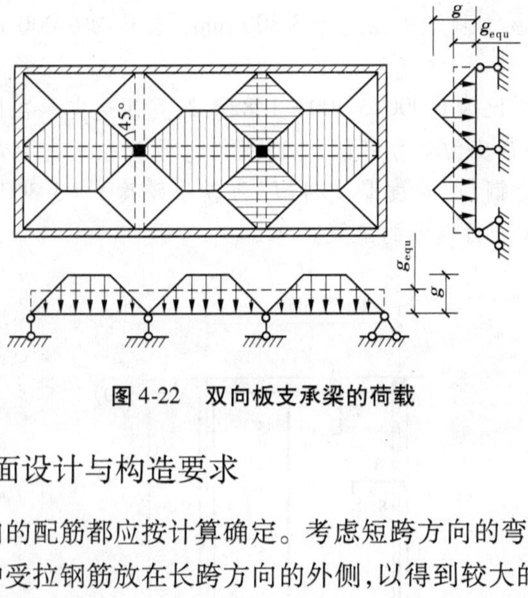

图 4-22　双向板支承梁的荷载

二、双向板的截面设计与构造要求

双向板在两个方向的配筋都应按计算确定。考虑短跨方向的弯矩比长跨方向的大，因此应将短跨方向的跨中受拉钢筋放在长跨方向的外侧，以得到较大的截面有效高度。截面有效高度 h_0 通常分别取值如下：短跨方向 $h_0=h-20$（mm），长跨方向 $h_0=h-30$（mm）。

双向板的主要构造要求如下。

（一）双向板的厚度

双向板的厚度一般不宜小于 80 mm，也不大于 160 mm。为了保证板的刚度，板的厚度 h 还应符合：简支板，$h>l_x/45$；连续板，$h>l_x/50$，l_x 是较小跨度。

（二）钢筋的配置

受力钢筋沿纵、横两个方向设置，此时应将弯矩较大方向的钢筋设置在外层，另一方向的钢筋设置在内层。

板的配筋形式类似于单向板，有弯起式与分离式两种。沿墙边及墙角的板内构造钢筋与单向板楼盖相同。

按弹性理论计算时,其跨中弯矩不仅沿板长变化,而且沿板宽向两边逐渐减小;而板底钢筋是按跨中最大弯矩求得的,故应在两边予以减少。将板按纵、横两个方向各划分为两个宽为 $l_x/4$(l_x 为较小跨度)的边缘板带和一个中间板带(见图 4-23)。边缘板带的配筋为中间板带配筋的 50%。连续支座上的钢筋,应沿全支座均匀布置。

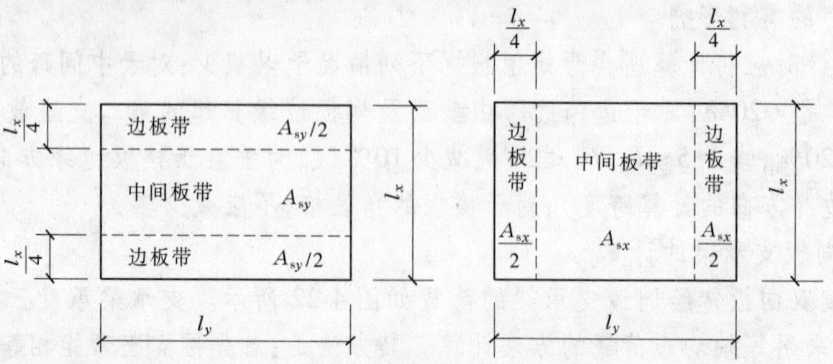

图 4-23　双向板配筋的分区和配筋量规定

受力钢筋的直径、间距、截断点的位置等均可参照单向板配筋的有关规定。

【例 4-1】　已知一屋面现浇板短边为 3 300 mm,长边为 6 000 mm,试确定现浇板的钢筋构造。

解:板长边与短边之比为 6 000/3 300 = 1.82≤2,且四边支承在墙上,故为单跨双向板。板下部两个方向的钢筋都应为受力钢筋,短向钢筋①号放在长向钢筋②的外侧。板上部沿墙体设置的钢筋是构造钢筋,长度是 $l_x/4$(l_x 为较小跨度) = 3 300/4 = 825(mm),取 850 mm,可按照图 4-24 所示进行钢筋的配置。

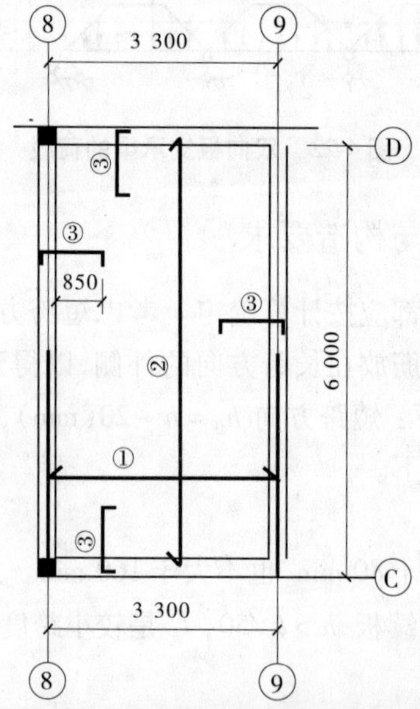

图 4-24　双向板楼盖

第四节　钢筋混凝土楼梯的结构形式及构造

楼梯是多、高层房屋建筑的竖向通道，一般楼梯由梯段、休息平台、栏杆(栏板)儿部分组成。楼梯的平面布置、踏步尺寸、栏杆形式等由建筑设计确定。按施工方法的不同分为整体式楼梯和装配式楼梯，按结构形式分为梁式楼梯、剪刀式楼梯和板式楼梯。其中，板式楼梯和梁式楼梯是最常见的现浇楼梯，本节主要介绍现浇板式楼梯和梁式楼梯的计算及构造。

楼梯的结构设计包括以下内容：

(1)根据建筑要求和施工条件，确定楼梯的结构形式和结构布置。

(2)根据建筑类别，按《建筑结构荷载规范》(GB 50009—2012)确定楼梯的活荷载标准值。需要注意的是，楼梯的活荷载往往比所在楼面的活荷载大。生产车间楼梯的活荷载可按实际情况确定，但不宜小于3.5 kN/m(按水平投影面计算)。除以上竖向荷载外，设计楼梯栏杆时尚应按规定考虑栏杆顶部水平荷载0.5 kN/m(对于住宅、医院、幼儿园等)或1.0 kN/m(对于学校、车站、展览馆等)。

(3)进行楼梯各部件的内力计算和截面设计。

(4)绘制施工图，特别应注意处理好连接部位的配筋构造。

一、板式楼梯

板式楼梯由梯段板、休息平台和平台梁组成，如图4-25所示。梯段板支承在平台梁上和楼层梁上。板式楼梯的优点是下表面平整，施工支模较方便，外观比较轻巧。当楼梯的使用荷载不大，水平跨长不超过3 m时较为经济。但当梯段跨度较大时，板式楼梯的斜板较厚，其混凝土用量和钢材用量都较多。

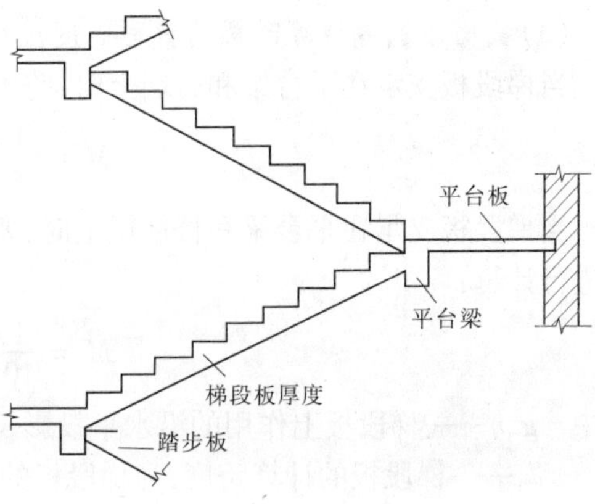

图4-25　板式楼梯的组成

板式楼梯的荷载传递路径为：梯段板、平台板将荷载传递给平台梁，平台梁将荷载传递给墙或楼梯柱。板式楼梯的计算包括梯段板的计算、平台板的计算和平台梁的计算。

(一)梯段板的计算及构造

1. 梯段板的厚度

为保证梯段板具有一定刚度，一般梯段板的厚度可以取(1/25 ~ 1/35)l_0(l_0为梯段板投影方向的长度)，常取80 ~ 120 mm。

2. 内力的计算及构造

1)梯段板的计算及构造

梯段板荷载计算时，应考虑斜板自重、踏步自重、粉刷面层等恒荷载以及楼梯的活荷载。计算时取1 m宽板带作为计算单元，同时将梯段板两端支座简化为铰支座按斜放的简支梁计算，梯段板按简化板计算，斜板的计算跨度取平台梁间的斜长净距l_n，如图4-26所示。

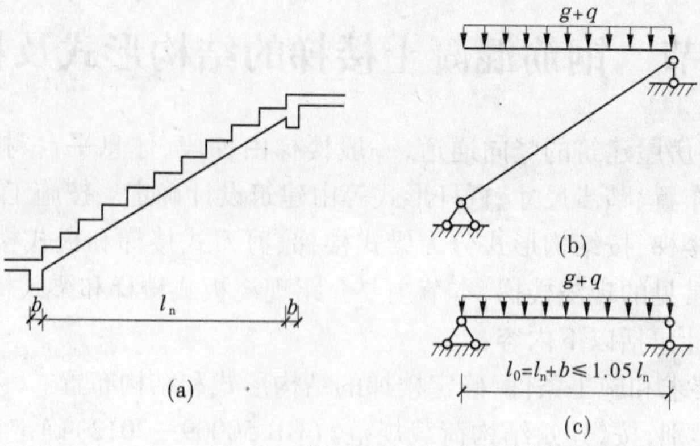

图 4-26　楼梯的计算简图

【小贴士】

简支斜板(梁)计算的特点为:

(1)简支斜梁在竖向均布荷载 p(沿单位水平长度)作用下的最大弯矩,等于其水平投影长度的简支梁在 p 作用下的最大弯矩。

(2)最大剪力等于斜梁为水平投影长度的简支梁在 p 作用下的最大剪力值乘以 $\cos\alpha$。

(3)截面承载力计算时梁的截面高度应垂直于斜面量取。

当梯段板支承在平台梁和砖墙上时,跨中弯矩按下式计算:

$$M = \frac{1}{8}(g + q)l_0^2 \qquad (4\text{-}8)$$

当梯段板支承在平台梁和楼层梁上时,要考虑支座的嵌固作用,梯段板的跨中弯矩按下式进行计算:

$$M = \frac{1}{10}(g + q)l_0^2 \qquad (4\text{-}9)$$

式中　g、q——梯段板上作用的沿水平投影长度分布的竖向均布恒荷载和活荷载;

　　　l_0——梯段板的计算跨度,为梯段板的水平投影长度。

梯段板同普通板一样,不必进行斜截面受剪承载力验算。由于梯段板为斜向的受弯构件,在竖向荷载作用下除产生弯矩和剪力外,还将产生轴力,但其影响较小,设计时可不考虑。

梯段板中的受力钢筋按跨中最大弯矩进行计算,支座负弯矩区段可不必进行计算,按跨中受力钢筋面积确定。梯段板的配筋可以采用分离式和弯起式。在斜板内垂直于受力钢筋方向应按构造要求配置分布钢筋,每个踏步下至少有一根直径不小于 6 mm 的分布钢筋。梯段板的配筋图如图 4-27 所示。

2)平台板的计算及构造

平台板的厚度 $h = l_0/35$(l_0 为平台板的计算跨度),一般不小于 60 mm,平台板一般情况下按单向板进行计算。当平台板一端与平台梁整体连接,另一端支承在墙体上时,跨中弯矩按式(4-8)计算(l_0 为平台板的计算跨度)。当平台板两端均为与梁整体连接时,考虑梁的弹性约束作用,跨中弯矩按式(4-9)计算。平台板的配筋方式与构造要求与普通板一样,如图 4-28 所示。

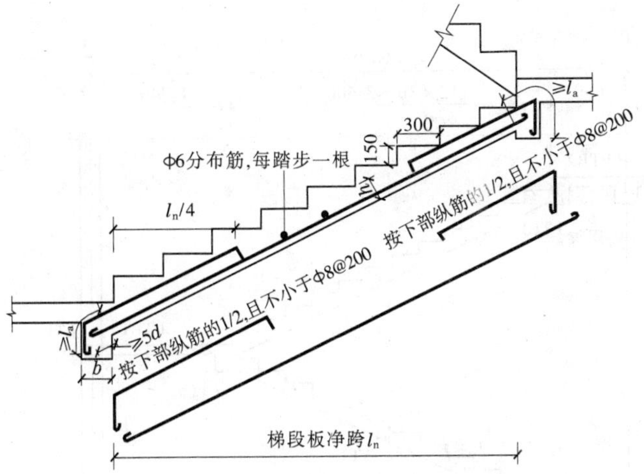

图 4-27　楼梯板的配筋图

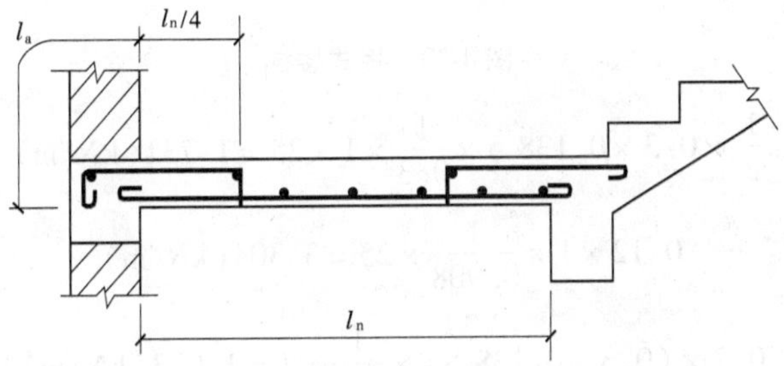

图 4-28　平台板配筋

3)平台梁的计算及构造

板式楼梯的平台梁一般支承在楼梯间两侧的承重墙或楼梯柱上,承受梯段板、平台板传来的均布荷载和平台梁自重。由于平台梁与平台板相连,配筋计算时可按简支的倒 L 形梁进行计算。一般平台梁的截面高度取 $h \geqslant l_0/12$(l_0 为平台梁的计算跨度),其他构造要求与一般梁相同。

【例 4-2】　某现浇钢筋混凝土板式楼梯,楼梯的结构平面布置如图 4-29 所示,踏步高 138.5 mm,宽为 300 mm,楼层高 3.60 m。采用 C25 级混凝土。由《建筑结构荷载规范》(GB 50009—2012)知:楼梯均布活荷载标准值为 2.5 kN/m^2,楼梯面层重 0.7 kN/m^2,梁中受力钢筋采用 HRB400 级,其余钢筋采用 HPB300 级。

解:1. 梯段斜板

(1)确定板厚。

楼梯每跑为 13 步,梯段水平长度为 $12 \times 0.3 = 3.6$(m)。斜板倾斜度为 $\tan\alpha = 0.138\,5/0.3 = 0.46$,则 $\alpha = 24.702°$,$\cos\alpha = 0.908$。板厚 $h = l/30 = 3\,600/30 = 120$ mm,取 $h = 120$ mm。

取 1 m 宽为斜板的计算单元。

(2)荷载及内力计算。

三角形踏步自重:

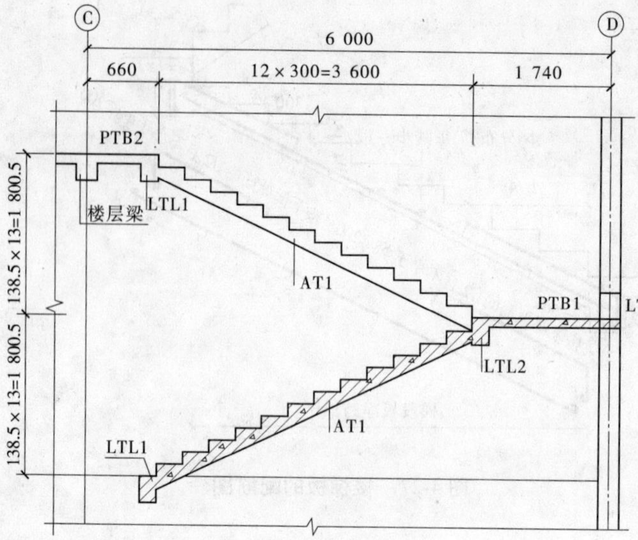

图 4-29　板式楼梯

$$\frac{1}{2}\times 0.3\times 0.138\ 5\times\frac{1}{0.3}\times 1\times 25=1.731(\mathrm{kN/m})$$

斜板自重：　　$$0.12\times 1\times\frac{1}{0.908}\times 25=3.304(\mathrm{kN/m})$$

面层：　　$$0.7\times(0.3+0.138\ 5)\times\frac{1}{0.3}\times 1=1.023(\mathrm{kN/m})$$

20 mm 厚石灰粉底：$$0.02\times 1\times\frac{1}{0.908}\times 17=0.374(\mathrm{kN/m})$$

恒荷载总值(标准值)$g_k=1.731+3.304+1.023+0.374=6.432(\mathrm{kN/m})$

活荷载标准值　　　$q_k=2.5\times 1.0=2.5(\mathrm{kN/m})$

取计算跨度 $l_0=l_n=3.6$ m，考虑斜板两端与平台梁整体相连的嵌固作用，跨中弯矩为

$$M=\frac{1}{10}ql^2$$

以可变荷载效应控制的组合：

$$M=1.2M_{gk}+1.4M_{qk}=1.2\times\frac{1}{10}\times 6.432\times 3.6^2+1.4\times\frac{1}{10}\times 2.5\times 3.6^2=14.539(\mathrm{kN\cdot m})$$

以永久荷载效应控制的组合：

$$M=1.35M_{gk}+1.4\times 0.7\times M_{qk}=1.35\times\frac{1}{10}\times 6.432\times 3.6^2+1.4\times 0.7\times\frac{1}{10}\times 2.5\times 3.6^2$$

$$=14.429(\mathrm{kN\cdot m})$$

(3) 正截面承载力计算。

$a_s=20$ mm，则板的有效高度 $h_0=h-a_s=120-20=100(\mathrm{mm})$，$f_c=11.9\ \mathrm{N/mm^2}$，$f_t=1.27\ \mathrm{N/mm^2}$，$\alpha_1=1.0$。

$$a_s=\frac{M}{\alpha_1 f_c b h_0^2}=\frac{14.539\times10^6}{1\times11.9\times1\ 000\times100^2}=0.122,\xi=1-\sqrt{1-2\alpha_s}=0.131$$

$$A_s=\xi b h_0\frac{\alpha_1 f_c}{f_y}=0.131\times1\ 000\times100\times\frac{1\times11.9}{360}=433(\text{mm}^2)$$

受力筋选用⏀10@120($A_s=654\ \text{mm}^2$)。

$$\rho=\frac{654}{1\ 000\times100}=0.654\%>\rho_{min}=0.2\%且0.45\times\frac{1.27}{360}=0.159\%$$

板内分布钢筋采用Φ8,每踏步设一根,配筋图如图4-30所示。

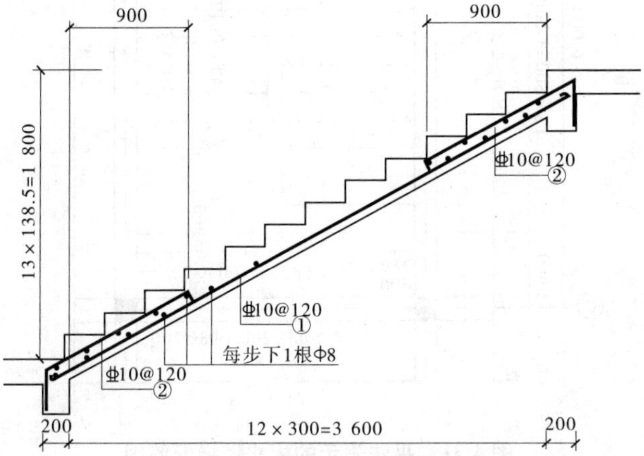

图4-30　梯段斜板AT1配筋图

2. 平台板

计算过程可参考单向板的配筋计算过程。配筋图如图4-31所示。

3. 平台梁

设平台梁截面尺寸为 $b=200$ mm,$h=400$ mm。计算过程可参考梁的配筋计算过程。配筋图如图4-32所示。

二、梁式楼梯

(一)梁式楼梯的组成与传力

梁式楼梯由踏步板、斜梁和平台板、平台梁组成,如图4-33所示。踏步板支撑在梯段斜边梁上,斜边梁支撑在平台梁或楼层梁上。梁式楼梯中荷载传递路径:梯段上荷载传给踏步板,踏步板将荷载传递给斜边梁,斜边梁再将荷载传递给平台梁。

(二)梁式楼梯的计算与构造

1. 踏步板

踏步板按两端简支在斜梁上的单向板考虑,计算时一般取一个踏步作为计算单元,踏步板为梯形截面,板的计算高度可近似取平均高度,即 $h=(h_1+h_2)/2$(见图4-34),作用在踏步板上的竖向荷载有恒荷载和活荷载,可按简支板计算跨中弯矩。踏步板厚一般不小于30~40 mm,每一踏步一般需配置不少于2Φ8的受力钢筋,沿斜向布置间距不大于300 mm的Φ6分布钢筋。

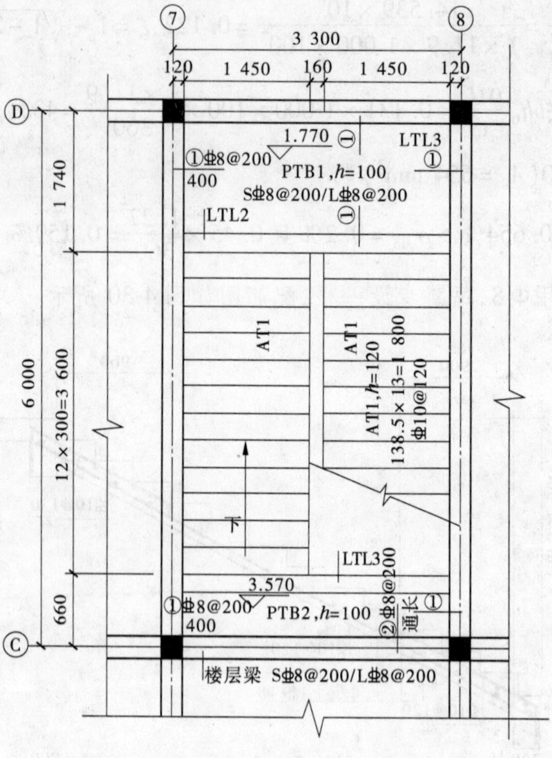

图 4-31　平法表示的板式楼梯配筋图

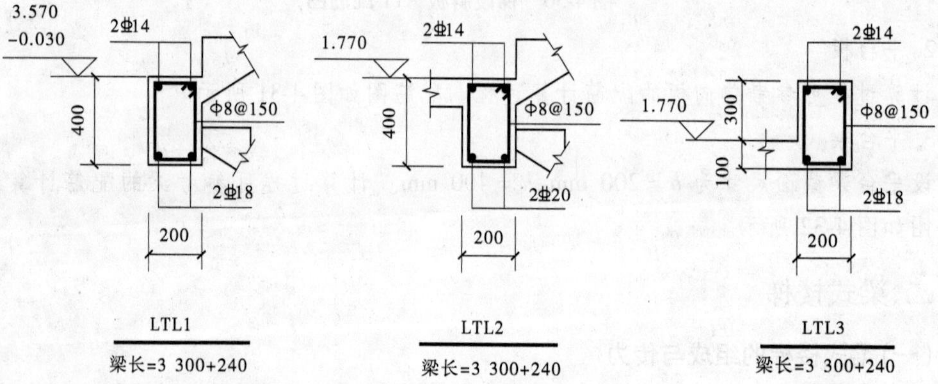

图 4-32　平台梁配筋图

2. 梯段斜梁

梁式楼梯斜梁两端支撑在平台梁和楼层梁上，承受踏步传来的均布荷载和自重。斜梁的内力计算与前述板式楼梯中梯段斜板的计算原理相同，可将简支的斜梁化作简支的水平梁计算，计算简图如图 4-35 所示。

梯段斜梁按倒 L 形截面梁计算，踏步板下斜板为受压翼缘。斜梁的截面配筋构造同一般受弯梁。图 4-36 为斜梁的配筋构造图。

3. 平台板与平台梁

梁式楼梯的平台板计算与板式楼梯相同。两种楼梯平台梁的计算主要区别在于梁上的

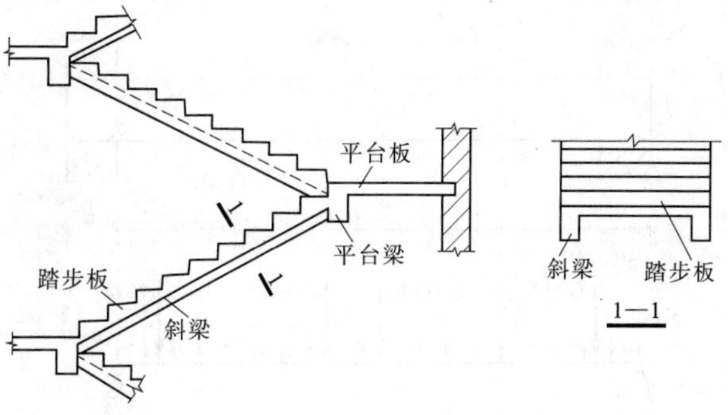

图 4-33　梁式楼梯的组成

荷载形式不同。板式楼梯中梯段板传给平台梁的荷载主要为均布荷载，而梁式楼梯的平台梁除承受平台板传来的均布荷载外，还承受斜梁传来的集中荷载（由上、下楼梯斜梁传来），平台梁一般按简支梁计算，如图 4-37 所示，其他要求与板式楼梯相同。

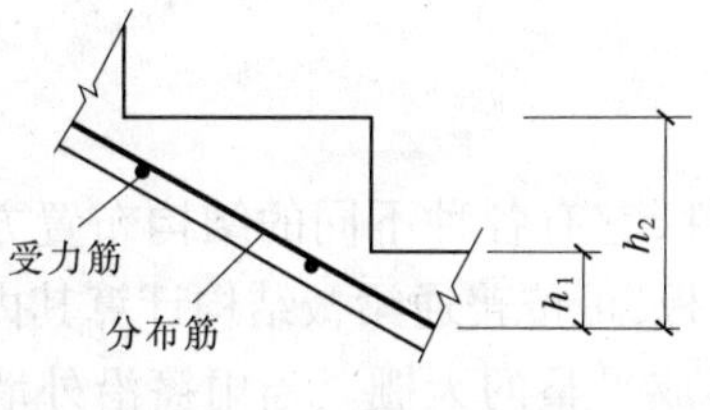

图 4-34　踏步板

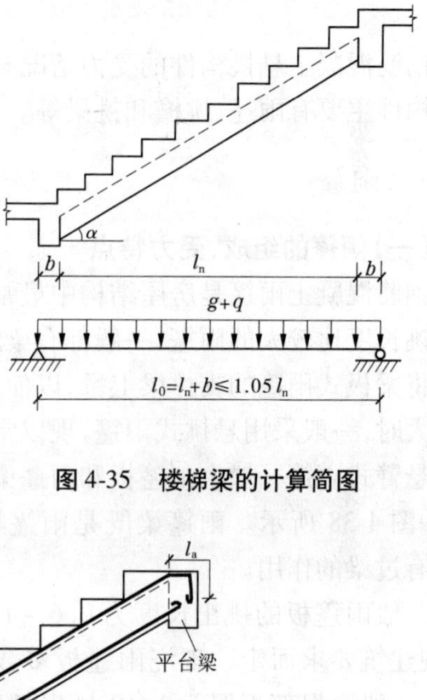

图 4-35　楼梯梁的计算简图

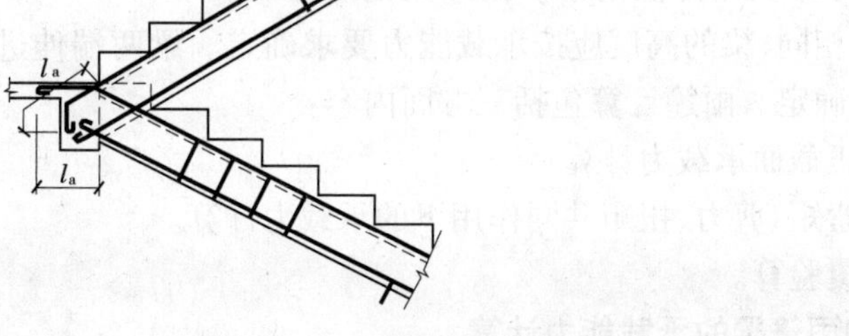

图 4-36　斜梁的配筋构造图

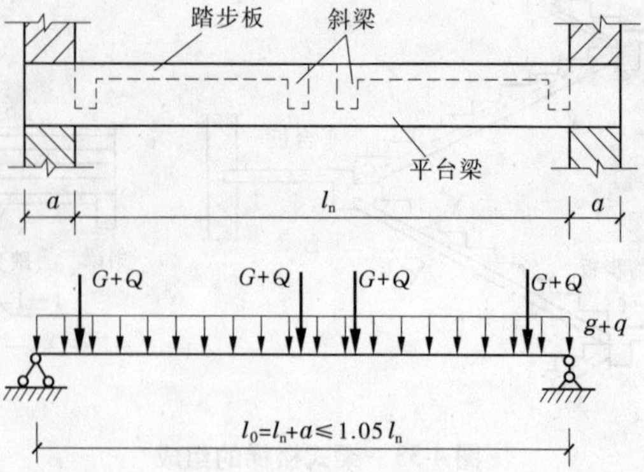

图 4-37 平台梁的计算简图

第五节 悬挑构件

钢筋混凝土悬挑构件的受力情况与普通楼(屋)盖结构的梁、板构件有所不同,常见的悬挑构件主要有雨篷、挑檐和挑梁等。

一、雨篷

(一)雨篷的组成、受力特点

钢筋混凝土雨篷是房屋结构中最常见的悬挑构件,它有各种不同的结构布置方式。对于悬挑长度比较大的雨篷,一般都有梁或柱支承雨篷板,可按普通梁板结构计算其内力。有时也将梁板式雨篷的支撑梁上翻,以使雨篷板底面形成平整的天棚。当雨篷沿外墙挑出长度不大时,一般采用悬挑式雨篷,现以常见的悬臂板式雨篷为例,介绍这类构件的受力特点。

悬臂式雨篷一般由雨篷板和雨篷梁两部分组成,如图 4-38 所示。雨篷梁既是雨篷板的支承,又兼有过梁的作用。

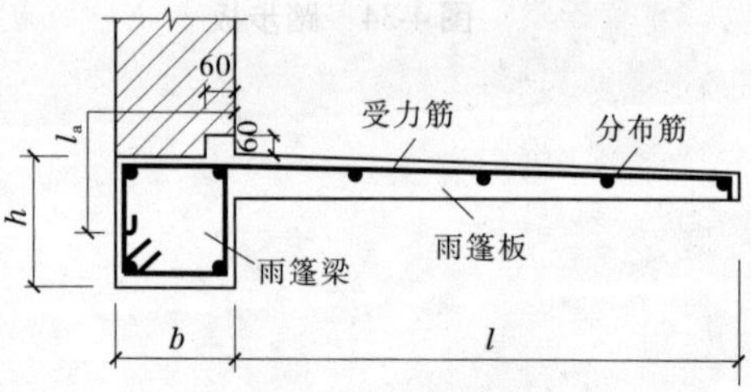

图 4-38 板式雨篷

一般雨篷板的挑出长度为 0.6 ~ 1.2 m 或更大,视建筑要求而定。现浇雨篷板多数做成变厚度的,一般取根部板厚为 1/10 挑出长度,但不小于 70 mm,板端不小于 50 mm。雨篷板周围往往设置凸檐,以便能有组织地排泄雨水。雨篷梁的宽度一般取与墙厚相同,梁的高度应按承载能力要求确定。梁两端伸进砌体的长度应考虑雨篷抗倾覆的因素确定。雨篷计算包括三方面内容:

(1)雨篷板的正截面承载力计算。

(2)雨篷梁在弯矩、剪力、扭矩共同作用下的承载力计算。

(3)雨篷抗倾覆验算。

(二)雨篷板和雨篷梁的承载能力计算

1. 雨篷板上的荷载

雨篷板上的荷载有恒荷载(包括自重、粉刷等)、雪荷载,雨篷板上的均布活荷载,以及施工和检修集中荷载。以上荷载中,雨篷均布活荷载与雪荷载不同时考虑,取两者中较大值进行设计,均布活荷载的标准值按不上人屋面考虑。检修或施工集中荷载值取 1.0 kN,进行承载能力计算时,沿板宽每隔 1 m 考虑一个集中荷载:进行雨篷抗倾覆验算时,沿板宽每隔 2.5 ~3.0 m 考虑一个集中荷载。施工集中荷载和雨篷的均布活荷载不同时考虑。

雨篷板的内力分析,当无边梁时,其受力特点和一般悬臂板相同,应分别按上述荷载组合作用,取较大的弯矩值进行正截面受弯承载力计算,计算截面取在梁截面外边缘(即板的跨度,为 l_n)。雨篷板受力图如图 4-39 所示。构造上应保证板中纵向受拉钢筋在雨篷梁内有足够的受拉锚固长度。施工时应经常检查钢筋,注意维持雨篷板截面的有效高度,特别是板根部的纵筋,应防止被踩下沉。

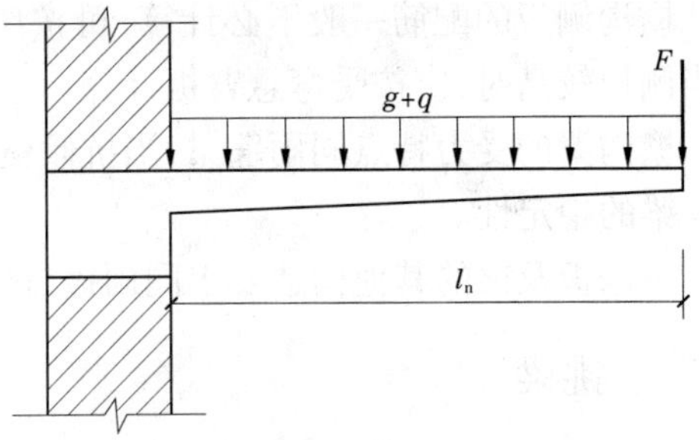

图 4-39　雨篷的受力图

对于有边梁的雨篷,其受力特点和一般梁、板体系的构件相同。

2. 雨篷梁计算

雨篷梁所承受的荷载有雨篷板传来的荷载、上部墙体及楼面梁或楼梯平台传来的各种荷载以及雨篷梁自重。

雨篷梁在自重、梁上砌体重等荷载以及雨篷板传来的荷载的作用下,梁不仅承受弯、剪,而且受扭,因此雨篷梁是受弯、剪、扭的构件,雨篷梁的宽度一般与墙厚相同,高度除满足普通梁的高跨比外,还应为砖皮数的倍数。雨篷梁纵向钢筋和箍筋的截面面积应按弯、剪、扭构件确定,并满足有关构造要求。

3. 雨篷抗倾覆验算

雨篷板上的荷载使整个雨篷绕雨篷梁底的倾覆点 O 转动而倾倒,如图 4-40 所示,但是梁的自重、梁上砌体重等却有阻止雨篷倾覆的稳定作用。《砌体结构设计规范》(GB 50003—2011)取雨篷的倾覆点位于墙的外边缘进行抗倾覆稳定性验算。

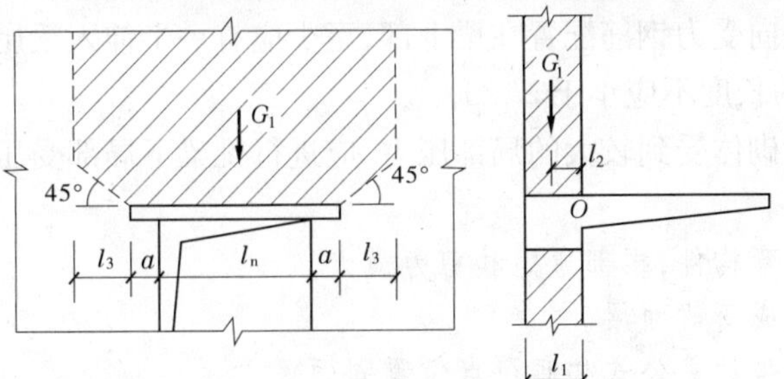

图 4-40　雨篷整体抗倾覆验算受力图

雨篷梁两端埋入砌体愈长,压在梁上的砌体重量增加,则抵抗倾覆的能力越强,所以当抗倾覆演算不满足时,可以将雨篷梁两端延长,或者采用其他拉结措施。

二、挑檐

挑檐是一种小型悬挑构件,一般因屋顶檐口处建筑造型的需要而设计。挑檐由檐沟梁、檐沟底板与侧板组成。

檐沟底板是悬挑板，其受力特点同雨篷板。当檐沟的侧板较高时，还应考虑风荷载对底板的影响。底板厚度不应小于 60 mm，且不宜小于侧板厚度；当挑出长度大于 500 mm 时，底板厚度不宜小于挑出长度的 1/2，且不应小于 80 mm。

檐沟侧板的配筋一般不必计算，可按照构造要求将底板中的受力钢筋向上弯折而成。但当侧板较高时，应按受弯悬臂板计算。

檐沟梁的受力特点同雨篷梁，当抗倾覆不能满足要求时，常利用屋面圈梁作托梁来加强檐沟梁的稳定性。

挑檐板及梁的其他构造要求同雨篷，挑檐的配筋构造如图 4-41 所示。

三、挑梁

楼面及屋面结构中用来支承阳台板、外伸走廊板、檐口板的构件即为挑梁，如图 4-42 所示。挑梁是一种悬挑构件，它除要进行抗倾覆验算外，还应按钢筋混凝土受弯、受剪构件分别计算挑梁的纵筋和箍筋。此外，还要满足下列要求：

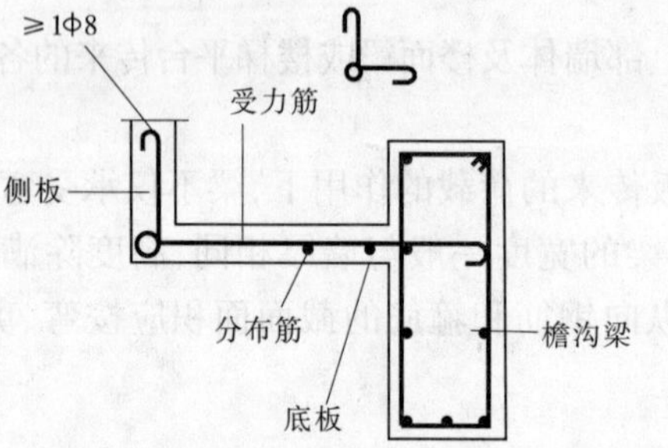

图 4-41　挑檐配筋图

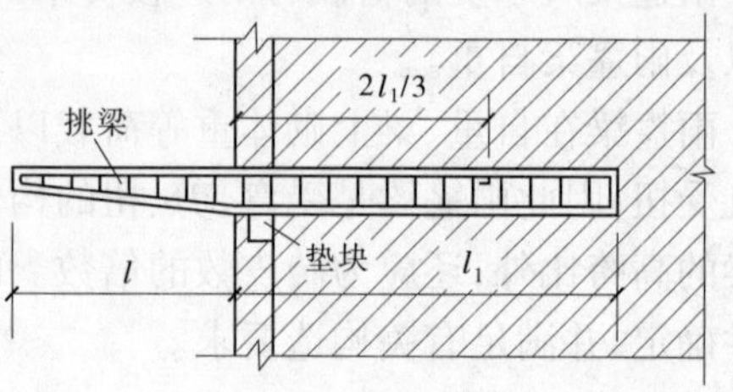

图 4-42　挑梁

(1)挑梁埋入墙体内的长度 l_1 与挑出长度 l 之比宜大于 1.2；当挑梁上无砌体时，l_1 与 l 之比宜大于 2。

(2)挑梁中的纵向受力钢筋配置在梁上部，至少应有一半伸入梁尾端，且不少于2 Φ 12，其余钢筋伸入墙体的长度不应小于 $2l_1/3$。

(3)挑梁下的墙砌体受到较大的局部压力，应进行挑梁下局部受压承载力验算。

【小贴士】

(1)挑梁属于受弯构件，根部弯矩和剪力最大。

(2)挑梁一般做成变截面梁。

(3)挑梁的抗倾覆计算公式和倾覆点位置同雨蓬。

本章小结

1. 楼盖结构包括现浇板肋形楼盖(单向板肋形楼盖、双向板肋形楼盖)、井字楼盖、无梁楼盖、装配式楼盖、装配整体式楼盖等，根据不同的建筑要求和使用条件选择合适的结构类型。

2. 楼盖、屋盖、楼梯等梁板结构设计的步骤是：①结构选型、结构布置及构件截面尺寸确定；②结构计算(包括确定计算简图(计算跨度和支承简图)、计算荷载、内力分析、内力组合及截面配筋计算等);③绘制结构施工图(包括结构布置及配筋图)。

3. 在现浇肋形楼盖中,当长边与短边之比大于3时,按单向板进行内力计算和进行截面、配筋设计。设计中,弹性弯曲变形和内力主要发生在短跨方向;长跨方向的内力很小,故单向板短跨方向配筋按内力计算结果配置,同时满足构造要求;长跨方向按构造要求配置钢筋即可。

4. 现浇板肋形楼盖的内力计算有按弹性理论计算和考虑塑性内力重分布的塑性理论两种方法。通常情况下按照塑性理论进行内力计算;但在对裂缝控制等级较高、直接承受动力荷载的结构等情况下,应采用弹性理论进行内力计算。

5. 按弹性理论计算时,必须清楚活荷载的不利布置情况,绘制出梁的弯矩和剪力包络图,根据内力包络图中的内力值确定纵向钢筋及腹筋数量,确定钢筋弯起和截断位置。

6. 在现浇肋形楼盖中,当板的长边与短边之比小于等于2时,应按双向板进行楼盖设计,当长边与短边之比大于2且小于3时,宜按双向板进行设计,在两个方向配置纵向受力钢筋。双向板在设计时需分别按计算确定长边与短边两个方向的内力并按照内力的计算结果进行配筋。

7. 现浇钢筋混凝土楼梯主要有梁式楼梯和板式楼梯。当跨度较小时采用板式楼梯。斜板及斜梁在竖向荷载作用下的最大弯矩等于相应简支水平梁的最大弯矩。板式楼梯和梁式楼梯的组成与传力不同,各构件的内力计算以及配筋构造也有区别。

8. 常见的悬挑构件主要有雨篷、挑檐及挑梁等。应明确悬挑构件的受力特点,在截面设计计算时除需进行本身承载力计算外,当埋入砌体内时还应进行整体抗倾覆验算。

思考练习题

一、选择题

1. 钢筋混凝土连续梁的中间支座处,当配置好足够的箍筋后,若配置的弯起钢筋不能满足要求,应增设(　　)来抵抗剪力。

A. 纵筋　　B. 鸭筋　　C. 浮筋　　D. 架立钢筋

2. 下面(　　)楼盖不是现浇整体式楼盖。

A. 预制板与现浇板带　　B. 单向板肋梁楼盖　　C. 井字楼盖　　D. 双向板肋梁楼盖

二、思考题

1. 钢筋混凝土楼盖结构有哪几种主要类型?分别说出它们各自的优缺点和适用范围。

2. 单向板肋形楼盖和双向板肋形楼盖的受力特点如何?

3. 现浇单向板肋形楼盖中的板、次梁和主梁,当按塑性理论计算时,其计算简图如何确定?如何绘制主梁的弯矩包络图?

4. 连续梁、板跨中、支座截面弯矩及支座截面剪力的最不利荷载布置原则是什么?

5. 简述现浇单向板肋形楼盖板、次梁和主梁的配筋计算与构造。

6. 板式楼梯和梁式楼梯有何区别?

7. 简述雨篷的受力特点及设计方法。

第五章　钢筋混凝土多层与高层结构

【学习目标】

通过本章学习了解钢筋混凝土多层与高层房屋常用的结构体系及其优缺点，掌握框架结构的结构布置形式及构造要求，掌握剪力墙结构及框架－剪力墙结构的构造要求，了解筒体结构的分类及抗震构造要求。

第一节　多层与高层结构体系

我国《高层建筑混凝土结构技术规程》(JGJ 3—2010)把10层及10层以上或房屋高度超过28 m的住宅建筑和房屋高度大于24 m的其他民用建筑定义为高层建筑结构，则2～9层的民用建筑称为多层建筑结构。

在民用建筑方面，多层与高层建筑结构多用于住宅、办公楼、酒店、综合楼、商场、体育馆、航站楼等；在工业建筑方面，多层房屋多用于仪表、化工的轻工业厂房。

钢筋混凝土多层与高层房屋常用的结构体系有四种类型：框架结构、剪力墙结构、框架－剪力墙结构和筒体结构，每种体系各有不同的适用高度和优缺点。

一、框架结构体系

由梁和柱为主要构件组成的承受竖向和水平作用的结构，称为框架结构体系，如图5-1所示。

框架结构是最常见的竖向承重结构，在竖向荷载作用下，梁主要承受弯矩和剪力，轴力较小；框架柱主要承受轴力和弯矩，剪力较小，受力合理。当房屋高度不大、层数不多时，风荷载的影响一般较小，竖向荷载对结构起着控制作用，因而在非抗震设防区，框架结构可做到15层。框架结构在水平荷载作用下，表现出刚度小、水平侧移大的特点，在抗震设防区，由于地震作用大于风荷载，框架结构的层数要比非抗震设防区少得多。

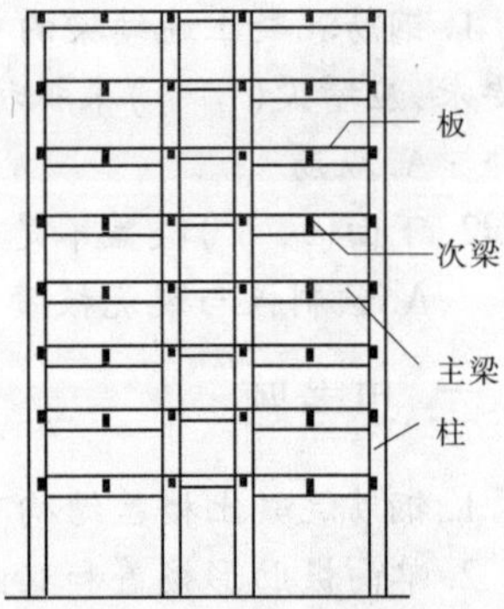

图5-1　框架结构体系

框架结构的优点是：平面布置灵活，能获得较大的空间，使用方便；同时，建筑立面也容易处理，能够适应不同的房屋造型；结构自重较小，在一定的高度范围内造价较低。缺点是：框架结构本身的柔性较大，抗侧移能力较差，在风荷载作用下产生较大的水平位移，在地震作用下，非结构性的部件破坏比较严重，因此要控制高度，钢筋混凝土框架结构的建筑高度一般宜控制在15层以下。

框架结构体系常用在多层与高层办公楼、学校、医院、商店等建筑。

二、剪力墙结构体系

由钢筋混凝土墙板来承受竖向和水平作用的结构,称为剪力墙结构体系,如图 5-2 所示。

竖向荷载由楼板直接传到墙上,因此剪力墙的间距受到楼板跨度的限制,一般情况下剪力墙间距为 3 ~ 8 m,适用于较小开间的建筑,如住宅、旅馆等。因节省了大量的砌筑填充墙的工序,当采用滑升模板、大模板等施工方法时,施工速度很快。

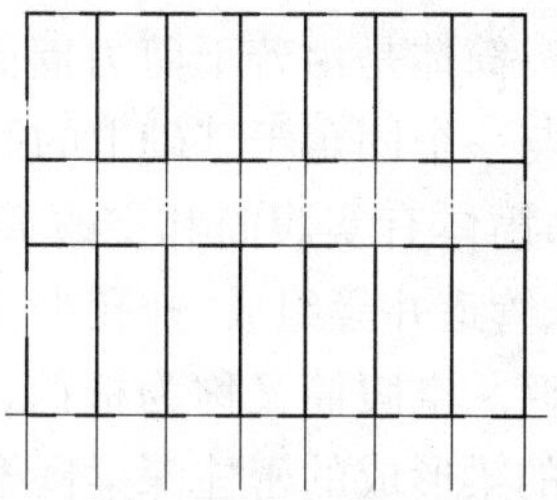

图 5-2　剪力墙结构体系

现浇钢筋混凝土剪力墙结构的整体性好,刚度大,在水平荷载作用下侧向变形小,承载力要求也容易满足,抗震性能也较好,因此这种剪力墙结构常用于建造 10 ~ 30 层的住宅及旅馆等较高的高层建筑。

剪力墙结构的缺点和局限性也很明显,主要是剪力墙的间距太小,平面布置不灵活,结构自重大等。

三、框架 - 剪力墙结构体系

框架结构侧向刚度小,抵抗水平荷载能力较低,地震作用下变形较大,但它具有平面布置灵活、空间较大、立面处理易于变化等优点。而剪力墙结构则相反,抗侧力刚度、强度大,但使用空间较受限制。把两者结合起来,取长补短,在框架结构中设置一定数量的剪力墙,作为抵抗水平力的主要构件,以加强水平刚度和强度,就成了框架 - 剪力墙结构体系,如图 5-3所示。

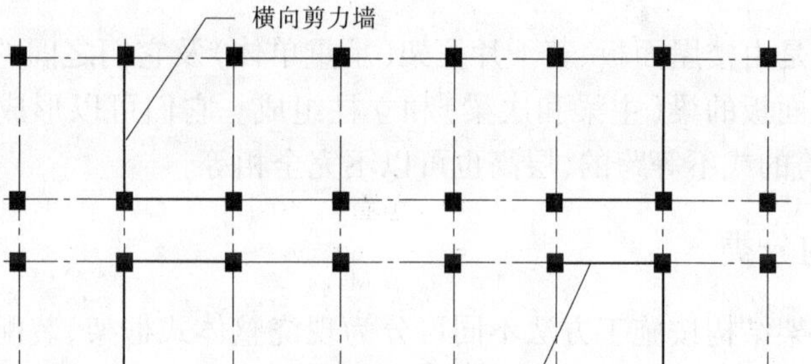

图 5-3　框架 - 剪力墙结构体系

在框架 - 剪力墙结构体系中,由于剪力墙刚度大,剪力墙将承担大部分水平荷载,是抗侧力的主体,整个结构的侧向刚度大大提高。框架则承担竖向荷载,提供了大的使用空间,同时承担小部分水平荷载。

由于框架和剪力墙通过楼板协同工作,因此框架 - 剪力墙结构比框架结构的刚度和承载能力都大大提高了。在地震作用下层间变形减小,因而也就减少非结构构件(如隔墙)的破坏,这样无论是在非地震区还是在地震区,这种结构体系都可用来建造较高的高层建筑,一般适用高度为15~25层,不宜超过30层。

四、筒体结构体系

由一个或数个筒体作为承受竖向和水平作用的结构,称为筒体结构体系,如图5-4所示。

筒体是由若干剪力墙围合而成的封闭井筒式结构,其受力与一个固定于基础上的筒形悬臂构件相似。根据开孔的多少,筒体有实腹筒和空腹筒之分,实腹筒一般由电梯井、楼梯间、管道井等组成,开孔少,因其常位于房屋中部,故又称为核心筒。空腹筒又称为框筒,它实际上是由密排立柱和刚度很大的梁形成的密柱深梁框架围成的筒体。故筒体结构实际是由实腹剪力墙或空腹密柱深梁封闭起来的一个或几个筒体作为承受水平荷载和竖向荷载的高层或超高层建筑结构体系。

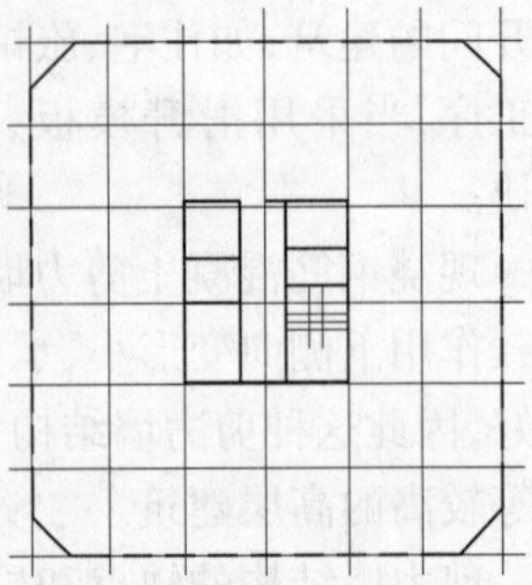

图5-4　筒体结构体系

筒体结构不仅具有很大的抗侧移和抗扭刚度,又可增大内部空间的使用灵活性,故其具有造型美观、受力合理、使用灵活以及整体性强等优点,适用于高层和超高层建筑。目前,全世界最高的100栋高层建筑约2/3以上采用筒体结构。

筒体结构的性能以正多边形为最佳,且边数越多性能越好,结构的空间作用越大;反之,边数越少,结构的空间作用越差。筒体结构也可采用椭圆形或矩形等其他形状,当采用矩形平面时,其平面尺寸应尽量接近于正方形。

第二节　框架结构

框架结构一般是由楼屋面板、若干片框架(承重单体)及它们之间的连系梁组成的。每片框架由承托楼屋面板的梁(主梁和次梁)和立柱组成。它们可以形成多层和高层多跨框架,框架可以是等跨的或不等跨的,层高也可以不完全相等。

一、框架结构分类

钢筋混凝土框架结构按施工方法不同可分为现浇整体式框架、装配式框架和装配整体式框架三种。

(一)现浇整体式框架

现浇整体式框架即梁、柱、楼板均为现浇钢筋混凝土。其优点是整体性及抗震性能好,预埋铁件少,较其他形式的框架节省钢材等。对于那些使用要求高、功能复杂、荷载过大、柱网及层高很不规则的多高层框架,宜采用现浇结构。缺点是模板消耗量大,现场湿作业多,劳动强度大,施工周期长,在寒冷地区冬期施工困难等。

(二)装配式框架

装配式框架是指梁、板、柱均为预制,然后在现场通过焊接拼装连接成整体的框架结构。其优点是构件可以做到标准化、定型化,可在工厂进行大批量机械化生产,并可节约大量模板,改善施工条件,加快施工进度。缺点是节点预埋件多,增加了用钢量,施工需要大型的运输和拼装机械，结构整体性不好，抗震性能差，不宜用于地震区的高层建筑。

（三）装配整体式框架

装配整体式框架是将预制的框架构件在现场吊装就位后再通过部分现浇将梁、柱和楼板连接成整体的框架结构。这种结构的整体性、抗震性能比装配式框架结构好，采用预制构件，减少了现场浇捣混凝土的工作量，同时可省去预埋件，减少用钢量，兼有现浇式和装配式的优点，但是节点区现场浇筑混凝土施工复杂，要求高。

此外，还有一种半现浇框架，即梁、柱现浇，楼板预制或柱现浇，梁板预制。半现浇框架的施工方法比全现浇简单，而整体受力性能比全装配优越。梁、柱现浇，节点构造简单，整体性较好；而楼板预制，又比全现浇框架节约模板，省去了现场支模的麻烦。

二、框架结构布置

房屋结构布置的主要任务是设计和选择建筑物的平面、立面、剖面、基础类型以及变形缝的设置等。

结构布置是否合理，对结构的安全性、适用性、经济性影响很大。因此，在确定结构布置方案时，需注意以下几点：

（1）结构的平面、立面布置宜规则，各部分的质量和刚度宜均匀、连续。

（2）结构传力途径应简捷、明确，竖向构件宜连续贯通、对齐。

（3）限制框架结构的高宽比，保证房屋侧向刚度，减少侧移。

（4）尽量统一柱网及层高，减少构件种类和规格，简化设计和施工。

（5）根据具体情况合理设置结构缝。

（一）框架的布置

框架结构是由若干平面框架，彼此通过连系梁加以连接而形成的空间结构体系。但为计算分析方便，可把空间框架结构看成纵、横两个方向的平面框架，平行于建筑物短轴（宽度）方向的框架称为横向框架，平行于建筑物长轴（长度）方向的框架称为纵向框架。横向框架和纵向框架是基本的承重结构，按承重框架布置方向的不同，框架的布置方案有横向框架承重、纵向框架承重和纵横向框架混合承重三种。

1. 横向框架承重方案

承重框架沿横向布置，楼板及次梁纵向搁置在横向框架上，横向框架间用纵向连系梁相连，如图5-5(a)所示。

一般房屋平面宽度远小于长度，房屋纵向柱列的柱数较多，纵向刚度易于保证，而横向刚度相对较弱，采用横向框架承重可以增大房屋在横向的抗侧移刚度。

这种布置方案不仅结构上合理，而且室内的采光和通风较好，因而被广泛应用。

2. 纵向框架承重方案

承重框架沿纵向布置，楼板或次梁横向搁置在纵向框架上，纵向框架间用连系梁相连，如图5-5(b)所示。

由于横向连系梁截面高度较小，有利于楼层净高的有效利用以及设备管线的纵向穿行；此外，主梁沿纵向布置有利于加强房屋的纵向刚度，当地基土的物理力学性能沿房屋纵向有明显差异时，可利用纵向框架的刚度来调整房屋的不均匀沉降。但纵向框架承重房屋横向刚度较差，一般需设置横向抗侧力结构。

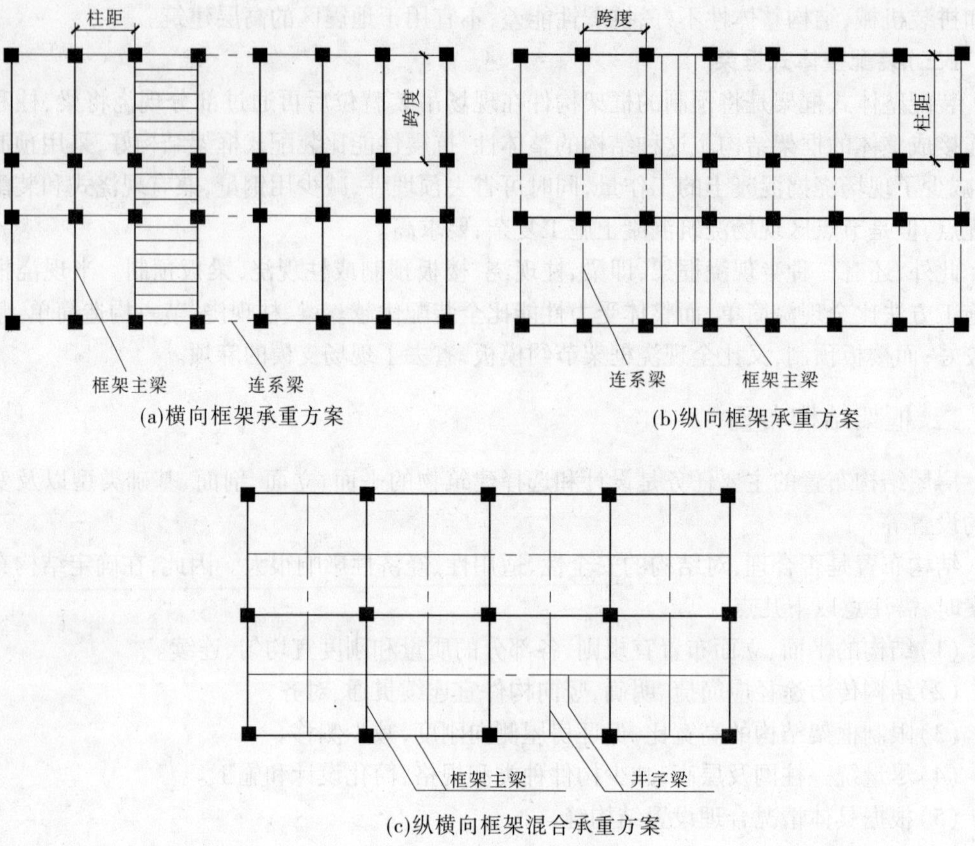

(a)横向框架承重方案

(b)纵向框架承重方案

(c)纵横向框架混合承重方案

图 5-5　框架结构布置方案

3. 纵横向框架混合承重方案

沿房屋的纵、横两个方向上布置承重框架，如图 5-5(c)所示。房屋在纵、横两个方向的侧向刚度都较大，因此具有较大的抗水平作用能力和良好的整体工作性能。这种布置方案一般采用现浇式框架，用于有抗震设防要求或柱网呈方形的房屋中，如仓库、购物中心、厂房等建筑。

(二)柱网的布置

框架结构的柱网尺寸，即平面框架的柱距(开间)与跨度(进深)，主要由生产工艺、使用要求决定，并应符合一定的模数。其原则是力求做到柱网平面简单、规则，有利于装配化、定型化和施工工业化。根据使用性质不同，工业建筑与民用建筑中柱网布置略有不同。

1. 工业建筑

工业建筑的柱网及层高是根据生产工艺要求而定的，车间的柱网布置有内廊式和跨度组合式两种，如图 5-6 所示。

内廊式有较好的生产环境，工艺不相互干扰，在平面布置上常采用对称两跨、中间走廊的形式，用隔墙将工作区和交通区隔开。内廊式柱网的常用尺寸：房间进深(跨度)一般采用6 m、6.6 m、6.9 m 三种，走廊宽一般采用2.4 m、2.7 m、3 m 三种；开间(柱距)的常用尺寸为6 m。

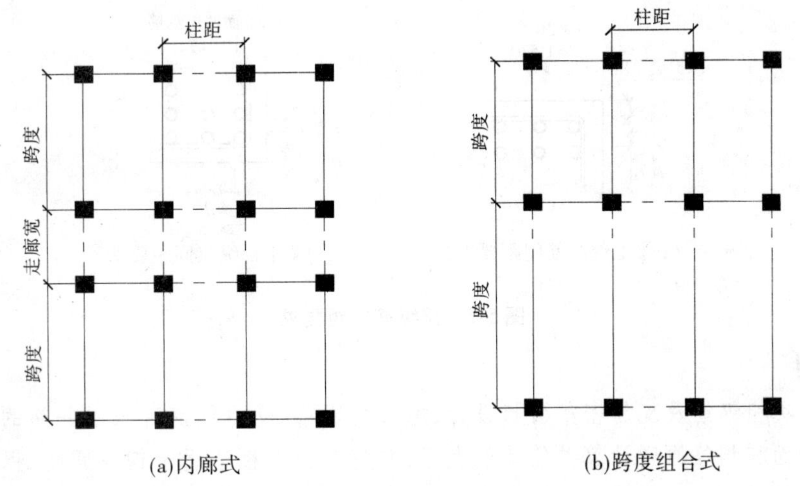

图 5-6　柱网的布置

跨度组合式适用于生产要求有大开间、便于布置生产流水线的建筑，使用时如有需要，也可在较大跨度中用隔墙隔成内走廊。跨度组合式柱网的常用尺寸：跨度（进深）采用 6 m、7.5 m、9 m 和 12 m 四种，开间（柱距）一般采用 6 m。

层高一般为 3.6 m、3.9 m、4.5 m、4.8 m 和 5.4 m 等。

2. 民用建筑

由于民用建筑种类繁多，功能要求各不相同，故柱网及层高变化较大，但对一般民用建筑也可以做到定型化。柱网和层高一般以 300 mm 为模数，如住宅、旅馆的框架设计，开间可采用 6.3 m、6.6 m、6.9 m 等，进深可采用 4.8 m、5.0 m、6.0 m、6.6 m 和 6.9 m 等，层高常用尺寸为 3.0 m、3.3 m、3.6 m、3.9 m 和 4.2 m 等。在一些层数较多、标准较高的高层建筑中，由于标准不同，柱网较难定型，但这类建筑多为现浇结构，灵活性大。

三、框架结构的基本构造要求

（一）框架梁

1. 梁的纵向受力钢筋

梁的纵向受力钢筋应符合以下要求：

（1）伸入梁支座范围内的钢筋不应少于 2 根。

（2）当梁高不小于 300 mm 时，钢筋直径不应小于 10 mm；当梁高小于 300 mm 时，钢筋直径不应小于 8 mm。

（3）梁上部钢筋水平方向的净间距不应小于 30 mm 和 1.5d，如图 5-7（a）所示；梁下部钢筋水平方向的净间距不应小于 25 mm 和 d；当下部钢筋多于 2 层时，2 层以上钢筋水平方向的中距应比下面 2 层的中距增大一倍，如图 5-7（b）所示；各层钢筋之间的净间距不应小于 25 mm 和 d（d 为钢筋的最大直径）。

（4）在梁的配筋密集区域宜采用并筋的配筋形式。直径 28 mm 及以下的钢筋并筋数量不应超过 3 根，直径 32 mm 的钢筋并筋数量宜为 2 根，直径 36 mm 及以上的钢筋不应采用并筋。

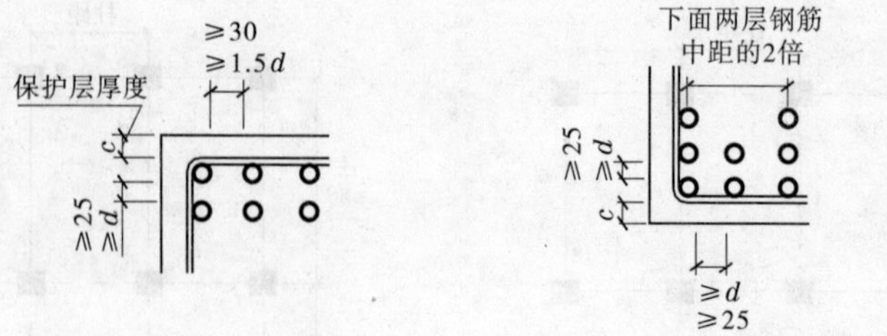

(a)梁上部纵筋间距要求　　(b)梁下部纵梁间距要求

图5-7　梁纵筋间距要求

【知识链接】

为了解决粗钢筋及配筋密集引起设计、施工的困难，受力钢筋可采用并筋的布置方式，并利用截面面积相等原则计算并筋等效直径，并筋等效直径适用于钢筋间距、保护层厚度、钢筋锚固长度等有关的构造要求。例如，相同直径的二并筋等效直径可取1.41倍单根钢筋直径，相同直径的三并筋等效直径可取1.73倍单根钢筋直径。二并筋可按纵向或横向的方式布置；三并筋宜按品字形布置，并均按并筋的重心作为等效钢筋的重心。

2. 梁的横向钢筋要求

梁的横向钢筋应符合以下要求：

(1)混凝土梁宜采用箍筋作为承受剪力的钢筋。当采用弯起钢筋时，弯起角宜取45°或60°；在弯终点外应留有平行于梁轴线方向的锚固长度，且在受拉区不应小于$20d$，在受压区不应小于$10d$(d为弯起钢筋的直径)；梁底层钢筋中的角部钢筋不应弯起，顶层钢筋中的角部钢筋不应弯下。

(2)对于截面高度大于800 mm的梁，箍筋直径不宜小于8 mm；对于截面高度不大于800 mm的梁，箍筋直径不宜小于6 mm。当梁中配有按计算需要的纵向受压钢筋时，箍筋直径尚不应小于$d/4$(d为受压钢筋最大直径)。

(3)当梁中配有按计算需要的纵向受压钢筋时，箍筋应做成封闭式，且弯钩直线段长度不应小于$5d$(d为箍筋直径)；箍筋的间距不应大于$15d$，并不应大于400 mm，但当一层内的纵向受压钢筋多于5根且直径大于18 mm时，箍筋间距不应大于$10d$(d为纵向受压钢筋的最小直径)；当梁的宽度大于400 mm且一层内的纵向受压钢筋多于3根，或当梁的宽度不大于400 mm但一层内的纵向受压钢筋多于4根时，应设置复合箍筋。

【知识链接】

常见的矩形复合箍筋形式如图5-8所示。

3. 梁的局部配筋

梁的局部配筋应符合以下要求：

(1)位于梁下部或梁截面高度范围内的集中荷载，应全部由附加横向钢筋承担；附加横向钢筋宜采用箍筋。箍筋应布置在长度为$2h_1$与$3b$之和的范围，如图5-9所示。当采用吊筋时，弯起段应伸至梁的上边缘，且末端水平段长度不应小于$20d$，如图5-10所示。

(2)当梁的腹板高度h_w≥450 mm时，在梁的两个侧面应沿高度配置纵向构造钢筋。每侧纵向构造钢筋(不包括梁上、下部受力钢筋及架立钢筋)的间距不宜大于200 mm。

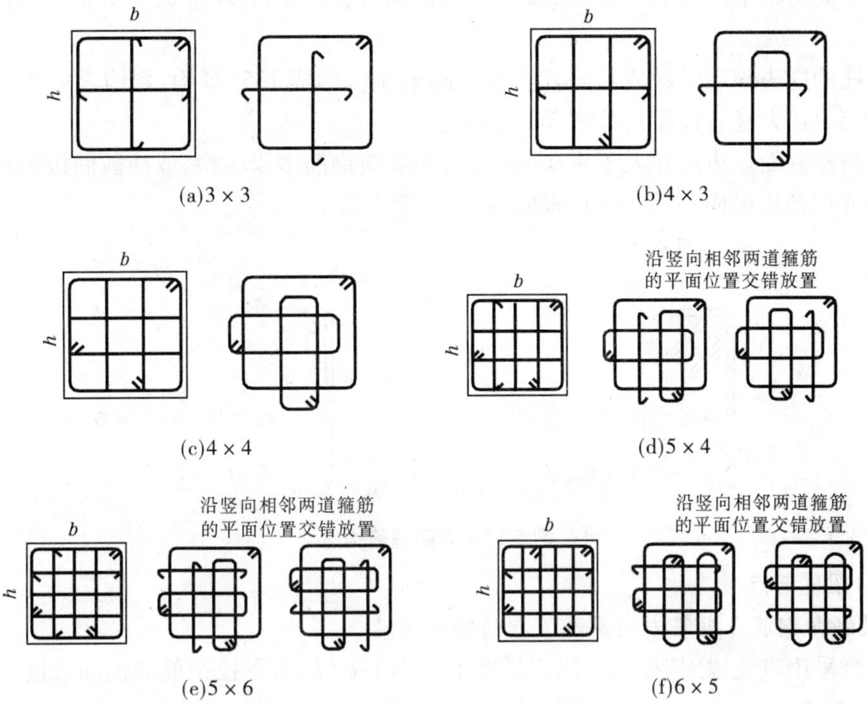

图 5-8　常见的矩形箍筋复合形式

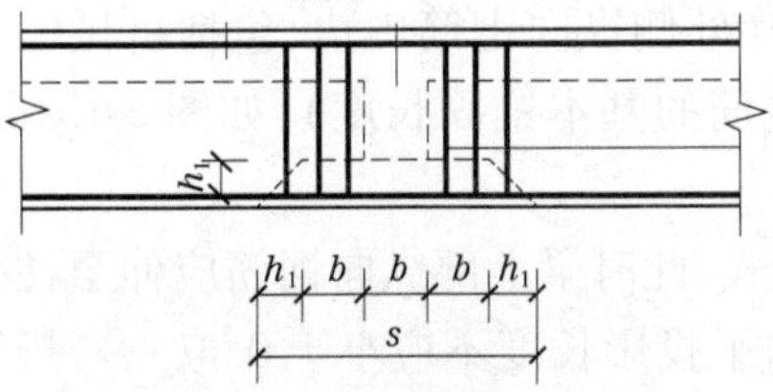

图 5-9　附加箍筋范围

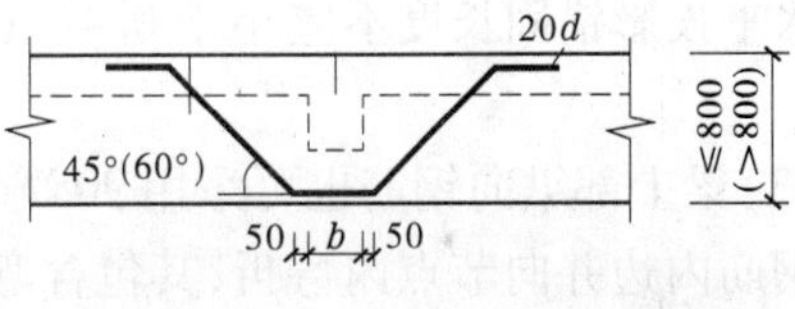

图 5-10　附加吊筋构造

(3)当梁的混凝土保护层厚度大于 50 mm 且配置表层钢筋网片时，表层钢筋宜采用焊接网片，其直径不宜大于 8 mm，间距不应大于 150 mm，网片应配置在梁底和梁侧，梁侧的网片钢筋应延伸至梁高的 2/3 处，如图 5-11 所示。

(二)框架柱

1. 柱中纵向钢筋的配置要求

(1)纵向受力钢筋直径不宜小于 12 mm，全部纵向钢筋的配筋率不宜大于 5%。

(2)柱中纵向钢筋的净间距不应小于 150 mm，且不宜大于 300 mm。

(3)圆柱中纵向钢筋不宜少于 8 根，不应少于 6 根，且宜沿周边均匀布置。

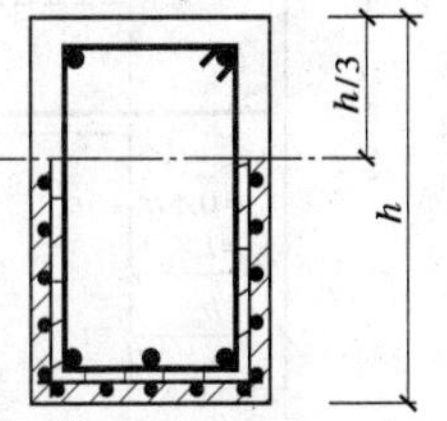

图 5-11　配置表层钢筋网片的构造要求

2. 柱中箍筋构造要求

(1)箍筋直径不应小于 $d/4$(d 为纵向钢筋最大直径)，且不应小于 6 mm。

（2）箍筋间距不应大于400 mm及构件截面的短边尺寸，且不应大于15d（d为纵向钢筋最小直径）。

（3）柱的周边箍筋应做成封闭式。箍筋的末端应做成135°弯钩，弯钩末端平直段长度不应小于5d（d为箍筋直径），如图5-12所示。

（4）当柱截面短边尺寸大于400 mm且各边纵向钢筋多于3根，或柱截面短边尺寸不大于400 mm但各边纵向钢筋多于4根时，应设置复合箍筋。

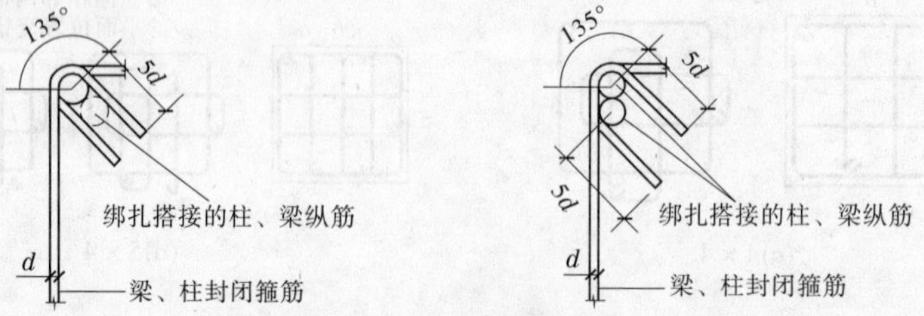

图5-12　封闭箍筋构造

（三）梁柱节点

1. 梁纵向钢筋在框架中间层端节点的锚固构造

（1）当采用直线锚固形式时，锚固长度不应小于l_a（l_a为受拉钢筋的锚固长度），且应伸过柱中心线，伸过的长度不宜小于5d（d为梁上部纵向钢筋的直径），如图5-13（a）所示。

（2）当柱截面尺寸不满足直线锚固要求时，梁上部纵向钢筋可采用钢筋端部加机械锚头的锚固方式（见图5-14），梁上部纵向钢筋宜伸至柱外侧纵向钢筋内边，包括机械锚头在内的水平投影锚固长度不应小于$0.4l_{ab}$（l_{ab}为受拉钢筋的基本锚固长度），如图5-13（b）所示。

（3）梁上部纵向钢筋也可采用90°弯折锚固的方式，此时梁上部纵向钢筋应伸至柱外侧纵向钢筋内边并向节点内弯折，其包含弯弧在内的水平投影长度不应小于$0.4l_{ab}$，弯折钢筋在弯折平面内包含弯弧段的投影长度不应小于15d，如图5-13（c）所示。

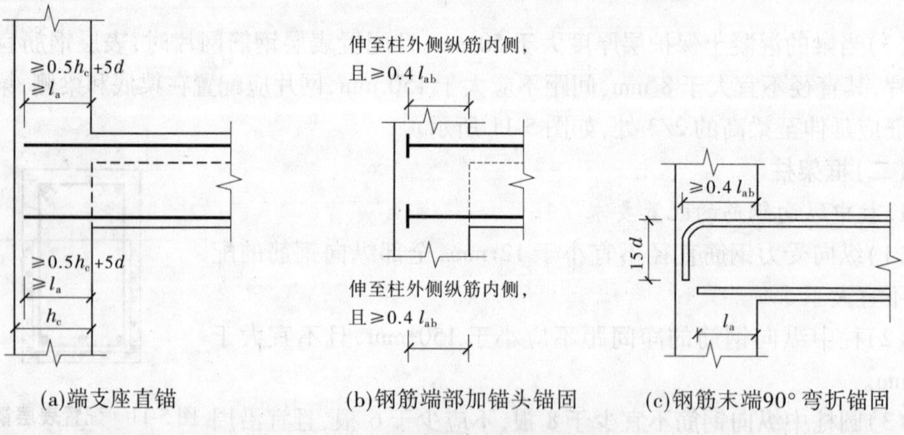

(a)端支座直锚　(b)钢筋端部加锚头锚固　(c)钢筋末端90°弯折锚固

图5-13　梁纵向钢筋端支座锚固形式

2. 梁纵筋在框架中间层中间节点的锚固构造

（1）梁的上部纵向钢筋应贯穿中间层中间节点，如图5-15（a）所示。

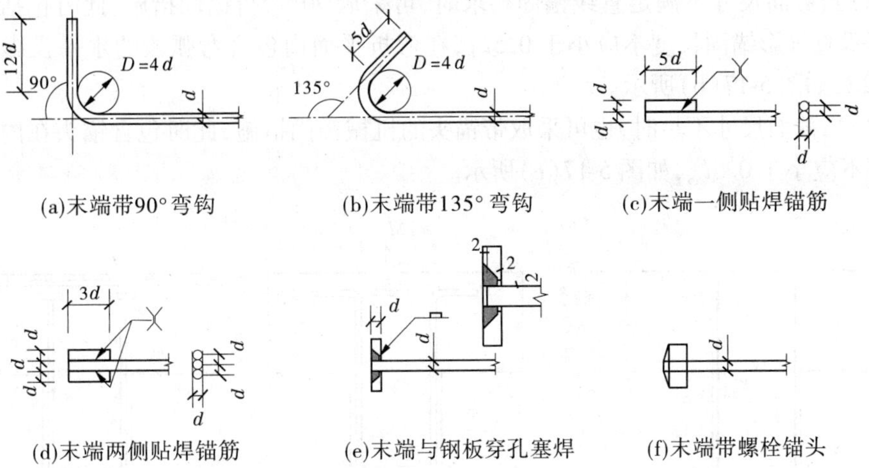

图 5-14　纵向钢筋弯钩与机械锚固形式

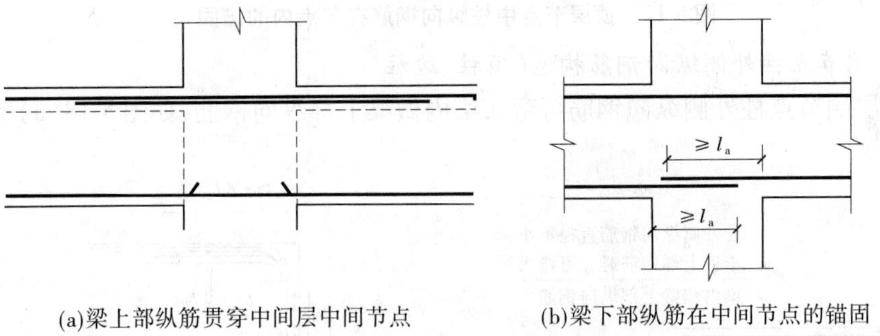

图 5-15　中间层中间节点梁纵向钢筋构造

(2)梁的下部纵向钢筋宜贯穿中间层中间节点；若是必须锚固，钢筋可采用直线方式锚固在节点内，锚固长度不应小于钢筋的受拉钢筋锚固长度 l_a，如图 5-15(b)所示；但是当柱截面尺寸不足时，宜可采取钢筋端部加锚头的机械锚固措施，也可采用 90°弯折锚固的方式；钢筋可在中间节点外梁中弯矩较小处设置搭接接头，搭接长度的起始点至节点边缘的距离不应小于 $1.5h_0$（h_0 为梁高），如图 5-16 所示。

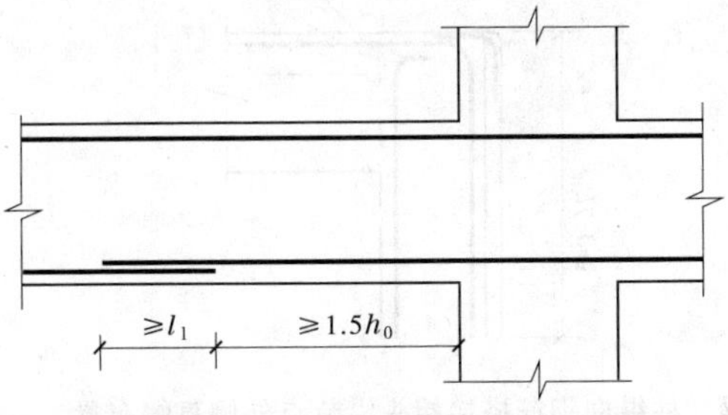

图 5-16　梁下部筋在中间节点外搭接

(3)柱纵筋应贯穿中间层的中间节点或端节点，接头应设置在节点区域以外。

3. 柱纵筋在顶层中间节点锚固构造(中柱)

(1)柱纵筋应伸至柱顶，且自梁底算起的锚固长度不应小于 l_a，如图 5-17(a)所示。

(2)当截面尺寸不满足直线锚固要求时,可采取90°弯折锚固措施,此时包括弯弧在内的钢筋垂直投影锚固长度不应小于0.5l_{ab},在弯折平面内包含弯弧段的水平投影长度不宜小于12d,如图5-17(b)所示。

(3)当截面尺寸不足时,也可采取带锚头的机械锚固措施,此时包含锚头在内的竖向锚固长度不应小于0.5l_{ab},如图5-17(c)所示。

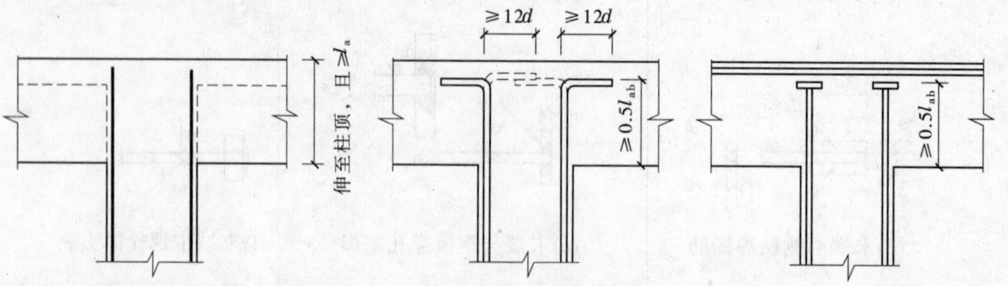

(a)柱纵筋直线锚固　(b)柱纵筋90°弯折锚固　(c)柱纵筋端头加锚板锚固

图5-17　顶层节点中柱纵向钢筋在节点内的锚固

4.顶层端节点柱外侧纵向钢筋构造(角柱、边柱)

(1)顶层端节点柱外侧纵向钢筋可弯入梁内做梁上部纵向钢筋,如图5-18(a)所示。

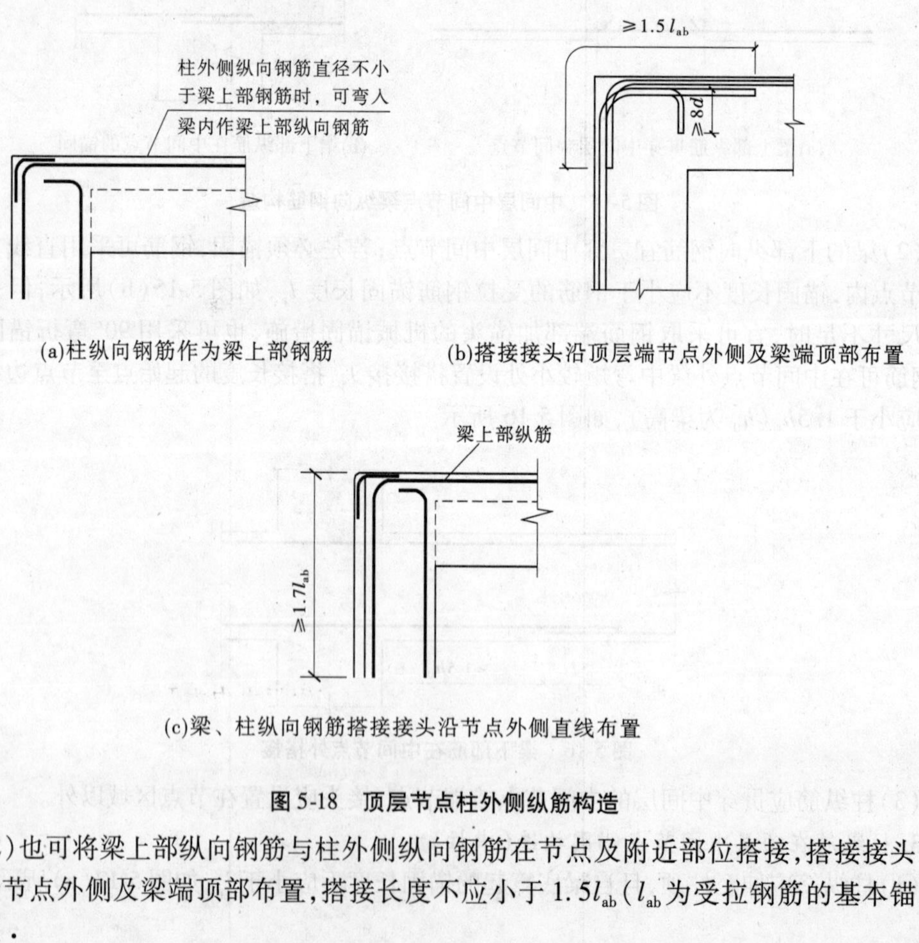

(a)柱纵向钢筋作为梁上部钢筋　(b)搭接接头沿顶层端节点外侧及梁端顶部布置

(c)梁、柱纵向钢筋搭接接头沿节点外侧直线布置

图5-18　顶层节点柱外侧纵筋构造

(2)也可将梁上部纵向钢筋与柱外侧纵向钢筋在节点及附近部位搭接,搭接接头可沿顶层端节点外侧及梁端顶部布置,搭接长度不应小于1.5l_{ab}(l_{ab}为受拉钢筋的基本锚固长

度)，如图5-18(b)所示；梁宽范围以外的柱外侧钢筋宜沿节点顶部伸至柱内边锚固，当柱外侧纵向钢筋位于柱顶第一层时，钢筋伸至柱内边后宜向下弯折不少于 $8d$ 后截断(d 为柱纵向钢筋直径)，当柱外侧纵向钢筋位于柱顶第二层时，可不向下弯折，如图5-18(b)所示；当现浇板厚度不小于100 mm时，梁宽范围以外的柱外侧纵向钢筋也可伸入现浇板内，其长度与伸入梁内的柱纵向钢筋相同。

(3)纵向钢筋搭接接头也可沿节点柱顶外侧直线布置，此时搭接长度自柱顶算起不应小于 $1.7l_{ab}$，如图5-18(c)所示。

顶层端节点柱内侧纵向钢筋的构造做法同中柱纵筋在顶层节点锚固构造。

第三节　剪力墙结构

一、概述

在高层建筑中，为了提高房屋结构的抗侧力刚度，在其中设置的钢筋混凝土墙体称为剪力墙，剪力墙的主要作用在于提高整个房屋的抗剪强度和刚度，墙体同时也作为维护构件及房间分隔构件。图5-19和图5-20即是采用剪力墙结构体系的两个工程实例。

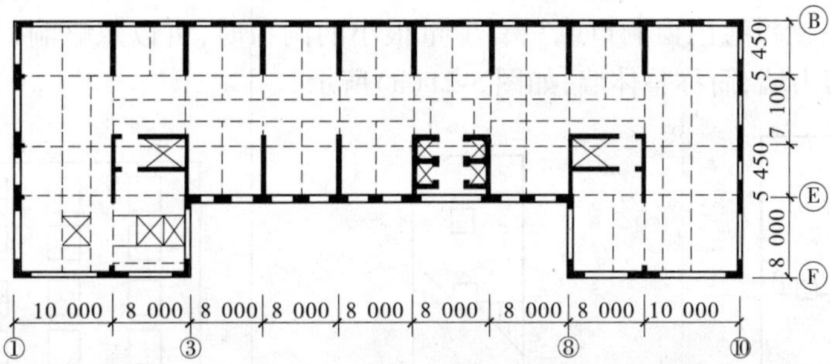

图5-19　天津凯悦饭店(20层)标准层结构平面图

剪力墙结构中，由钢筋混凝土墙体承受全部水平荷载和竖向荷载，剪力墙沿横向、纵向正交布置或沿多轴线斜交布置，它刚度大，空间整体性好，用钢量省。历史地震中，剪力墙结构表现了良好的抗震性能，震害较少发生，而且程度也较轻微，在住宅和旅馆客房中采用剪力墙结构可以较好地适应墙体较多、房间面积不太大的特点，同时可以使房间不露梁柱，整齐美观。

剪力墙结构墙体较多，不容易布置面积较大的房间，为了满足旅馆布置门厅、餐厅、会议室等大面积公共用房的要求，以及在住宅楼底层布置商店和公共设施的要求，可以将部分底层或部分层取消剪力墙，代之以框架，形成框支剪力墙结构。在框支剪力墙结构中，底层柱的刚度小，形成上下刚度突变，在地震作用下，底层柱会产生很大内力及塑性变形，因此在地震区不允许采用这种框支剪力墙结构。

二、剪力墙结构类型

一般按照剪力墙上洞口的大小、多少及排列方式，将剪力墙分为以下几种类型。

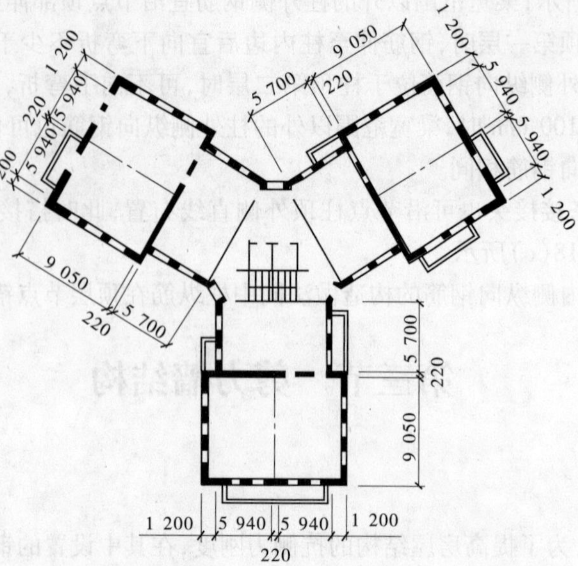

图 5-20　北京市翠微园住宅楼（24 层）标准层结构平面图

（一）整体墙和小开口整体墙

（1）整体墙：当没有门窗洞口或只有少量很小的洞口时，可以忽略洞口的存在，这种剪力墙称为整体剪力墙，简称整体墙，如图 5-21（a）所示。

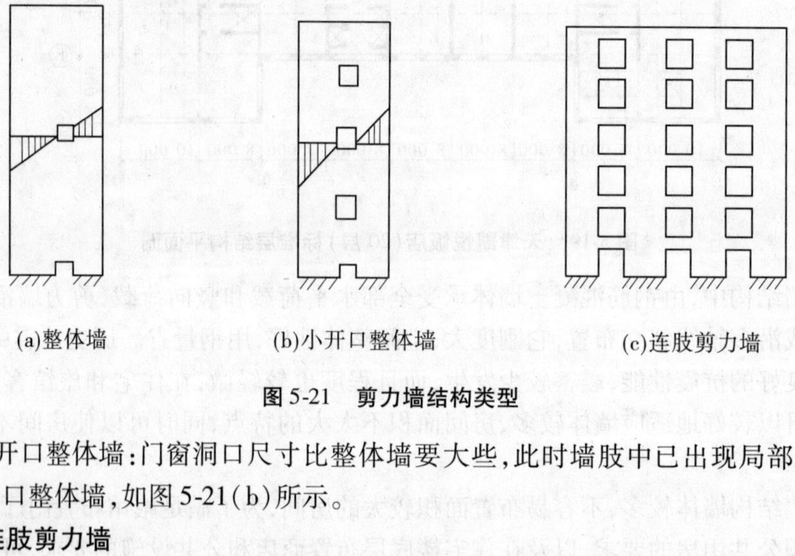

(a)整体墙　　(b)小开口整体墙　　(c)连肢剪力墙

图 5-21　剪力墙结构类型

（2）小开口整体墙：门窗洞口尺寸比整体墙要大些，此时墙肢中已出现局部弯矩，这种墙称为小开口整体墙，如图 5-21（b）所示。

（二）连肢剪力墙

剪力墙上开一列或多列洞口，且洞口尺寸相对较大，此时剪力墙的受力相当于通过洞口之间的连梁连在一起的一系列墙肢，称这种剪力墙为连肢墙，如图 5-21（c）所示。

（三）壁式框架

在连肢墙中，如果洞口开的再大一些，使得墙肢刚度较弱、连梁刚度相对较强时，剪力墙的受力特性已接近框架，由于剪力墙的厚度较框架结构的梁柱的宽度要小些，故称为壁式框架。

三、剪力墙的结构布置

剪力墙承受竖向荷载、风荷载及地震作用。高层剪力墙结构，墙体应双向或多向布置，形成对承受竖向荷载有利、抗侧力刚度大的平面布局和竖向布局。在抗震结构中应避免仅单向有墙的结构布置形式，剪力墙结构的侧向刚度不宜过大。剪力墙间距不宜太密，宜采用大开间布置。剪力墙宜自下而上连续布置，避免刚度突变。

高层建筑结构不应采用全部为短肢剪力墙的剪力墙结构。短肢剪力墙是指墙肢截面高度与厚度之比为 5 ~ 8 的剪力墙，一般剪力墙是指墙肢截面高度与厚度之比大于 8 的剪力墙。

剪力墙上的门窗洞口宜上下对齐，成列布置，形成明确的墙肢和连梁，且一个墙段内各墙肢刚度不宜相差悬殊，避免出现薄弱的小墙肢。

四、剪力墙的构造要求

(一)剪力墙竖向和横向分布钢筋的配置

(1)分布筋间距：剪力墙的竖向和横向分布钢筋的间距不宜大于 300 mm。

(2)分布筋排数：当剪力墙厚度大于 400 mm 时，应配置双排筋；当剪力墙厚度大于 400 mm，但不大于 700 mm 时，宜配置三排筋；当剪力墙厚度大于 700 mm 时，宜配置四排筋。

(3)拉筋：当剪力墙配置两排及以上分布筋时，应设置拉筋，拉筋的间距不宜大于 600 mm，直径不应小于 6 mm。

(4)分布筋直径：剪力墙竖向和横向分布钢筋的直径均不宜大于墙厚的 1/10 且不应小于 8 mm，竖向钢筋直径不应小于 10 mm。

(二)剪力墙的边缘构件

剪力墙两端和洞口两侧应设置边缘构件，边缘构件分为约束边缘构件和构造边缘构件。约束边缘构件一般设置在底部加强部位及其相邻的上一层，而其他部位则应设置构造边缘构件。

(1)约束边缘构件包括约束边缘暗柱、约束边缘端柱、约束边缘翼墙和约束边缘转角墙，如图 5-22 所示，其中 b_w、b_f 为墙肢厚度，l_c 为约束边缘构件沿墙肢的长度。

(2)构造边缘构件包括构造边缘暗柱、构造边缘端柱、构造边缘翼墙和构造边缘转角墙，如图 5-23 所示。

(三)剪力墙分布钢筋的锚固

(1)剪力墙纵向钢筋的最小锚固长度为 l_{aE}。

(2)剪力墙水平分布钢筋的端部锚固应符合图 5-24 所示的要求。

(3)剪力墙竖向分布筋宜分别贯穿柱、梁(暗梁)，或锚固在柱、梁(暗梁)内；剪力墙竖向钢筋的顶部构造应符合图 5-25 所示的要求。

(四)连梁配筋构造要求

在开洞口的剪力墙中，除墙肢构件外，还有连梁构件。连梁一般具有跨度小、截面大、与连梁相连的墙肢刚度又很大等特点。一般在风荷载和地震荷载的作用下，连梁的内力往往很大。

(1)连梁纵向受力钢筋的锚固长度不应小于 l_{aE}，且不应小于 600 mm。

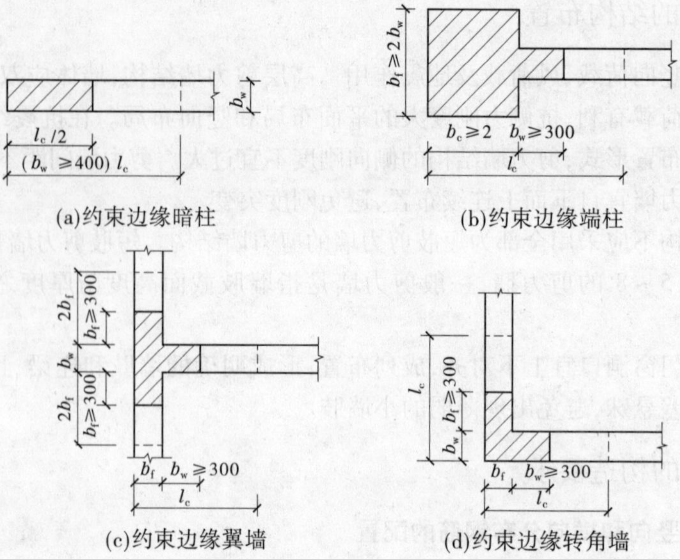

(a)约束边缘暗柱　(b)约束边缘端柱

(c)约束边缘翼墙　(d)约束边缘转角墙

图 5-22　约束边缘构件

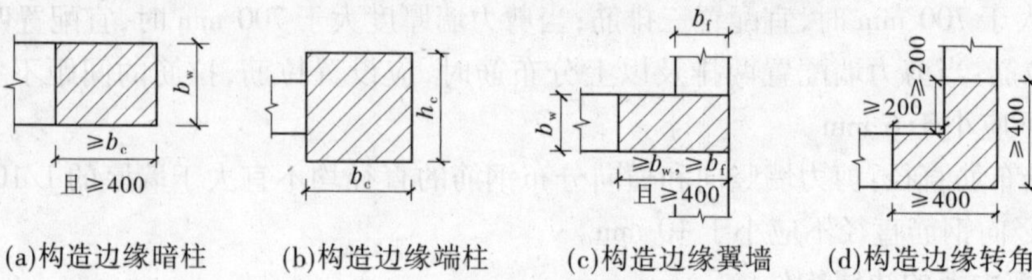

(a)构造边缘暗柱　(b)构造边缘端柱　(c)构造边缘翼墙　(d)构造边缘转角墙

图 5-23　构造边缘构件

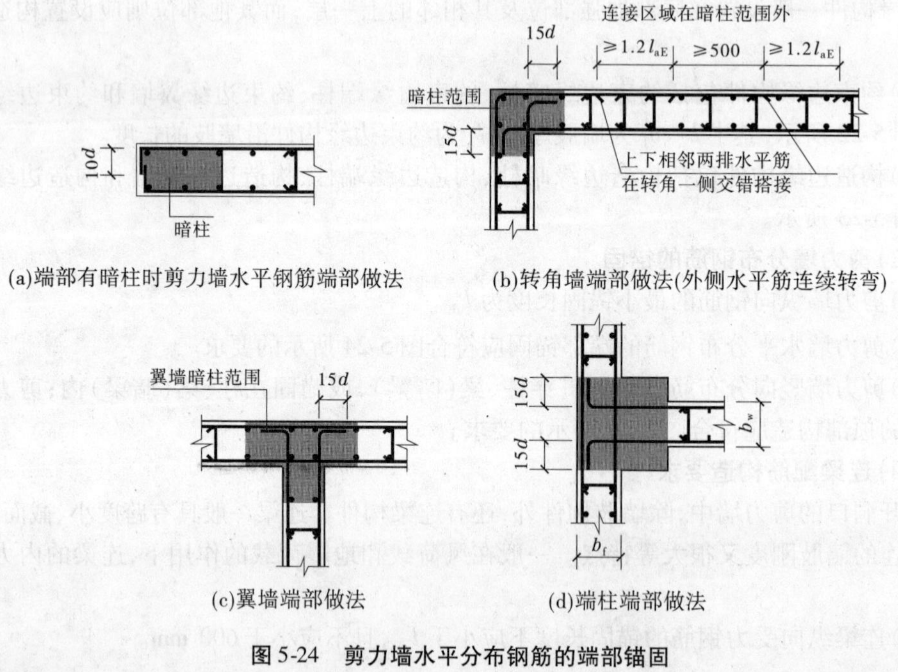

(a)端部有暗柱时剪力墙水平钢筋端部做法　(b)转角墙端部做法(外侧水平筋连续转弯)

(c)翼墙端部做法　(d)端柱端部做法

图 5-24　剪力墙水平分布钢筋的端部锚固

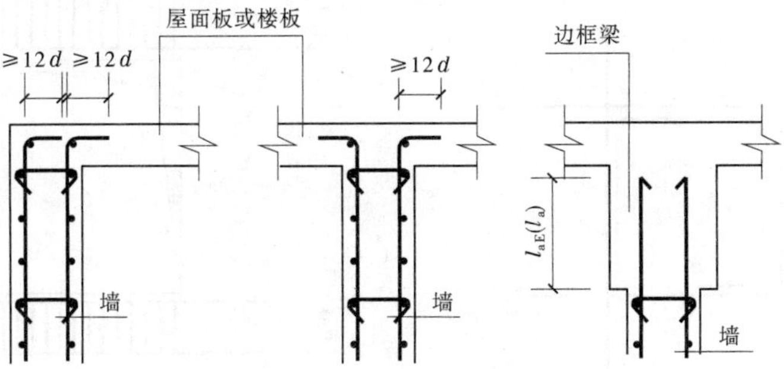

图 5-25 剪力墙竖向钢筋的顶部构造

(2)顶层连梁纵向钢筋伸入墙体的长度范围内,应配置间距不大于 150 mm 的构造箍筋,箍筋直径应与该连梁的箍筋直径相同,如图 5-26 所示。

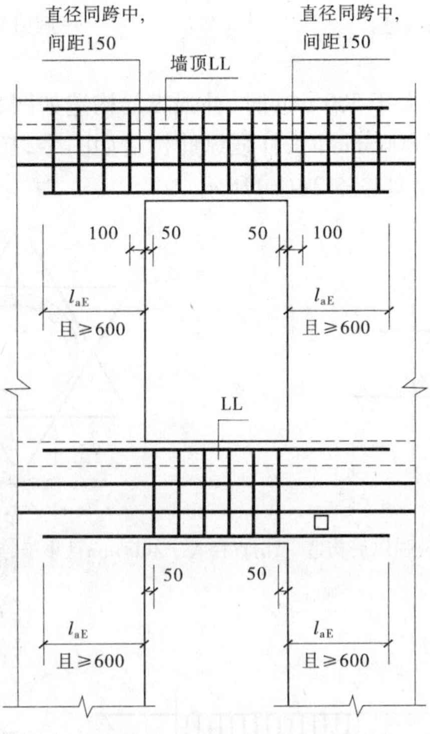

图 5-26 连梁配筋构造

(五)洞口补强钢筋

当剪力墙上开洞时,洞口边缘必须配置钢筋,必要时应配置斜筋,以抵抗洞口角部的应力集中。

(1)当矩形洞宽和洞高均不大于 800 mm 时,洞口每边至少配置两根补强钢筋,其直径不小于 12 mm 且不小于同向被切断纵向钢筋总面积的 50%,补强钢筋伸过洞口边至少 l_{aE} (l_a),其种类应与被切断钢筋相同,如图 5-27 所示。

(2)当矩形洞宽和洞高均大于 800 mm 时,洞口上下要补强暗梁,暗梁配筋由计算所得,如图 5-28 所示。当洞口上边或下边为剪力墙连梁时,不再重复设置补强暗梁。

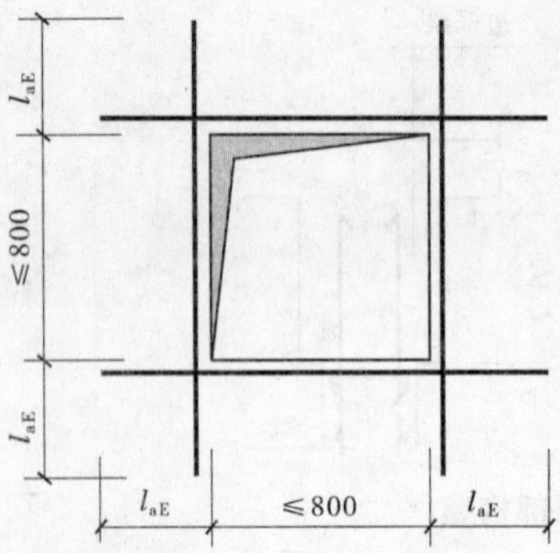

图 5-27　矩形洞宽和洞高均不大于 800 mm 时洞口补强纵向钢筋构造

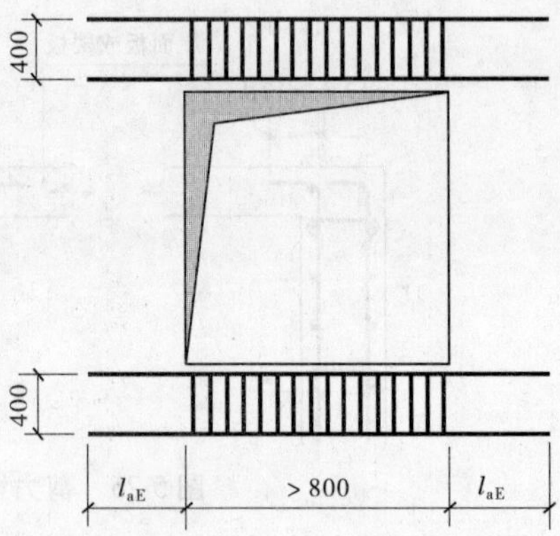

图 5-28　矩形洞宽和洞高均大于 800 mm 时洞口补强暗梁构造

（3）当圆形洞口直径不大于 300 mm 时，补强纵筋构造如图 5-29（a）所示；当圆形洞口直径大于 300 mm 且小于等于 800 mm 时，补强纵筋构造如图 5-29（b）所示；当圆形洞口直径大于 800 mm 时，补强纵筋构造如图 5-29（c）所示。

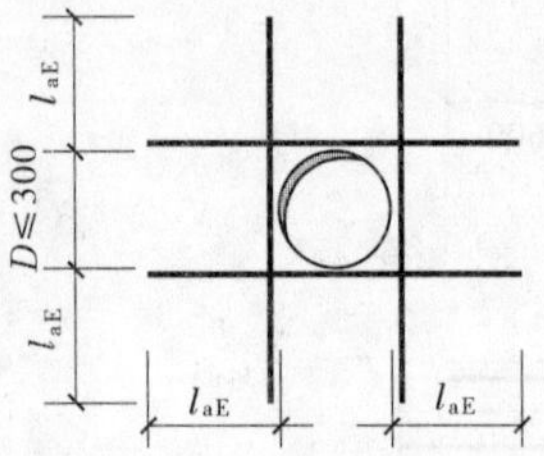

(a)直径不大于300 mm时补强纵筋构造

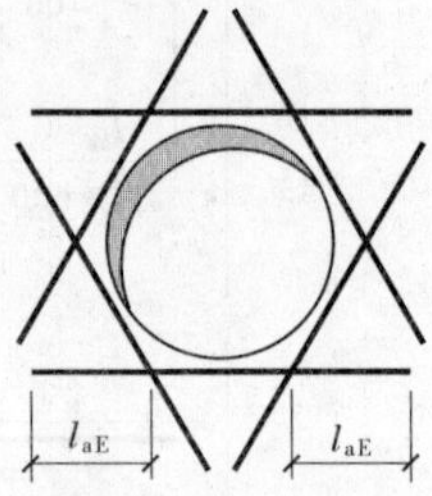

(b)直径大于300 mm且小于等于800 mm时补强纵筋构造

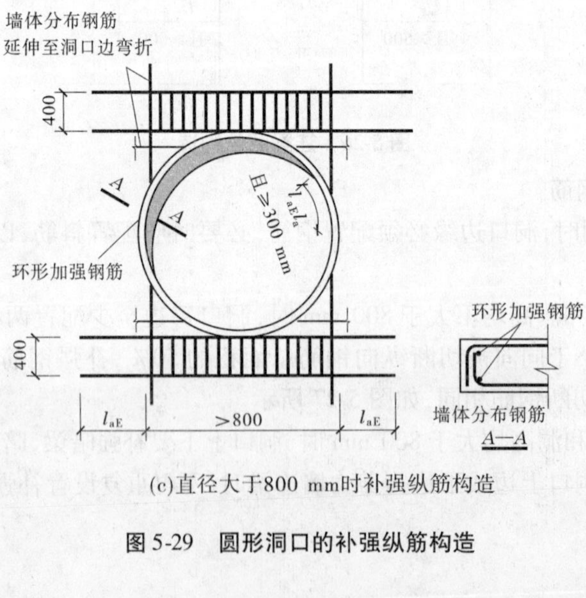

(c)直径大于800 mm时补强纵筋构造

图 5-29　圆形洞口的补强纵筋构造

第四节　框架－剪力墙结构

在框架结构平面中适当部位设置一定数量的剪力墙，即形成框架－剪力墙体系，如图5-3所示。这时剪力墙主要承受水平荷载，框架主要承受竖向荷载。与框架结构相比，框架－剪力墙结构属于中等刚性结构，在水平荷载下房屋侧移显著减小，与剪力墙结构相比，建筑平面的布置要灵活自由得多，故框架－剪力墙结构常用于住宅、旅馆、办公楼等。

一、框架－剪力墙结构形式

框架－剪力墙结构可采用下列形式：

(1)框架与剪力墙(单片墙、连肢墙或较小井筒)分开布置。

(2)在框架结构的若干跨内嵌入剪力墙(带边框剪力墙)。

(3)在单片抗侧力结构内连续分别布置框架和剪力墙。

(4)上述两种或三种形式的混合。

二、剪力墙的布置

框架－剪力墙结构中剪力墙的布置不但要满足前述剪力墙结构有关要求，还应满足下列要求。

(一)剪力墙布置的一般原则

1. 剪力墙应沿平面主轴方向布置

在矩形、槽形和L形平面中，剪力墙应沿两个正交的主轴方向布置，并使两个方向自振周期尽量接近，如图5-3和图5-30所示。当轴线本身不正交，或为圆弧形平面时，剪力墙也可沿轴线布置。

2. 剪力墙的布置应符合“均匀、分散、对称、周边”的原则

均匀、分散是要求剪力墙的片数适当地多，且每片的刚度大小应适度，不要太大。不要只设置一两片刚度很大、连续很长的剪力墙，因为片数太少，地震中万一个别剪力墙破坏后，剩下的一两片墙再也无法承受全部地震力，局部损坏会导致全局性的损坏。

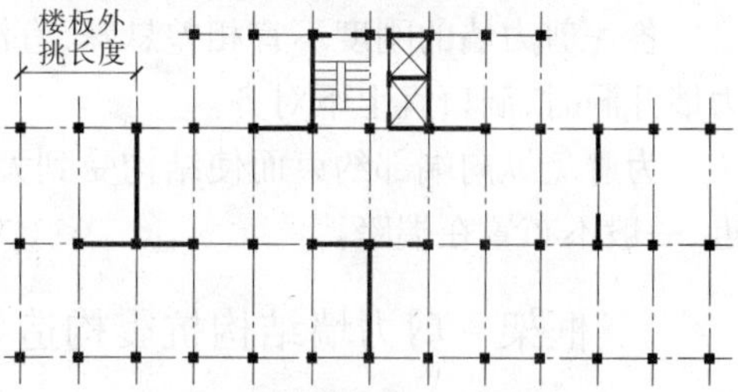

图5-30　剪力墙均匀分散布置

对称、周边布置是高层建筑抵抗扭转的要求，因剪力墙的刚度大，它的位置对楼层平面的刚度分布起决定性的作用。

对称是要求剪力墙对称布置，使刚度中心与外荷载的合力中心(在地震作用下为质量中心)重合或尽量靠近，以避免产生过大的扭转。同时，剪力墙沿建筑平面的周边布置可以最大限度地加大抗扭转的内力臂，提高整个结构的抗扭能力。

(二)剪力墙设置的部位和要求

一般情况下，剪力墙宜布置在竖向荷载较大处、平面形状改变处以及楼(电)梯处。为避免施工困难，不宜在防震缝两侧同时布置剪力墙。外墙，尤其是山墙处布置剪力墙时，要

考虑施工支模的困难以及是否能满足建筑功能要求。剪力墙间距不宜过大。

楼(电)梯间楼板开大洞,削弱严重,特别是在端角和凹角处设置楼(电)梯间时,受力更为不利,采取楼(电)梯竖井来加强是有效的措施。

楼(电)梯间、竖井等竖向通道不宜设在结构单元的端部角区。当必须位于端部时,应设剪力墙予以加强。这时竖向通道不应独立在柱网行列的中间(见图 5-31(a)),必须使井筒至少有两侧与柱网重合(见图 5-31(b)),并布置剪力墙。

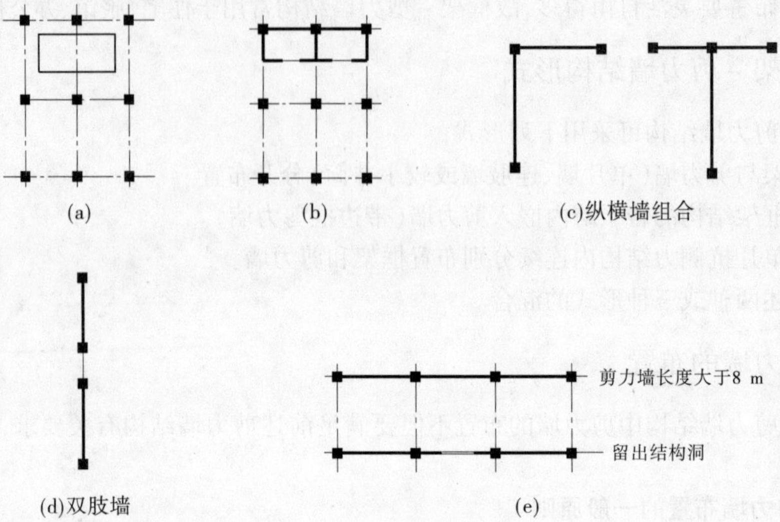

图 5-31　剪力墙的布置形式

纵、横向剪力墙宜组合布置成 L 形、T 形(见图 5-31(c))和槽形等,使纵墙可作为横墙的翼缘,横墙也可以作为纵墙的翼缘,从而提高其强度和刚度。

剪力墙应尽量利用连梁组成双肢或多肢墙(见图 5-31(d)),以提高其延性和抗震能力。连成一片的单肢墙,长度不宜大于 8 m,必要时可以留出结构洞口(见图 5-31(e)),变双肢墙,等施工后期用轻质料封闭。

各片剪力墙的刚度不宜相差悬殊,宜沿建筑物全高设置,避免沿高度方向刚度突变。剪力墙开洞时,洞口宜上下对齐。

为避免纵向端部约束而使结构受到大的温度和收缩应力,纵向剪力墙宜布置在中部附近,一般不布置在端跨。

三、框架－剪力墙结构抗震构造要求

框架－剪力墙结构的构造要求一般是参考框架与剪力墙结构的构造要求。因在框架－剪力墙结构中剪力墙的片数不多,但受力很大,故构造上应从严要求;又因在框架－剪力墙结构中抗侧力的主要是剪力墙,故其中框架的延性要求可比在纯框架结构中稍微低一些。因此,在框架－剪力墙结构中的剪力墙和柱还有一些特殊要求。

(一)框架－剪力墙结构的剪力墙厚度要求

剪力墙的厚度不应小于 160 mm 且不宜小于层高或无支长度的 1/20,底部加强部位的剪力墙厚度不应小于 200 mm 且不宜小于层高或无支长度的 1/16。

(二)框架－剪力墙结构剪力墙的配筋

(1)剪力的竖向和横向分布筋,配筋率均不应小于0.25%。

(2)钢筋直径不宜小于10 mm,间距不宜大于300 mm,并应双排布置。

(3)各排钢筋网之间应设置拉筋,其直径不应小于6 mm,间距不应大于600 mm。

(三)楼面梁的构造要求

当楼面梁与剪力墙平面外连接时,不宜支承在洞口连梁上;沿梁轴线方向宜设置与梁连接的剪力墙,梁的纵筋应锚固在墙内;也可在支承梁的位置设置扶壁柱或暗柱,并应按计算确定其截面尺寸和配筋。

(四)带边框剪力墙构造要求

在框架－剪力墙结构中,剪力墙的轴线与柱轴线宜在一个平面内,避免柱子偏心受力。为了保证剪力墙发挥承载力,防止失稳破坏、增大墙肢刚度,剪力墙的周边宜附有梁和柱,形成带边框的剪力墙。

1. 边框梁

框架梁可通过剪力墙墙顶设置,即与剪力墙重合的框架梁仍可保留,也可做成宽度与墙厚相同的暗梁,其截面高度可取墙厚的2倍或与该榀框架梁等高。暗梁的配筋按构造并应符合一般框架梁相应抗震等级的最小配筋要求。

2. 剪力墙端柱

有端柱时,墙体在楼盖处宜设置暗梁,暗梁的截面高度不宜小于墙厚和400 mm的较大值;端柱截面宜与同层框架柱相同;剪力墙底部加强部位的端柱和紧靠剪力墙洞口的端柱宜按柱箍筋加密区的要求沿全高加密箍筋。

第五节　筒体结构

筒体结构是一种竖向悬臂筒体结构体系,它比非筒式结构体系受力效率高、整体性强,适用于建筑高度更高、抗震等级要求更高的建筑。

一、筒体结构分类

筒体结构一般分为框筒结构(见图5-32(a))、框架－核心筒结构(见图5-32(b))、筒中筒结构(见图5-32(c))、多筒体结构(见图5-32(d))、成束筒结构(见图5-32(e))、多重筒结构(见图5-32(f))等。

(一)框筒结构

外框筒承受水平荷载,内柱主要承受楼面竖向力。框筒柱距不宜大于4 m;框筒梁较高,开洞面积一般在60%以下。

(二)框架－核心筒结构

内筒为剪力墙组成的薄壁筒,主要抵抗水平力;外框架柱距大(6～12 m),刚度小,主要承受楼面竖向荷载。

(三)筒中筒结构

筒中筒结构由薄壁内筒和密集排列柱构成的外框筒组成。

在高层建筑中常有的筒体结构有钢筋混凝土框架－核心筒结构、钢筋混凝土筒中筒结

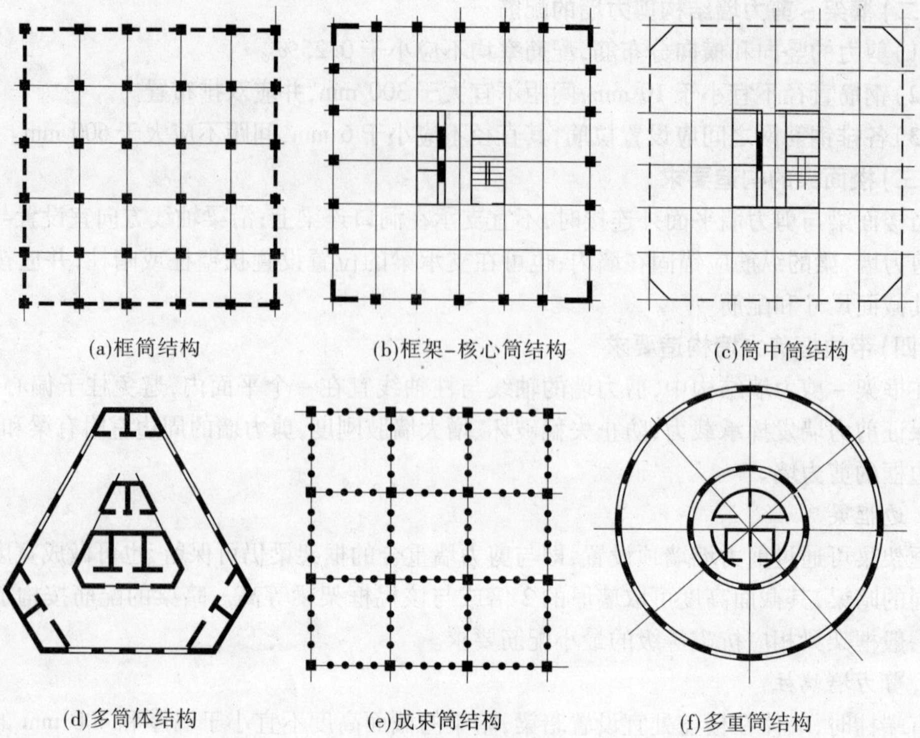

(a)框筒结构　(b)框架-核心筒结构　(c)筒中筒结构

(d)多筒体结构　(e)成束筒结构　(f)多重筒结构

图 5-32　**筒体结构**

构、钢筋混凝土底部大空间筒体结构等。

二、筒体结构在高层建筑中的应用

筒体结构具有造型美观、使用灵活、受力合理以及整体性强等优点,适用于 100 ~ 200 m 高的高层建筑。目前,全世界最高的 100 幢高层建筑约 2/3 采用筒体结构。我国国内的 100 m 以上的高层建筑有一半采用筒体结构。具体的工程实例有:

(1)美国西尔斯大厦,高 442 m,采用钢结构成束筒结构。

(2)上海环球金融中心,高 460 m,采用框架 - 核心筒结构,核心筒为钢筋混凝土结构,框架为混合结构,柱子为钢柱和型钢混凝土结构柱。

(3)广东国际大厦,高 200.18 m,采用钢筋混凝土筒中筒结构。

(4)深圳地王大厦,高 325 m,采用框架 - 核心筒结构。

三、筒体结构受力的空间工作性能

各类筒体在水平力的作用下都不同程度地具有空间工作的特性。但是类型不同,空间作用也有一定的差异。

(一)实腹筒体结构

理想的实腹式筒体是一箱形截面空间结构,由于各层楼盖的水平支撑作用,整个结构具有很强的整体工作性能,即实腹筒的整个截面变形基本上符合平截面假定。在水平力作用下的竖向悬臂筒不仅平行于水平方向的腹板参与工作,而且与水平力垂直的翼缘板也完成参与工作。

(二)框筒结构

框筒(见图 5-33)是由密排的柱和高跨比很大的框筒梁组成的。也可以说,框筒是实腹筒上开有规律的窗口的筒。显而易见,框筒的整体工作性能弱于实腹筒,但它又比普通框架的整体性能强得多。

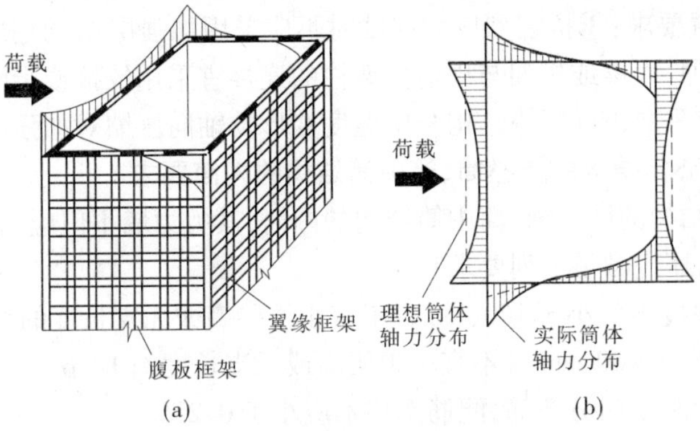

图 5-33 筒体的受力特点

普通框架是平面结构,仅考虑平面内的工作,而忽略平面外的作用,即无空间工作特性,框筒在水平力的作用下,除与水平力平行的腹板框架参与工作外,与水平力垂直的翼缘框架也参与工作,水平剪力主要有腹板框架整体承担,整个弯矩则主要由一侧受拉、另一侧受压的翼缘框架承担。由于腹板框架在抵抗水平力方面起主要作用,故又称为主框架,相应地称翼缘框架为次框架。

(三)筒中筒结构

筒中筒结构的外筒一般为框筒,内筒为剪力墙薄壁筒,其空间受力性能与许多因素有关,比实腹筒体和框筒要复杂得多,主要有以下影响因素:

(1)框筒的剪力滞后、框筒的长宽比等。

(2)筒中筒结构的高宽比。一般来讲,当筒中筒结构的高宽比分别为 5、3、2 时,外框筒的抗倾覆力矩约占总倾覆力矩的 50%、25%、10%。为了充分发挥外框筒的空间作用,筒中筒结构的高宽比不宜小于 3,结构高度不宜低于 60 m。

(3)内外筒之间的刚度比。

(四)框架 - 核心筒结构

框架 - 核心筒结构的外框架采用稀柱框架,其柱距为 6 ~ 12 m,超过了框筒结构的柱距不宜大于 4 m 的要求,框架不考虑其空间作用。这种框架 - 核心筒结构的工作性能接近于框架 - 剪力墙结构。这时,中央核心筒承受外力产生的大部分剪力和弯矩,外柱作为等效框架共同工作。

(五)成束筒结构

成束筒相当于增加了主框架数量的框筒结构。这种结构对减小剪力滞后效应、增加整体性非常有效,故成束筒的抗侧刚度比框筒和筒中筒结构大,能适用于更高的高层建筑。

四、筒体结构抗震设计要求

(一)框架－核心筒结构

(1)核心筒与框架之间的楼盖宜采用梁板体系,部分楼层采用平板体系时应有加强措施。

(2)加强层设置要求:①抗震烈度为9度时不应采用加强层;②加强层的大梁或桁架应与核心筒的墙肢贯通,大梁或桁架与周边框架柱的连接宜采用铰接或半刚性连接;③施工程序及连接构造上,应采取措施减小结构竖向温度变形及轴向压缩对加强层的影响。

(二)框架－核心筒结构的核心筒、筒中筒结构的内筒要求

框架－核心筒结构的核心筒、筒中筒结构的内筒,其剪力墙不但应满足剪力墙结构中有关抗震构造的要求,还应满足下列要求:

(1)剪力墙的厚度不应小于160 mm且不宜小于层高或无支长度的1/20,底部加强部位的剪力墙厚度不应小于200 mm且不宜小于层高或无支长度的1/16。

(2)剪力的竖向和横向分布筋,配筋率均不应小于0.25%。

(3)钢筋直径不宜小于10 mm,间距不宜大于300 mm,并应双排布置。

(4)各排钢筋网之间应设置拉筋,其直径不应小于6 mm,间距不应大于600 mm。

(5)筒体底部加强部位及相邻上一层,当侧向刚度无突变时,不宜改变墙体厚度。

(6)内筒的门洞不宜靠近转角。

本章小结

钢筋混凝土多层与高层房屋常用的结构体系有四种类型:框架结构、剪力墙结构、框架－剪力墙结构和筒体结构,每种体系各有不同的适用高度和优缺点。

框架结构按施工方法不同分为现浇整体式框架、装配式框架和装配整体式框架三种类型;框架结构的布置方案又分为横向框架承重、纵向框架承重和纵横向框架混合承重三种;其中柱网的布置主要是由生产工艺、使用要求决定的,并要力求做到柱网平面简单、规则等;框架结构的构造要求主要包括框架梁、框架柱的厚度或截面尺寸要求、配筋要求、纵筋锚固要求、箍筋配置要求等。

剪力墙结构按洞口的大小、多少及排列方式,可分为整体墙和小开口整体墙、连肢剪力墙、壁式框架;剪力墙分布筋的间距不宜大于300 mm,当墙厚大于140 mm时,剪力墙的竖向和横向分布钢筋应双排布置,双排分布钢筋间应设置直径不应小于6 mm的拉筋,拉筋的间距不宜大于600 mm;剪力墙的边缘构件包括暗柱、端柱和翼墙,又分为构造边缘构件和约束边缘构件两种;剪力墙的连梁里除有普通箍筋外,还有可能有斜向交叉钢筋、集中对角斜筋和对角暗撑三种不同的构造配筋;剪力墙上开洞时,洞口边缘必须配置钢筋,配筋必须满足洞口补强钢筋的构造要求。

框架－剪力墙结构中剪力墙的布置应符合"均匀、分散、对称、周边"的原则,框架－剪力墙结构的构造要求一般是参考框架与剪力墙结构的构造要求。

筒体结构一般有框筒结构、框架－核心筒结构、筒中筒结构、多筒体结构、成束筒结构、多重筒结构等类型。

思考练习题

一、填空

1. 钢筋混凝土多层与高层房屋常用的结构体系有四种类型：________、________、________和________，每种体系各有不同的适用高度和优缺点。

2. 钢筋混凝土框架结构按施工方法不同可分为________、________和________三种。

3. 按承重框架布置方向的不同，框架的布置方案有________、________和________三种。

4. 工业建筑的柱网布置有________和________两种。

5. 梁上部钢筋水平方向的净间距不应小于________和________；梁下部钢筋水平方向的净间距不应小于________和________。

6. 对于截面高度大于 800 mm 的梁，箍筋直径不宜小于________；对于截面高度不大于 800 mm 的梁，不宜小于________。

7. 柱中纵向钢筋的净间距不应小于________，且不宜大于________。

8. 剪力墙两端和洞口两侧应设置边缘构件，边缘构件分为________和________。

9. 框架－剪力墙结构中剪力墙的布置应符合“________、________、________、________”的原则。

10. 筒体结构一般分为________、________、________、________、________和多重筒结构等类型。

二、判断题

1. 直径 28 mm 及以下的钢筋并筋数量不应超过 3 根。（　）

2. 混凝土梁应采用箍筋而不应采用弯起钢筋作为承受剪力的钢筋。（　）

3. 当梁的腹板高度 $h_w \geqslant 450$ mm 时，在梁的两个侧面应沿高度配置纵向构造钢筋。（　）

4. 柱的周边箍筋应做成封闭式箍筋，末端应做成 90° 弯钩，弯钩末端平直段长度不应小于 $5d$。（　）

5. 剪力墙的竖向和横向分布钢筋的间距不宜大于 300 mm。（　）

三、思考题

1. 框架结构平面布置应注意的问题有哪些？

2. 钢筋混凝土板的计算原则有哪些？

3. 钢筋混凝土板中受力钢筋都有哪些构造要求？

4. 梁钢筋采用并筋配筋形式时，应满足的要求有哪些？

5. 框架柱中纵向钢筋有哪些构造要求？

6. 框架结构中梁柱节点处梁上部纵筋应满足的要求有哪些？

7. 剪力墙矩形洞口，当洞宽和洞高均不大于 800 mm 时，补强钢筋的构造要求有哪些？

8. 框架－剪力墙结构剪力墙的配筋应满足的要求有哪些？

第六章　砌体结构

【学习目标】

本章学习要求了解砌体结构的特点、砌体材料及力学性能，了解砌体静力计算的原理，掌握墙、柱高厚比验算，掌握无筋砌体构件、配筋砌体构件、圈梁、过梁、墙梁的主要构造要求。

第一节　砌体结构类型及受力特点

砌体结构由砖、石和砌块等块体材料用砂浆砌筑而成。砌体可作为房屋的基础、承重墙、过梁，甚至可作为屋盖、楼盖等承重结构的材料，也常作为房屋的隔墙等非承重结构，还可作为挡土墙、水池及烟囱等构筑物。

砌体结构的主要优点如下：

(1)取材方便。天然的石料、配制砂浆的砂子、用来烧砖的黏土等几乎遍地都是，这使得砌体结构的房屋造价低廉。

(2)具有良好的耐火、隔声、保温等性能，砖墙房屋还能调节室内湿度，透气性好。同时，砌体结构具有良好的化学稳定性及大气稳定性，抗腐蚀性强，这就保证了砌体结构的耐久性。

(3)能节约材料。与钢筋混凝土结构相比，砌体结构中水泥、钢材、木材(简称“三材”)的用量均大为减少。

(4)可连续施工。因为新砌砌体能承受一定的施工荷载，故不像混凝土结构那样在浇筑混凝土后需要有施工间隙。

(5)施工设备简单。砌体结构的施工无需特殊的技术设备，因此能普遍推广使用。

砌体结构存在下列缺点：

(1)自重大而强度不高，特别是抗拉、抗剪强度低。砌体结构，特别是普通砌体结构，由于强度低而截面尺寸一般较大，材料用量多，运输量也自然大。同时，由于自重大，对基础和抗震均不利。

(2)砌筑工作量大，且常常是手工操作，劳动强度高，施工进度也较慢。

(3)抗震性能差。除前述自重大的影响因素外，还由于砂浆与砖石等块体之间的黏结力弱，无筋砌体抗拉、抗剪强度低，延性差，因此其抗震性能差。

(4)黏土砖需用黏土制造，在某些地区过多占用农田，影响农业生产。

一、砌体材料

(一)块材

1. 砖

1)烧结普通砖和烧结多孔砖

烧结普通砖是由煤矸石、页岩、粉煤灰或黏土为主要原料，经过焙烧而成的实心砖，分为烧结煤矸石砖、烧结页岩砖、烧结粉煤灰砖、烧结黏土砖等。烧结普通砖具有全国统一的规格，其标准尺寸为 240 mm×115 mm×53 mm。

烧结多孔砖是以煤矸石、页岩、粉煤灰或黏土为主要原料，经焙烧而成，孔洞率不大于35%，孔的尺寸小而数量多，主要用于承重部位的砖。多孔砖和普通实心砖相比，可减轻墙体自重，改善砖砌体的技术经济指标，节省土地资源，节省烧砖消耗。

烧结普通砖、烧结多孔砖等的强度等级分 MU30、MU25、MU20、MU15 和 MU10 五级。

2）非烧结硅酸盐砖

非烧结硅酸盐砖是以硅质材料和石灰为主要原料压制成坯，经坯料制备、压制成型、高压蒸汽养护而成的实心砖。常用的有蒸压灰砂砖和蒸压粉煤灰砖。其规格和尺寸与烧结普通砖相同，强度等级分 MU25、MU20、MU15 和 MU10 四级。

3）混凝土砖

混凝土砖是以水泥为胶结材料，以砂、石等为主要骨料，加水搅拌、成型、养护制成的一种多孔的混凝土半盲孔砖或实心砖。多孔砖的主规格尺寸为 240 mm×115 mm×90 mm、240 mm×190 mm×90 mm、190 mm×190 mm×90 mm 等，实心砖的主规格尺寸为 240 mm×115 mm×53 mm、240 mm×115 mm×90 mm 等。混凝土普通砖、混凝土多孔砖的强度等级分 MU30、MU25、MU20 和 MU15 四级。

2. 砌块

实心砖、空心砖和石材以外的块材都可称为砌块。其中，由普通混凝土或轻骨料混凝土制成、主规格尺寸为 390 mm×190 mm×190 mm、空心率为 25%～50% 的空心砌块称为混凝土小型空心砌块，简称混凝土砌块或砌块。砌块的强度等级分 MU20、MU15、MU10、MU7.5 和 MU5 五级。

3. 石材

天然石材一般常采用重力密度大于 18 kg/m^3 的花岗岩、砂岩和石灰岩等，无明显风化的天然石材由于抗压强度高、抗冻性、抗水性、抗气性均较好，故通常用于建筑物的基础、勒脚和挡土墙等部位。天然石材分为料石和毛石。石材的强度等级分 MU100、MU80、MU60、MU50、MU40、MU30 和 MU20 七级。

（二）砂浆

砌体是用砂浆将单块的块材按一定的组砌方式砌筑成为整体的。砂浆在砌体中的作用是使块材与砂浆的接触表面产生黏结力，从而把块材连成整体，以承受荷载，并垫平块材的上、下表面，使块材应力分布均匀。同时，砂浆填满了块体间的缝隙，减少了砌体的透气性，从而提高了砌体的隔热、防水和抗冻性能。

砌体中采用的砂浆主要有混合砂浆、水泥砂浆和非水泥砂浆（石灰砂浆、黏土砂浆等）。

混合砂浆包括水泥石灰砂浆、水泥黏土砂浆等。这类砂浆具有一定的强度和耐久性，且保水性、和易性均较好，便于施工，质量容易保证，是一般墙体中常用的砂浆。

水泥砂浆是由水泥和砂加水拌和而成的不掺任何塑性掺合料的纯水泥砂浆。水泥砂浆强度高，耐久性好，但其拌和后保水性较差，砌筑前会游离出较多的水分，砂浆摊铺在砖面上后这部分水分将很快被砖吸走，使铺砌发生困难，因而会降低砌筑质量。此外，失去一定水分的砂浆还将影响其正常硬化，减少砖与砖之间的黏结，而使强度降低。《砌体结构设计规范》（GB 50003—2011）规定，用水泥砂浆砌筑的各类砌体，其强度应按保水性能好的砂浆砌筑的砌体强度乘以小于 1 的调整系数。

石灰砂浆和黏土砂浆强度不高,耐久性也差,不能用于地面以下或防潮层以下的砌体,一般只能用在受力不大的简易建筑或临时建筑中。

砂浆的强度等级按龄期为 28 d 的立方体试块(70.7 mm×70.7 mm×70.7 mm)所测得的抗压极限强度的平均值来划分,共有 M15、M10、M7.5、M5 和 M2.5 五个强度等级。砌块专用砂浆用符号"Mb"表示。如砂浆强度在两个等级之间,则采用相邻较低值。当验算施工阶段砂浆尚未硬化的新砌砌体的强度和稳定性时,可取砂浆强度为零。

(三)砌体材料的选择

砌体材料的选用应本着因地制宜、就地取材、充分利用工业废料的原则,并考虑建筑物耐久性要求、工作环境、受荷性质与大小、施工技术力量等各方面因素。

对于五层或五层以上房屋的墙以及受振动或层高大于 6 m 的墙、柱,所用材料的最低强度等级要求为:砖 MU10,砌块 MU7.5,石材 MU30,砂浆 M5。对于安全等级为一级或设计使用年限大于 50 年的房屋,墙、柱所用材料的最低强度等级应至少提高一级。

地面以下或防潮层以下的砌体、潮湿房间的墙的材料最低强度等级应符合表 6-1 的要求。

表 6-1 地面以下或防潮层以下的砌体、潮湿房间墙所用材料最低强度等级

地基土的潮湿程度	烧结普通砖	混凝土普通砖、蒸压普通砖	混凝土砌块	石材	水泥砂浆
稍潮湿的	MU15	MU20	MU7.5	MU30	M5
很潮湿的	MU20	MU20	MU10	MU30	M7.5
含水饱和的	MU20	MU25	MU15	MU40	M10

注:在有冻胀环境和条件的地区,地面以下和防潮层以下的砌体不宜采用多孔砖。当采用混凝土砌块砌体时,其孔洞应采用强度等级不低于 Cb20 的混凝土灌实。

二、砌体的种类

(一)无筋砌体

根据块材种类不同,无筋砌体分砖砌体、砌块砌体和石砌体。

砖砌体是采用最普遍的一种砌体。当采用标准尺寸砖砌筑时,墙厚有 120 mm(半砖)、240 mm(1 砖)、370 mm(1.5 砖)、490 mm(2 砖)、620 mm(2.5 砖)等,还可结合侧砌做成 180 mm、300 mm、420 mm 等厚度。

砌块砌体为建筑工厂化、机械化、加快建设速度、减轻结构自重开辟了新的途径。我国目前采用最多的是混凝土小型空心砌块砌体。

石砌体的类型有料石砌体、毛石砌体和毛石混凝土砌体。

(二)配筋砌体

为了提高砖砌体强度和减少构件的截面尺寸,可在砌体内配置适量钢筋,构成配筋砌体。配筋砌体有网状配筋砖砌体(见图 6-1)和组合砖砌体(见图 6-2)等。

三、砌体的力学性能

在工程中,砌体主要用于承压,受拉、受弯、受剪的情况很少遇到。

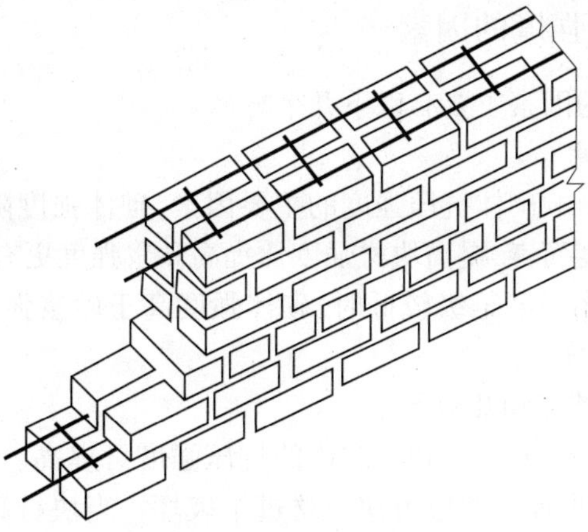

图 6-1　网状配筋砖砌体

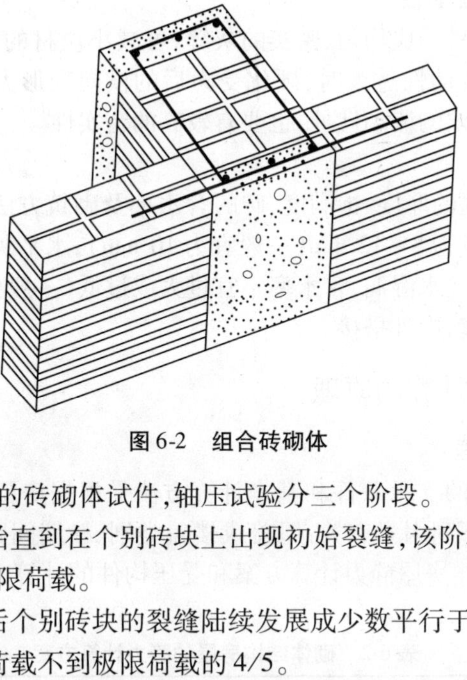

图 6-2　组合砖砌体

按照标准的方法砌筑的砖砌体试件,轴压试验分三个阶段。

第Ⅰ阶段,从加载开始直到在个别砖块上出现初始裂缝,该阶段属弹性阶段,出现裂缝时的荷载为 1/2 ~7/10 极限荷载。

第Ⅱ阶段,继续加载后个别砖块的裂缝陆续发展成少数平行于加载方向的小段裂缝,试件变形增加较快,此时的荷载不到极限荷载的 4/5。

第Ⅲ阶段,继续加载时小段裂缝会较快沿竖向发展成上下贯通整个试件的纵向裂缝。试件被分割成若干个小的砖柱,直到小砖柱因横向变形过大发生失稳,体积膨胀,导致整个试件破坏。

分析产生这种现象的原因是:砖的表面不平整,砂浆的铺砌不均匀,单块砖不能均匀受压,砌体处于局部受压、受弯、受剪的状态。此外,因砂浆横向变形比砖大,由于黏结力和摩擦力的影响,砌体内的砖还同时受拉。

综上所述,砌体中的块材(砖)处于压缩、弯曲、剪切、局部受压、横向受拉等复杂受力状态时,因块材为脆性材料,其抗拉、抗剪强度比抗压强度低得多,所以砌体的抗压强度在未充分利用的情况下就压碎破坏。

四、影响砌体抗压强度的因素

影响砌体抗压强度的因素主要有以下几个方面。

(一)块材和砂浆强度

块材和砂浆强度是影响砌体抗压强度的主要因素,砌体强度随块材和砂浆强度的提高而提高。对提高砌体强度而言,提高块材强度比提高砂浆强度更有效。一般情况下,砌体强度低于块材强度。当砂浆强度等级较低时,砌体强度高于砂浆强度;当砂浆强度等级较高时,砌体强度低于砂浆强度。

(二)块材的表面平整度和几何尺寸

当块材表面平整,灰缝厚薄均匀时,砌体的抗压强度可提高。当块材翘曲,砂浆层严重不均匀时,将产生较大的附加弯曲应力使块材过早破坏。当块材高度大时,其抗弯、抗剪和抗拉能力增大;当块材较长时,在砌体中产生的弯剪应力也较大。

(三)砂浆铺砌时的流动性

砂浆的流动性大,容易铺成均匀、密实的灰缝,可减小块材的弯、剪应力,因而可以提高砌体强度。但当砂浆的流动性过大时,硬化受力后的横向变形大,砌体强度反而降低。因此,砂浆除应具有符合要求的流动性外,也要有较高的密实性。

(四)砌筑质量

砌体砌筑时水平灰缝的厚度、饱满度、砖的含水率及砌筑方法,均影响到砌体的强度和整体性。水平灰缝厚度应为 8 ~ 12 mm(一般宜为 10 mm);水平灰缝饱满度应不低于 80%;砌体砌筑时,应提前将砖浇水湿润,含水率不宜过大或过低(一般要求控制在 10% ~ 15%);砌筑时砖砌体应上下错缝,内外搭接。

五、砌体结构静力计算的原理

(一)静力计算的原理

砌体墙、柱静力计算的支承条件和基本计算方法是根据房屋的空间工作性能确定的。房屋的空间工作性能与下列因素有关:屋盖或楼盖类别、横墙间距。《砌体结构设计规范》(GB 50003—2011)对砌体房屋静力计算方案和受压构件的计算高度 H_0 的规定见表 6-2 和表 6-3。

表 6-2　砌体结构房屋的静力计算方案

	屋盖或楼盖类别	刚性方案	刚弹性方案	弹性方案
1	整体式、装配整体和装配式无檩体系钢筋混凝土屋盖或钢筋混凝土楼盖	$s<32$	$32\leqslant s\leqslant 72$	$s>72$
2	装配式有檩体系钢筋混凝土屋盖、轻钢屋盖和有密铺望板的木屋盖或木楼盖	$s<20$	$20\leqslant s\leqslant 48$	$s>48$
3	瓦材屋面的木屋盖和轻钢屋盖	$s<16$	$16\leqslant s\leqslant 36$	$s>36$

注:1. 表中 s 为房屋横墙间距,其长度单位为“m”。

2. 当屋盖、楼盖类别不同或横墙间距不同时,可按《砌体结构设计规范》(GB 50003—2011)的规定确定房屋的静力计算方案。

3. 对无山墙或伸缩缝处无横墙的房屋,应按弹性方案考虑。

表 6-3 砌体受压构件的计算高度 H_0

房屋类别			柱		带壁柱墙或周边拉结的墙		
			排架方向	垂直排架方向	$s>2H$	$H<s\leqslant 2H$	$s\leqslant H$
有吊车的单层房屋	变截面柱上段	弹性方案	$2.5H_u$	$1.25H_u$	$2.5H_u$		
		刚性、刚弹性方案	$2.0H_u$	$1.25H_u$	$2.0H_u$		
	变截面柱下段		$1.0H_l$	$0.8H_l$	$1.0H_l$		
无吊车的单层和多层房屋	单跨	弹性方案	$1.5H$	$1.0H$	$1.5H$		
		刚弹性方案	$1.2H$	$1.0H$	$1.2H$		
	多跨	弹性方案	$1.25H$	$1.0H$	$1.25H$		
		刚弹性方案	$1.10H$	$1.0H$	$1.10H$		
	刚性方案		$1.0H$	$1.0H$	$1.0H$	$0.4s+0.2H$	$0.6s$

注：1. 表中 H_u 为变截面柱的上段高度，H_l 为变截面柱的下段高度。

2. 对于上端为自由端的构件，$H_0=2H$。

3. 独立砖柱，当无柱间支撑时，柱在垂直排架方向的 H_0 应按表中数值乘以 1.25 后采用。

4. s 为房屋横墙间距。

5. 自承重墙的计算高度应根据周边支承或拉结条件确定。

砌体的受力特点是抗压强度较高而抗拉强度很低，所以砌体结构房屋的静力计算简图大多设计成刚性方案。开间较小的住宅、中小型办公楼即属于这类结构。

（二）墙、柱高厚比验算

墙、柱高厚比是指墙、柱的计算高度 H_0 与墙厚（或柱的边长）值 h 的比值，用 β 表示。高厚比的验算是保证墙、柱具备必要稳定性和刚度的一项重要的构造措施。

1. 矩形截面墙、柱的允许高厚比验算

矩形截面墙、柱的允许高厚比为

$$\beta = H_0/h \leqslant \mu_1\mu_2[\beta] \tag{6-1}$$

式中 H_0——墙、柱的计算高度；

h——墙厚或矩形柱与 H_0 相对应的边长；

μ_1——自承重墙允许高厚比的修正系数；

μ_2——有门窗洞口墙允许高厚比的修正系数；

$[\beta]$——墙、柱的允许高厚比，应按表 6-4 采用。

对于厚度 $h\leqslant 240$ mm 的自承重墙，μ_1 按如下规定采用：

当 $h=240$ mm 时，$\mu_1=1.2$；

当 $h=90$ mm 时，$\mu_1=1.5$；

当 90 mm $<h<$ 240 mm 时，μ_1 可按内插法取值。

上端为自由端墙的允许高厚比，除按上述规定提高外，尚可提高 30%。

对于厚度小于 90 mm 的墙，当双面采用不低于 M10 的水泥砂浆抹面，包括抹面层的墙厚不小于 90 mm 时，可按墙厚等于 90 mm 验算高厚比。

表6-4　墙、柱的允许高厚比[β]值

砌体类型	砂浆强度等级	墙	柱
无筋砌体	M2.5	22	15
	M5.0 或 Mb5.0、Ms5.0	24	16
	≥M7.5 或 Mb7.5、Ms7.5	26	17
配筋砌块砌体	—	30	21

注:1. 毛石墙、柱的允许高厚比应按表中数值降低20%。

2. 带有混凝土或砂浆面层的组合砖砌体构件的允许高厚比,可按表中数值提高20%,但不得大于28。

3. 验算施工阶段砂浆尚未硬化的新砌砌体构件高厚比时,允许高厚比对墙取14,对柱取11。

对于有门窗洞口的墙,允许高厚比修正系数 μ_2 应按下式计算:

$$\mu_2 = 1 - 0.4b_s/s \tag{6-2}$$

式中　b_s——在宽度 s 范围内的门窗洞口总宽度;

s——相邻窗间墙或壁柱之间的距离。

当按式(6-2)算得 μ_2 的值小于0.7时,应取0.7。当洞口高度不大于墙高的1/5时,可取 $\mu_2 = 1.0$。

当与墙连接的相邻两横墙间的距离 $s \leqslant \mu_1\mu_2[\beta]h$ 时,墙的高度可不受高厚比条件的限制。

2. 带壁柱墙和带构造柱墙的高厚比验算

(1)带壁柱墙和带构造柱墙的整片墙高厚比按下列规定验算:

①验算带壁柱墙的高厚比,即

$$\beta = H_0/h_T \leqslant \mu_1\mu_2[\beta] \tag{6-3}$$

式中　h_T——带壁柱截面的折算厚度。

当确定带壁柱墙计算高度 H_0 时,s 应取相邻横墙间的距离。

②验算带构造柱墙的高厚比时,若构造柱截面宽度不小于墙厚,仍按式(6-1)验算,此时公式中 h 取墙厚;当确定墙的计算高度 H_0 时,s 应取相邻横墙间的距离;墙的允许高厚比[β]可乘以提高系数 μ_C:

$$\mu_C = 1 + \gamma b_C/L \tag{6-4}$$

式中　γ——系数,对于细料石、半细料石砌体,取 $\gamma = 0$,对于砌块、粗料石或毛石砌体,取 $\gamma = 1.0$,对于其他砌体,取 $\gamma = 1.5$;

b_C——构造柱沿墙长方向的截面宽度;

L——构造柱间距。

当 $b_C/L > 0.25$ 时,取 $b_C/L = 0.25$;当 $b_C/L < 0.25$ 时,取 $b_C/L = 0$。施工阶段验算时不考虑提高系数 μ_C。

(2)验算壁柱间墙和构造柱间墙的高厚比时,仍按式(6-1)验算,式中 h 取壁柱间墙或构造柱间墙的厚度;当确定墙的计算高度 H_0 时,s 应取相邻柱或相邻构造柱间的距离。设有钢筋混凝土圈梁的带壁柱墙或构造柱墙,当 $b/s \geqslant 1/30$ 时,圈梁可视作壁柱间墙或构造柱间墙的不动铰支点(b 为圈梁宽度)。

【知识链接】 砌体结构发展和趋向

采用高强度砖石和砂浆,用较薄的承重墙建造较高的建筑物是现代砌体结构的主要特点。如瑞士在16层高的公寓建筑中以15 cm厚的砖墙承重,并采用抗压强度达40 MPa的特种BS砖建成18层高的公寓,采用抗压强度达60 MPa、孔洞率为28%的多孔砖建成19层和24层高的塔式住宅建筑,砖墙仅厚38 cm。英国用卡尔柯龙(Calculon)多孔砖,抗压强度达35 MPa、49 MPa和70 MPa建成11～19层高的公寓。美国用两片9 cm厚的单砖墙中间夹7 cm厚的配筋灌浆层建成21层高的公寓,用灌浆配筋混凝土砌块墙建成18层高的旅馆。

砌体结构预制砖墙板提高了施工机械化的程度,施工速度快,质量也易保证。预制黏土砖墙板的形式随各国气候和地理条件以及建筑传统不同而异,大多数用夹心式构造,少数用空心砖;有些用带孔砖在孔内配筋灌浆;有些在内侧用轻混凝土兼作保温材料。墙板的大小和房间墙面的大小相同。预制砖墙板多用于低层居住建筑,也用于高层公寓做承重墙或非承重墙。

砌体结构发展的主要趋向是要求砖及砌块材料具有轻质高强的性能,砂浆具有高强度,特别是高黏结强度,尤其是采用高强度空心砖或空心砌块砌体时。在墙体内适当配置纵向钢筋,对克服砌体结构的缺点、减小构件截面尺寸、减轻自重和加快建造速度具有重要意义。相应地研究设计理论,改进构件强度计算方法,提高施工机械化程度等,也是进一步发展砌体结构的重要课题。

第二节 多层砌体房屋构造要求

一、砌体结构的一般构造要求

(1)承重的独立砖柱截面尺寸不应小于240 mm×370 mm。毛石墙的厚度不宜小于350 mm,毛料石柱较小边长不宜小于400 mm。当有振动荷载时,墙、柱不宜采用毛石砌体。

(2)跨度大于6 m的屋架和跨度大于下列数值的梁,应在支承处砌体上设置混凝土或钢筋混凝土垫块;当墙中设有圈梁时,垫块与圈梁宜浇成整体。

①对砖砌体为4.8 m。

②对砌块和料石砌体为4.2 m。

③对毛石砌体为3.9 m。

(3)当梁跨度大于或等于下列数值时,其支承处宜加设壁柱,或采取其他加强措施:

①对240 mm厚的砖墙为6 m,对180 mm厚的砖墙为4.8 m。

②对砌块、料石墙为4.8 m。

(4)预制钢筋混凝土板在混凝土圈梁上的支承长度不应小于80 mm,板端伸出的钢筋应与圈梁可靠连接,且同时浇筑;预制钢筋混凝土板在墙上的支承长度不应小于100 mm。

(5)支承在墙、柱上的吊车梁、屋架及跨度大于或等于下列数值的预制梁的端部,应采用锚固件与墙、柱上的垫块锚固:

①对砖砌体为9 m。

②对砌块和料石砌体为7.2 m。

(6)填充墙、隔墙应分别采取措施与周边主体结构构件可靠连接,连接构造和嵌缝材料应能满足传力、变形、耐久和防护要求。山墙处的壁柱或构造柱宜砌至山墙顶部,且屋面构件应与山墙可靠拉结。

(7)砌块墙的构造应符合下列规定:

①砌块砌体应分皮错缝搭砌,上下皮搭砌长度不应小于 90 mm。当搭砌长度不满足上述要求时,应在水平灰缝内设置不小于 2 根直径不小于 4 mm 的焊接钢筋网片(横向钢筋的间距不应大于 200 mm,网片每端应伸出该垂直缝不小于 300 mm)。

②砌块墙与后砌隔墙交接处,应沿墙高每 400 mm 在水平灰缝内设置不少于 2 根直径不小于 4 mm、横筋间距不大于 200 mm 的焊接钢筋网片,如图 6-3 所示。

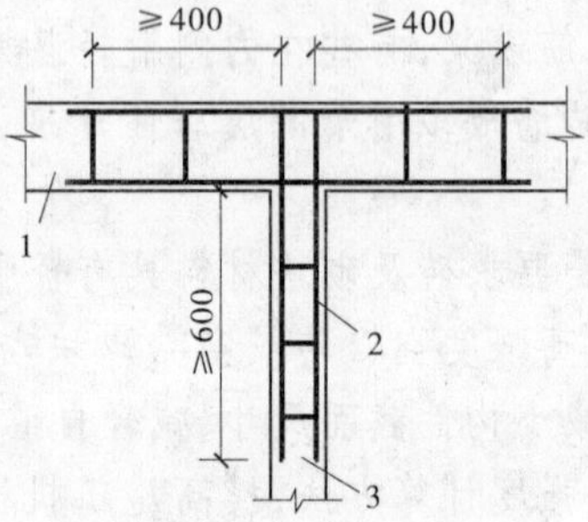

1—砌块墙;2—焊接钢筋网片;3—后砌隔墙

图 6-3　砌块墙与后砌隔墙交接处钢筋网片

③混凝土砌块房屋,宜将纵横墙交接处,距墙中心线每边不小于 300 mm 范围内的孔洞,采用不低于 Cb20 混凝土沿全墙高灌实。

④混凝土砌块墙体的下列部位,如未设圈梁或混凝土垫块,应采用不低于 Cb20 混凝土将孔洞灌实:搁栅、檩条和钢筋混凝土楼板的支承面下,高度不应小于 200 mm 的砌体;屋架、梁等构件的支承面下,长度不应小于 600 mm,高度不应小于 600 mm 的砌体;挑梁支承面下,距墙中心线每边不应小于 300 mm,高度不应小于 600 mm 的砌体。

(8)在砌体中留槽洞及埋设管道时,应遵守下列规定:

①不应在截面长边小于 500 mm 的承重墙体、独立柱内埋设管线。

②不宜在墙体中穿行暗线或预留、开凿沟槽,当无法避免时,应采取必要的措施或按削弱后的截面验算墙体的承载力。

对于受力较小或未灌孔的砌块砌体,允许在墙体的竖向孔洞中设置管线。

(9)框架填充墙墙体除应满足稳定要求外,尚应考虑水平风荷载及地震作用的影响。地震作用可按国家标准《建筑抗震设计规范》(GB 50011—2010)中非结构构件的规定计算。

填充墙的构造设计应符合下列规定:

①填充墙宜选用轻质块体材料,其强度等级应符合本规范规定。

②填充墙砌筑砂浆的强度等级不宜低于 M5(Mb5、Ms5)。

③填充墙墙体墙厚不应小于 90 mm。

④用于填充墙的夹心复合砌块,其两肢块体之间应有拉结。

二、防止或减轻墙体开裂的主要措施

(1)为了防止或减轻房屋在正常使用条件下,由温差和砌体干缩引起的墙体竖向裂缝,应在墙体中设置伸缩缝。伸缩缝应设在因温度和收缩变形可能引起应力集中、砌体产生裂缝可能性最大的地方。伸缩缝的间距可按表6-5采用。

表6-5 砌体房屋伸缩缝的最大间距

屋盖或楼盖类别		间距(m)
整体式或装配整体式钢筋混凝土结构	有保温层或隔热层的屋盖、楼盖	50
	无保温层或隔热层的屋盖	40
装配式无檩体系钢筋混凝土结构	有保温层或隔热层的屋盖、楼盖	60
	无保温层或隔热层的屋盖	50
装配式有檩体系钢筋混凝土结构	有保温层或隔热层的屋盖	75
	无保温层或隔热层的屋盖	60
瓦材屋盖、木屋盖或楼盖、轻钢屋盖		100

注:1. 对于烧结普通砖、多孔砖、配筋砌块砌体房屋,取表中数值;对于石砌体、蒸压灰砂砖、蒸压粉煤灰砖和混凝土砌块房屋,取表中数值乘以0.8的系数。当有实践经验并采取有效措施时,可不遵守表6-5规定。

2. 在钢筋混凝土屋面上挂瓦的屋盖应按钢筋混凝土屋盖采用。

3. 对于层高大于5 m的烧结普通砖、多孔砖、配筋砌块砌体结构单层房屋,其伸缩缝间距可按表中数值乘以1.3。

4. 温差较大且变化频繁地区和严寒地区不采暖的房屋及构筑物墙体的伸缩缝的最大间距,应按表中数值予以适当减小。

5. 墙体的伸缩缝应与结构的其他变形缝相重合,在进行立面处理时,必须保证缝隙的伸缩作用。

(2)为了防止或减轻顶层房屋墙体的裂缝,可根据情况采取下列措施:

①屋面应设置保温、隔热层。

②屋面保温(隔热)层或屋面刚性面层及砂浆找平层应设置分隔缝,分隔缝间距不宜大于6 m,其缝宽不小于30 mm,并与女儿墙隔开。

③采用装配式有檩体系钢筋混凝土屋盖和瓦材屋盖。

④顶层屋面板下设置现浇钢筋混凝土圈梁,并沿内外墙拉通,房屋两端圈梁下的墙体内宜适当设置水平钢筋。

⑤当顶层墙体有门窗等洞口时,在过梁上的水平灰缝内设置2~3道焊接钢筋网片或2 Φ 6钢筋,焊接钢筋网片或钢筋应伸入过梁两端墙内不小于600 mm。

⑥顶层及女儿墙砂浆强度等级不低于M7.5(Mb7.5、Ms7.5)。

⑦女儿墙应设置构造柱,构造柱间距不宜大于4 m,构造柱应伸至女儿墙顶并与现浇钢筋混凝土压顶整浇在一起。

⑧顶层挑梁末端下墙体灰缝内设置3道焊接钢筋网片(纵向钢筋不宜少于2 Φ 4,横筋间距不宜大于200 mm)或2 Φ 6钢筋,钢筋网片或钢筋应自挑梁末端伸入两边墙体不小于1 m。

⑨房屋顶层端部墙体内适当增设构造柱。

(3)为了防止或减轻房屋底层墙体的裂缝,可根据情况采取下列措施:

①增大基础圈梁的刚度。

②在底层的窗台下墙体灰缝内设置3道焊接钢筋网片或2 Φ 6钢筋,并伸入两边窗间墙内不小于600 mm。

③采用钢筋混凝土窗台板,窗台板嵌入窗间墙内不小于600 mm。

④墙体转角处和纵横墙交接处宜沿竖向每隔400~500 mm设拉结钢筋,其数量为每120 mm墙厚不少于1 Φ 6或焊接钢筋网片,埋入长度从墙的转角或交接处算起,每边不小于600 mm。

⑤对灰砂砖、粉煤灰砖、混凝土砌块或其他非烧结砖,宜在各层门、窗过梁上方的水平灰缝内及窗台下第一道和第二道水平灰缝内设置焊接钢筋网片或2 Φ 6钢筋,焊接钢筋网片或钢筋应伸入两边窗间墙内不小于600 mm。当灰砂砖、粉煤灰砖、混凝土砌块或其他非烧结砖实体墙长大于5 m时,宜在每层墙高度中部设置2~3道焊接钢筋网片或3 Φ 6的通长水平钢筋,竖向间距宜为500 mm。

(4)为了防止或减轻混凝土砌块房屋顶层两端和底层第一、第二开间门窗洞处的裂缝,可采取下列措施:

①在门窗洞口两侧不少于一个孔洞中设置不小于1 Φ 12钢筋,钢筋应在楼层圈梁或基础锚固,并采用不低于Cb20灌孔混凝土灌实。

②在门窗洞口两边的墙体的水平灰缝中,设置长度不小于900 mm、竖向间距为400 mm的2 Φ 4焊接钢筋网片。

③在顶层和底层设置通长钢筋混凝土窗台梁,窗台梁的高度宜为砌块高的模数,纵筋不少于4 Φ 10,箍筋Φ 6@200,Cb20混凝土。

(5)当房屋刚度较大时,可在窗台下或窗台角处墙体内设置竖向控制缝。在墙体高度或厚度突然变化处也宜设置竖向控制缝,或采取其他可靠的防裂措施。竖向控制缝的构造和嵌缝材料应能满足墙体平面外传力和防护的要求。

(6)灰砂砖、粉煤灰砖砌体宜采用黏结性好的砂浆砌筑,混凝土砌块砌体应采用砌块专用砂浆砌筑。

(7)对防裂要求较高的墙体,可根据情况采取专门措施。

三、圈梁、过梁、墙梁

(一)圈梁

为了增加砌体房屋的整体刚度,防止地基的不均匀沉降或较大的振动荷载等对房屋引起的不利影响,应在墙体的某些部位设置现浇钢筋混凝土圈梁。

1. 圈梁的设置

(1)住宅、办公楼等多层砌体结构民用房屋,当层数为3~4层时,应在底层和檐口标高处各设置一道圈梁;当层数超过4层时,除应在底层和檐口标高处各设置一道圈梁外,至少应在所有纵、横墙上隔层设置。多层砌体工业房屋,应每层设置现浇混凝土圈梁。设置墙梁的多层砌体结构房屋,应在托梁、墙梁顶面和檐口标高处设置现浇钢筋混凝土圈梁。

(2)厂房、仓库、食堂等空旷单层房屋应按下列规定设置圈梁:

①砖砌体结构房屋,当檐口标高为5~8 m时,应在檐口标高处设置圈梁一道;当檐口标高大于8 m时,应增加设置数量。

②砌块及料石砌体结构房屋,当檐口标高为 4 ~ 5 m 时,应在檐口标高处设置圈梁一道;当檐口标高大于 5 m 时,应增加设置数量。

③对于有吊车或较大振动设备的单层工业房屋,当未采取有效的隔振措施时,除在檐口或窗顶标高处设置现浇混凝土圈梁外,尚应增加设置数量。

建筑在软弱地基或不均匀地基上的砌体结构房屋,除按上述规定设置圈梁外,尚应符合国家标准《建筑地基基础设计规范》(GB 50007—2011)的有关规定。

2. 圈梁的构造要求

(1)混凝土圈梁的宽度宜与墙厚相同,当墙厚不小于 240 mm 时,其宽度不宜小于墙厚的 2/3。圈梁高度不应小于 120 mm。纵向钢筋数量不应少于 4 根,直径不应小于 10 mm,绑扎接头的搭接长度按受拉钢筋考虑,箍筋间距不应大于 300 mm。

(2)圈梁宜连续地设在同一水平面上,并形成封闭状;当圈梁被门窗洞口截断时,应在洞口上部增设相同截面的附加圈梁。附加圈梁与圈梁的搭接长度不应小于其中到中垂直间距的 2 倍,且不得小于 1 m。

(3)纵、横墙交接处的圈梁应可靠连接。刚弹性和弹性方案房屋,圈梁应与屋架、大梁等构件可靠连接。

(4)当圈梁兼作过梁时,过梁部分的钢筋应按计算面积另行增配。

(5)采用现浇混凝土楼(屋)盖的多层砌体结构房屋,当层数超过 5 层时,除应在檐口标高处设置一道圈梁外,可隔层设置圈梁,并应与楼(屋)面板一起现浇。未设置圈梁的楼面板嵌入墙内的长度不应小于 120 mm,并沿墙长配置不少于 2 根直径为 10 mm 的纵向钢筋。

(二)过梁

为了承受门窗洞口上部墙体重力和楼盖传来的荷载,在门窗洞口顶部设置的梁称为过梁。对于有较大振动荷载或可能产生不均匀沉降的房屋,应采用钢筋混凝土过梁。当过梁的跨度不大于 1.5 m 时,可采用钢筋砖过梁;当过梁的跨度不大于 1.2 m 时,可采用砖砌平拱过梁。

1. 过梁上的荷载

(1)对于砖和砌块砌体,当梁、板下的墙体高度 $h_w < L_n$(L_n 为过梁的净跨)时,过梁应计入梁、板传来的荷载,否则可不考虑梁、板荷载。

(2)对于砖砌体,当过梁上的墙体高度 $h_w < L_n/3$ 时,墙体荷载应按墙体的均布自重采用,否则应按高度为 $L_n/3$ 墙体的均布自重来采用。

(3)对于砌块砌体,当过梁上的墙体高度 $h_w < L_n/2$ 时,墙体荷载应按墙体的均布自重采用,否则应按高度为 $L_n/2$ 墙体的均布自重采用。

2. 过梁的构造要求

砖砌过梁截面计算高度内的砂浆不宜低于 M5(Mb5、Ms5),砖砌平拱用竖砖砌筑部分的高度不应小于 240 mm。

钢筋砖过梁底面砂浆层处的钢筋,其直径不应小于 5 mm,间距不宜大于 120 mm,钢筋伸入支座砌体内的长度不宜小于 240 mm,砂浆层的厚度不宜小于 30 mm。

钢筋混凝土过梁截面形式有矩形和 L 形等,一般内墙均为矩形,北方寒冷地区外墙由于保温需要做成 L 形,过梁的截面高度应为砖厚的整数倍,如 120 mm、180 mm、240 mm 等,过梁在墙上的支承长度一般为 240 mm。

（三）墙梁

由钢筋混凝土及支承在托梁上计算高度范围内的砌体墙组成的组合构件称为墙梁。

1. 墙梁的设计要求

采用烧结普通砖砌体、混凝土普通砖砌体、混凝土多孔砖砌体和混凝土砌块砌体的墙梁设计应符合下列规定：

（1）墙梁设计应符合表 6-6 的规定。

表 6-6　墙梁的一般规定

墙梁类别	墙体总高度（m）	跨度（m）	墙体高跨比 h_w/l_{0i}	托梁高跨比 h_b/l_{0i}	洞宽跨比 b_h/l_{0i}	洞高 h_h
承重墙梁	≤18	≤9	≥0.4	≥1/10	≤0.3	$\leqslant 5h_w/6$ 且 $h_w-h_h\geqslant 0.4$ m
自承重墙梁	≤18	≤12	≥1/3	≥1/15	≤0.8	—

注：墙体总高度指托梁顶面到檐口的高度，带阁楼的坡屋面应算到山尖墙 1/2 高度处。

（2）墙梁计算高度范围内每跨允许设置一个洞口。洞口高度：对于窗洞，取洞顶至托梁顶面距离；对于自承重墙梁，洞口至边支座中心的距离不应小于 0.1 洞口宽，门窗洞上口至墙顶的距离不应小于 0.5 m。

（3）洞口边缘至支座中心的距离，距边支座不应小于墙梁计算跨度的 15%，距中支座不应小于墙梁计算跨度的 7%。当托梁支座处上部墙体设置混凝土构造柱且构造柱边缘至洞口边缘的距离不小于 240 mm 时，洞口边至支座中心距离的限值可不受本规定限制。

（4）托梁高跨比，对于无洞口墙梁，不宜大于 1/7；对于靠近支座有洞口的墙梁，不宜大于 1/6。配筋砌块砌体墙梁的托梁高跨比可适当放宽，但不宜小于 1/14；当墙梁结构中的墙体均为配筋砌块砌体时，墙体总高度可不受本规定限制。

2. 墙梁的构造要求

（1）托梁和框支柱的混凝土强度等级不应低于 C30。

（2）承重墙梁的块体强度等级不应低于 MU10，计算高度范围内墙体的砂浆强度等级不应低于 M10（Mb10）。

（3）框支墙梁的上部砌体房屋以及设有承重的简支墙梁或连续墙梁的房屋，应满足刚性方案房屋的要求。

（4）墙梁的计算高度范围内的墙体厚度，对于砖砌体，不应小于 240 mm；对于混凝土砌块砌体，不应小于 190 mm。

（5）墙梁洞口上方应设置混凝土过梁，其支承长度不应小于 240 mm；洞口范围内不应施加集中荷载。

（6）承重墙梁的支座处应设置落地翼墙，翼墙厚度，对于砖砌体，不应小于 240 mm；对于混凝土砌块砌体，不应小于 190 mm，翼墙宽度不应小于墙梁墙体厚度的 3 倍，并与墙梁墙体同时砌筑。当不能设置翼墙时，应设置落地且上下贯通的混凝土构造柱。

（7）当墙梁墙体在靠近支座 1/3 跨度范围内开洞时，支座处应设置落地且上下贯通的混凝土构造柱，并应与每层圈梁连接。

（8）墙梁计算高度范围内的墙体，每天可砌筑高度不应超过 1.5 m，否则，应加设临时支撑。

(9)托梁两侧各两个开间的楼盖应采用现浇混凝土楼盖,楼板厚度不应小于120 mm,当楼板厚度大于150 mm时,应采用双层双向钢筋网,楼板上应少开洞,当洞口尺寸大于800 mm时,应设洞口边梁。

(10)托梁每跨底部的纵向受力钢筋应通长设置,不应在跨中弯起或截断;钢筋连接应采用机械连接或焊接。

(11)托梁跨中截面的纵向受力钢筋总配筋率不应小于0.6%。

(12)托梁上部通长布置的纵向钢筋面积与跨中下部纵向钢筋面积之比值不应小于0.4;连续墙梁或多跨框支墙梁的托梁支座上部附加纵向钢筋从支座边缘算起每边延伸长度不应小于$l_0/4$。

(13)承重墙梁的托梁在砌体墙、柱上的支承长度不应小于350 mm,纵向受力钢筋伸入支座的长度应符合受拉钢筋的锚固要求。

(14)当托梁截面高度$h_b \geq 450$ mm时,应沿梁截面高度设置通长水平腰筋,其直径不应小于12 mm,间距不应大于200 mm。

(15)对于洞口偏置的墙梁,其托梁的箍筋加密区范围应延到洞口外,距洞边的距离大于等于托梁截面高度h_b,箍筋直径不应小于8 mm,间距不应大于100 mm。

【知识链接】 砌体结构房屋承重墙布置的四种方案

1. 横墙承重体系

在多层住宅、宿舍中,横墙间距较小,可做成横墙承重体系,楼面和屋面荷载直接传至横墙和基础。这种承重体系由于横墙间距小,因此房屋空间刚度较大,有利于抵抗水平风载和地震作用,也有利于调整房屋的不均匀沉降。

2. 纵墙承重体系

在食堂、礼堂、商店、单层小型厂房中,将楼、屋面板(或增设檩条)铺设在大梁(或屋架)上,大梁(或屋架)放置在纵墙上,当进深不大时,也可将楼、屋面板直接放置在纵墙上,通过纵墙将荷载传至基础,这种体系称为纵墙承重体系。纵墙承重体系可获得较大的使用空间,但这类房屋的横向刚度较差,应加强楼、屋盖与纵墙的连接,这种体系不宜用于多层建筑物。

3. 纵横墙承重体系

在教学楼、实验楼、办公楼、医院门诊楼中,部分房屋需要做成大空间,部分房间可以做成小空间,根据楼、屋面板的跨度,跨度小的方向将板直接搁置在横墙上,跨度大的方向可加设大梁,板荷载传至大梁,大梁支承在纵墙上,这样设计成纵横墙同时承重,这种体系布置灵活,其空间刚度介于上述两种体系之间。

4. 内框架承重体系

在商场、多层厂房中,常需要较大的空间,可在房屋中部设柱,大梁一端支承在柱上,另一端支承在周边承重墙上,这样,在大梁中部形成内框架承重体系。这种体系房屋横墙少,空间刚度差,且柱基础与基础形式不同,容易产生不均匀沉降。

本章小结

1. 砌体结构是指用各种块材通过砂浆铺缝砌成的结构。块材的符号用MU,砂浆的符号用 M。材料的强度等级用上述符号与按标准试验方法得到的材料抗压极限强度的平均值来表示。砌体主要用于抗压。影响砌体抗压强度的因素主要有块材和砂浆的强度、块材的尺寸与形状、砂浆铺砌时的流动性和砌筑质量等。

2. 根据房屋的空间工作性能,砌体结构房屋的静力计算分为三种方案,即刚性方案、刚弹性方案和弹性方案。一般混合结构多层砖房多为刚性方案房屋。

3. 高厚比的验算是砌体结构的一项重要的构造措施,带壁柱墙和带构造柱墙与一般墙的高厚比验算不同,带壁柱墙和构造柱墙除验算整片墙的高厚比外,还应验算壁柱和构造柱间墙的高厚比。

4. 圈梁的作用主要是加强砌体结构的整体刚度以及防止因地基的不均匀沉降对墙体引起的不利影响。为抵抗地基不均匀沉降的影响,圈梁宜设在基础顶面和檐口部位,其他各层可视具体情况设置。过梁是门窗洞口顶部用于承受洞口上部墙体和楼面荷载的梁,按一般简支梁进行设计。墙梁是由钢筋混凝土托梁及支承在托梁上计算高度范围内的砌体墙组成的组合构件,分为承重墙梁和非承重墙梁,主要用来解决底层大空间、上部小房间的矛盾。

思考练习题

一、填空题

1. 与混合砂浆相比,水泥砂浆的流动性较________、保水性较________。

2. 当砂浆和块体的强度相同时,用水泥砂浆砌筑的砌体强度________于用混合砂浆砌筑的砌体强度。

3. 为保证砌体墙、柱的稳定性,需限制其________。

4. 砖的强度等级是根据抗压强度和________综合确定的。

5. 地震区的混合结构房屋应按抗震构造要求设置构造柱和________。

二、思考题

1. 烧结普通砖与烧结多孔砖的强度等级如何划分? 砌体砂浆按其配合成分可分为哪几种? 各有什么特点?

2. 配筋砌体分为哪几类? 各有什么特点?

3. 试述影响砌体抗压强度的主要因素。

4. 怎样计算砌体受压构件的承载力?

5. 砌体结构房屋的静力计算有几种方案? 根据什么条件确定房屋属于哪种方案?

6. 圈梁是什么? 主要构造要求有哪些?

第七章　钢结构

【学习目标】

通过本章学习，了解钢结构的结构形式，主要包括了解钢结构与其他结构相比较的优点及缺点，了解钢结构的发展现状及发展趋势，了解钢结构的主要应用范围。掌握建筑钢材的主要力学性能及常用钢材的规格与品种，以及在实际工程中如何进行钢材的选用。掌握钢结构的连接，主要包括理解焊接连接的特点及常用焊缝的形式，掌握对接焊缝在轴心力作用下的连接计算，理解螺栓连接的特点及螺栓的排列，掌握普通螺栓的工作性能，掌握高强螺栓的工作性能。了解钢结构的基本受力构件，主要包括了解轴心受力构件的构造要求，了解受弯构件的构造要求，了解拉弯和压弯构件的受力要求。

第一节　概　述

钢结构是指以钢材制作为主，由型钢和钢板通过焊接、螺栓连接或铆接而制成的工程结构，是主要的建筑结构类型之一。

一、钢结构的特点、应用和发展

（一）钢结构的特点

1. 经济性

钢结构建筑采用先进的设计和加工工艺以及大规模的生产方式，所以可大大地降低造价。同时，由于安装简单迅速而节省大量的施工费用，并使企业或开发商得以更快投产见效。

2. 施工进度

钢结构建筑能够快速地交货和安装，在合同签订后的四五个月内建筑物可望安装完成，且基本不受冬季施工的影响。

3. 承载能力

钢材强度高，结构质量轻，钢与砖石和混凝土相比，虽然密度较大，但强度更高，故其密度与强度的比值较小，承受同样荷载时，钢结构要比其他结构轻。例如，当跨度和荷载均相同时，钢屋架的质量仅为钢筋混凝土屋架的 1/4 ~ 1/3，冷弯薄壁型钢屋架甚至接近 1/10。

4. 基础造价

钢结构建筑由于结构质量轻，柱底反力较小，从而节省大量的地基处理费用。

5. 抗震性

钢结构建筑在破坏前有较大的变形，易于觉察和躲避。同时，由于质量轻和节点力学特性，钢结构建筑具有好的抗震性能。

6. 大空间及平面布置

钢结构建筑内部空间宽敞，最多可以达到 60 m 的跨度。可较轻松地进行扩建和改建，可灵活布设各种工业管线。

7. 移动性

钢结构建筑可采用螺栓连接，只需不多费用就可以很容易地被拆散、转移和异地组装，有很强的移动性。传统的钢筋混凝土建筑基本上不存在移动的可能性。

8. 美观性

钢结构建筑诸如网架结构等，具有较强烈的时代感和多变的外表，适于表达建筑师的想象。

9. 抗腐蚀性和耐火性

钢结构建筑如果长期暴露于空气或潮湿的环境中而未加有效的防护时，表面就会锈蚀。钢结构建筑耐热不耐火，由于钢材的特性，钢结构在 450 ~ 650 ℃就会失去承载能力。

（二）钢结构的应用

1. 大跨结构

结构跨度越大，自重在荷载中所占的比例就越大，减轻结构的自重会带来明显的经济效益。钢材强度高、结构质量轻的优势正好适合于大跨结构，因此钢结构在大跨空间结构和大跨桥梁结构中得到了广泛的应用。所采用的结构形式有空间桁架、网架、网壳、悬索（包括斜拉体系）、张弦梁、实腹或格构式拱架和框架等。

2. 工业厂房

吊车起重量较大或者其工作较繁重的车间的主要承重骨架多采用钢结构。另外，有强烈辐射热的车间也经常采用钢结构。结构形式多为由钢屋架和阶形柱组成的门式刚架或排架，也有采用网架做屋盖的结构形式。

3. 受动力荷载影响的结构

由于钢材具有良好的韧性，设有较大锻锤或产生动力作用的其他设备的厂房，即使屋架跨度不大，也往往由钢制成。对于抗震能力要求高的结构，采用钢结构也是比较适宜的。

4. 多层和高层建筑

由于钢结构的综合效益指标优良，近年来在多、高层民用建筑中也得到了广泛的应用。其结构形式主要有多层框架、框架 - 支撑结构、框筒、悬挂、巨型框架等。

5. 高耸结构

高耸结构包括塔架和桅杆结构，如高压输电线路的塔架、广播、通信和电视发射用的塔架和桅杆、火箭（卫星）发射塔架等。

6. 可拆卸的结构

钢结构不仅质量轻，还可以用螺栓或其他便于拆装的手段来连接，因此非常适用于需要搬迁的结构，如建筑工地、油田和需野外作业的生产与生活用房的骨架等。钢筋混凝土结构施工用的模板和支架以及建筑施工用的脚手架等也大量采用钢材制作。

7. 容器和其他构筑物

冶金、石油、化工企业中大量采用钢板做成的容器结构，包括油罐、煤气罐、高炉、热风炉等。此外，经常使用的还有皮带通廊栈桥、管道支架、锅炉支架等其他钢构筑物，海上采油平台也大都采用钢结构。

8. 轻型钢结构

钢结构质量轻不仅对大跨结构有利，对屋面活荷载特别轻的小跨结构也有优越性。因为当屋面活荷载特别轻时，小跨结构的自重也成为一个重要因素。冷弯薄壁型钢屋架在一定条件下的用钢量可比钢筋混凝土屋架的用钢量还少。轻钢结构的结构形式有实腹变截面门式刚架、冷弯薄壁型钢结构(包括金属拱形波纹屋盖)以及钢管结构等。

(三)钢结构的发展

1. 发展趋势

1)高效钢材

(1)低合金钢。利用添加少量合金元素(锰、钒、钛、稀土等)提高钢材的强度和改善一些性能,从而达到降低钢材用量和延长钢材使用寿命等目的,以取得良好的经济效益。其中耐候钢(耐大气腐蚀钢)亦是低合金钢中大力发展的钢种。由于耐候钢暴露在大气条件下时,表面可形成一层非常致密且附着力很强的稳定锈层,从而阻止外界腐蚀介质的侵入,减缓金属继续腐蚀的速度,因此耐候钢可大量节约涂漆和维护费用。

(2)热强化钢材。是指经控制轧制(控制终轧温度及压缩率,加大轧制压力)、控制冷却(包括轧制候余热直接淬火)和热处理(淬火、淬火加回火、正火等)的各类钢材。由于经热强化后,钢材的内部组织经过调整,其强度、韧性等均有显著提高,如钢轨经热强化后,寿命可较一般钢延长 1 ~2 倍。

(3)经济截面钢材。经济截面钢材包括 H 型钢、T 型钢、异形型钢、钢管及冷弯型钢、压型钢板等。由于截面形状合理,故在用钢量相等的情况下,其截面惯性矩可比一般截面型材的大,且使用方便,能高效地发挥钢材的性能,节约钢材和降低钢结构制造费用。

(4)镀层、涂层、复合等表面处理钢材。包括镀保护金属(锌、铝或铝锌合金)的镀层钢板、涂有机物(油漆和塑料)的涂层钢材、表面复合不同钢种的复合钢材。它们亦可统称为覆层钢材。

(5)冷加工钢材。是指经过冷轧、冷拔和冷挤压的钢材。由于产生冷加工硬化,故其强度大为提高,可节约钢材,但应注意塑性、韧性会降低。目前,应用较广的冷轧薄板一般可节约钢材约 30% ,而生产费用仅增加约 10% 。

(6)金属制品。一般是指钢绞线、钢丝、钢丝绳等。由于经冷拔的钢丝及其制品钢绞线、钢丝绳等有较高的抗拉强度,可比普通线材极大地节约钢材。钢丝、钢绞线除了用于预应力结构中,钢绞线亦是钢结构中悬索结构的主要材料。

2)新型结构

新型结构包括:

(1)轻型钢结构。

(2)空间结构。

(3)预应力结构。

(4)组合结构。

2. 发展前景

1)物质基础

(1)自 1996 年至今,中国钢产量屡创新高,连续居世界之首。

(2)国内生产的钢材规格完全可以满足钢结构建筑所需。

2)政策支持

20 世纪 90 年代,国家提出发展推广钢结构的政策,由原来的“节约用钢”改为“合理用钢”。

由于经济发展的需要,机场、剧院、体育馆等高层、大跨度、大空间的建筑工程与日俱增,这些建筑物大多采用钢结构。

钢结构建筑由于取材对环境破坏小，造型美观，施工周期短，抗震性能好，造价容易控制，适合不同气候条件和大气环境等优点，已经越来越受到业主青睐。目前，主要应用于厂房、超市、展厅、体育馆、大跨（跨度 $L \geqslant 60$ m）、多层、高层、桥梁等。

【小贴士】

北京奥运会的比赛场馆鸟巢（见图 7-1）、水立方、五棵松体育馆等，都是大跨度空间钢结构，除受力要求外，应用钢结构的结构形式更能体现结构的美感。

图 7-1　北京奥运会主场馆——鸟巢

二、钢材的主要力学性能

钢材种类繁多，性能差别很大，适用于钢结构的钢材仅是其中的一小部分。用作钢结构的钢材必须具备下列性能：较高的强度，较强的变形能力，良好的加工性能。此外，根据结构的具体工作条件，还要求钢材具有适应低温、高温和腐蚀性环境的能力。同时，钢材还应价格便宜，以降低工程造价。

（一）钢材的机械性能

钢材的机械性能反映了钢材的内在质量及受力后的特性，需经拉伸试验、冷弯试验和冲击韧性试验测定。

1. 强度和塑性

强度是材料受力时抵抗破坏的能力。图 7-2 为低碳钢在常温、静载条件下，单向拉伸试验时的应力—应变曲线。拉伸试验提供三项机械性能指标：屈服点、抗拉强度和伸长率。

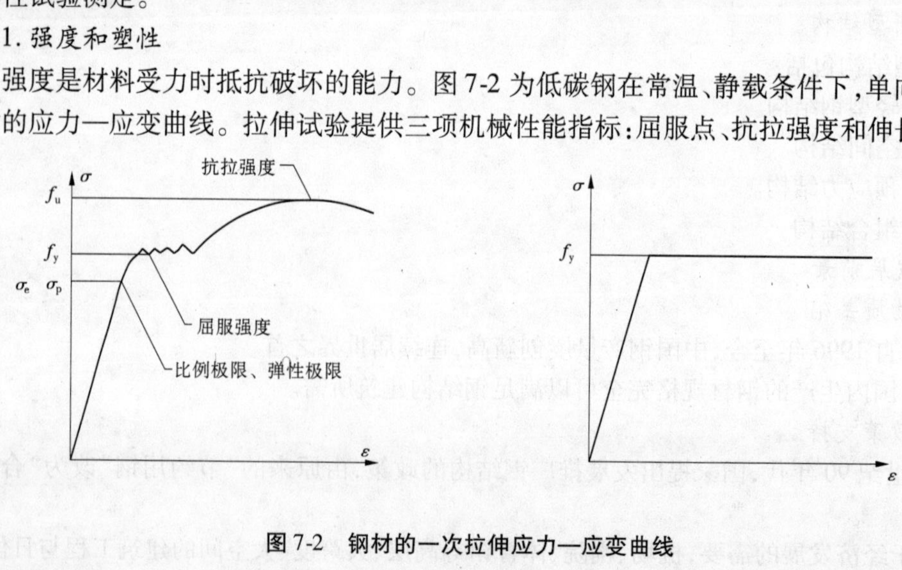

图 7-2　钢材的一次拉伸应力—应变曲线

2. 冷弯性能

冷弯试验如图 7-3 所示。在试验机上，按规定的弯心直径 d 将试件冷弯 180°，观察试件外表面有无裂纹、分层等。

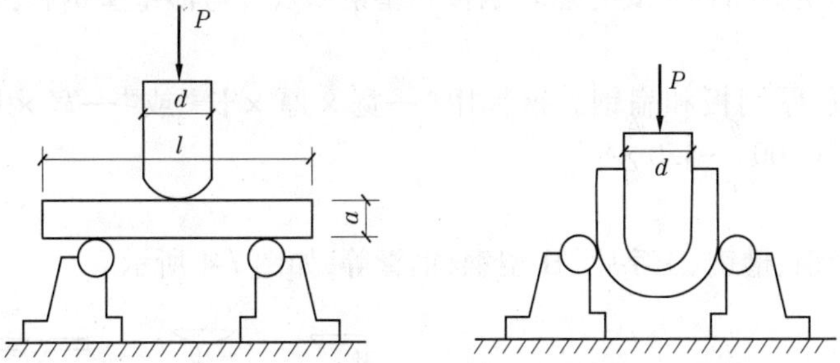

图 7-3　钢材冷弯试验

冷弯性能是衡量钢材在常温下经受冷加工的能力，是衡量钢材质量的综合指标。

（二）钢材强度设计指标

钢材的强度设计值见表 7-1。

表 7-1　钢材的强度设计值

钢材		抗拉、抗压和抗弯强度	抗剪强度	端面承压（刨平顶紧）
牌号	厚度或直径（mm）	f（N/mm²）	f_v（N/mm²）	f_{ce}（N/mm²）
Q235 钢	≤16	215	125	325
	>16～40	205	120	
	>40～60	200	115	
	>60～100	190	110	
Q345 钢	≤16	310	180	400
	>16～40	295	170	
	>40～60	265	155	
	>60～100	250	145	
Q390 钢	≤16	350	205	415
	>16～40	335	190	
	>40～60	315	180	
	>60～100	295	170	
Q420 钢	≤16	380	220	440
	>16～40	360	210	
	>40～60	340	195	
	>60～100	325	185	

注：表中厚度是指计算点的钢材厚度，轴心受拉和轴心受压构件是指截面中较厚板件的厚度。

三、钢材的规格、品种及选用

(一)钢材的规格

钢结构所用的钢材品种主要有热轧钢板和型钢以及冷弯薄壁型钢和压型钢板。

1. 钢板

钢板有薄钢板、厚钢板和扁钢。钢板用"—宽×厚×长"或"—宽×厚"表示,单位为mm,如—450×8×3 100,—450×8。

2. 型钢

型钢主要有角钢、槽钢、工字钢、H 型钢、钢管等,如图 7-4 所示。

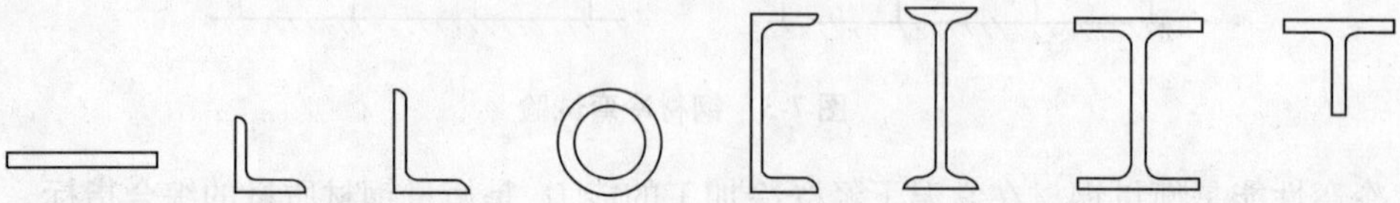

图 7-4　型钢的规格

(1)角钢。分等肢(边)角钢和不等肢(边)角钢两种。等肢角钢的表示方法:"∟肢宽×肢厚",如∟110×8,表示肢宽 110 mm、肢厚 8 mm 的等肢角钢;不等肢角钢的表示方法:∟长肢宽×短肢宽×肢厚,如∟100×80×10,表示长肢宽 100 mm、短肢宽 80 mm、肢厚 10 mm 的不等肢角钢。

(2)槽钢。分普通槽钢和轻型槽钢两种。普通槽钢用代表槽钢的符号及截面高度的厘米数表示:如[30a表示截面高度 300 mm,肢板厚度较薄的普通槽钢;轻型槽钢的表示方法是在前述普通槽钢符号后加"Q",即表示轻型槽钢。如[25Q 表示截面高度为 250 mm 的轻型槽钢。因轻型槽钢腹板均较薄,故不再按厚度划分。

(3)工字钢。工字钢也分普通工字钢和轻型工字钢两种,其表示方法与槽钢类似。如 I 32a表示截面高度为 320 mm、腹板较薄的普通工字钢。I 32Q 表示截面高度为 320 mm 的轻型工字钢。

(4)H 型钢。H 型钢是世界各国广泛使用的热轧型钢,与普通工字钢相比,其翼缘内外两侧平行,便于与其他构件相连。它分为宽翼缘 H 型钢(代号 HW)、中翼缘 H 型钢(代号 HM)、窄翼缘 H 型钢(代号 HN)。各种 H 型钢均可剖分为 T 型钢使用,代号分别为 TW、TM 和 TN。H 型钢和 T 型钢的表示方法:高度 H × 宽度 B × 腹板厚度 t_1 × 翼缘厚度 t_2。如 HM340×250×9×14,其剖分 T 型钢为 TM170×250×9×14,单位均为 mm。

(5)钢管。分无缝钢管及焊接钢管两种。以"Φ"后面加"外径×厚度"(mm)表示,如 Φ 400×6,表示外径为 400 mm、厚度为 6 mm 的钢管。

3. 冷弯薄壁型钢和压型钢板

薄壁型钢是用 1.5～6 mm 薄钢板经冷弯或模压而成型的,如图 7-5 所示。压型钢板(见图 7-5)是薄壁型钢的一种形式,用厚度为 0.4～2 mm 的薄钢板、镀锌钢板或表面涂有彩色油漆的彩色涂层钢板经冷轧(压)成型,是近年发展起来的一种新型板材,多用作轻型屋面板等构件。

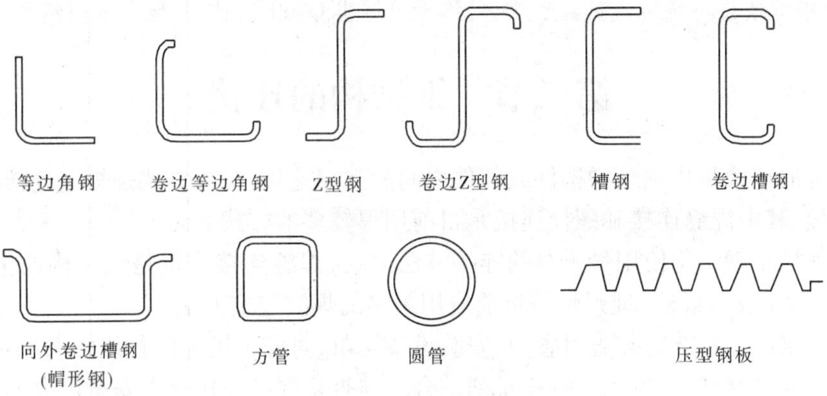

图 7-5　冷弯薄壁型钢

薄壁型钢和压型钢板自重小，节省材料，十分经济，但薄壁对锈蚀的影响比较敏感。

（二）钢材的品种

钢材的种类繁多，按化学成分可分为碳素钢和低合金钢，按用途可分为结构钢、工具钢和特殊用途钢，按冶炼方法可分为平炉钢、氧气转炉钢等，按浇铸方法可分为沸腾钢、半镇静钢、镇静钢和特殊镇静钢。我国建筑结构用钢中常见的钢材是碳素结构钢和低合金钢。

碳素结构钢的牌号由屈服点的汉语拼音开头字母 Q、屈服点数值、质量等级符号（A、B、C、D）、脱氧方法符号四个部分按顺序组成，如 Q235 – A · F 代表屈服点为 235 N/mm^2、质量等级为 A 级的沸腾钢；Q235 – B 代表屈服点为 235 N/mm^2、质量等级为 B 级的镇静钢。

（三）钢材的选用

钢材选用的原则是：结构安全可靠，用材经济合理。一般应考虑以下几点：

（1）结构的重要性。重要结构或构件对钢材要求高。

（2）荷载的特征。承受动力荷载的结构对钢材要求较高。

（3）连接方法。焊接结构要求钢材具有可焊性。

（4）工作条件。如环境温度对钢材的要求。

（5）钢材厚度。钢材机械性能一般随厚度增大而降低，钢材经多次轧制后，钢的内部组织更为紧密，强度更高，质量更好。

一般钢结构的构件多选用 Q235 钢，对于荷载和跨度较大、低温环境以及承受较大动力荷载的构件，可选用 Q345 或 Q390。建筑结构中通常采用 Q235 沸腾钢便可满足要求，但低温条件和较大动力荷载下不宜用沸腾钢。

结构用钢至少必须有屈服强度、抗拉强度和伸长率三项机械性能指标（统称三项保证），同时应有硫、磷含量的合格保证。焊接结构还需碳含量的合格保证。

对于某些重要结构的钢材，如吊车梁、大跨度厂房的屋架、托架和柱等，应有冷弯试验的合格保证（与前三项保证合称四项保证）。

对重级工作制和吊车起重量大于等于 50 t 的中级工作制吊车梁等构件的钢材，应具有常温（20 ℃）冲击韧性的合格保证（与前四项保证合称五项保证）。低温工作时，还需有 0 ℃、–20 ℃和 –40 ℃时低温冲击韧性的合格保证（与前五项保证合称六项保证）。

【小贴士】

鸟巢钢结构的主要用材是 Q460 钢，在这之前，国内从未生产过这种钢材，更没有用在建筑结构上，舞阳钢铁公司科研人员经过攻关，终于研制出Q460钢材，实现鸟巢用钢国产化。

第二节 钢结构的连接

钢结构的连接是指钢结构构件或部件之间的互相连接，常用方式是焊缝连接、铆钉连接和螺栓连接，其中焊缝连接和螺栓连接是目前用得较多的方式。

焊缝连接是钢结构使用最主要的连接方法之一，焊缝连接质量是钢结构的生命。手工电弧焊和自动（或半自动）埋弧焊是目前应用最多的焊缝连接方法。

螺栓连接由于具有安装省时省力、安装设备简单、对施工工人的技能要求相对较低等优势，目前在钢结构中广泛应用。螺栓排列的合理与否是螺栓连接是否安全可靠的关键，螺栓的排列方式和螺栓间距都应满足规范中的相应要求及规定，如图7-6所示。

图7-6 某钢框架结构梁柱连接节点

一、钢结构的连接方法及受力特点

钢结构连接的作用就是通过一定的方式将钢板或型钢组合成构件，或将若干个构件组合成整体结构，以保证其共同工作。因此，连接方式及其质量优劣直接影响钢结构的工作性能。钢结构的连接必须符合安全可靠、传力明确、构造简单、制造方便和节约钢材的原则。连接接头应有足够的强度，要有实施连接的足够空间。

钢结构的连接方法可分为焊缝连接、铆钉连接和螺栓连接（见图7-7）。

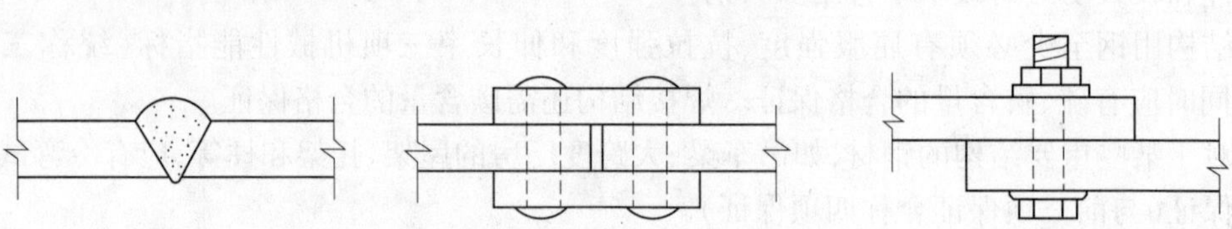

(a)焊缝连接　(b)铆钉连接　(c)螺栓连接

图7-7 钢结构的连接

焊缝连接是目前钢结构主要的连接方法。它的优点是不削弱焊件截面，连接的刚性好，构造简单，便于制造，并且可以采用自动化操作。它的缺点是会产生残余应力和残余变形，连接的塑性和韧性较差。

铆钉连接的优点是塑性和韧性较好,传力可靠,质量易于检查,适用于直接承受动力荷载结构的连接,如铁路桥梁。缺点是构造复杂,用钢量多,目前已很少采用。

螺栓连接又分为普通螺栓连接和高强度螺栓连接。普通螺栓连接的优点是施工简单、拆卸方便。缺点是用钢量多。适用于安装连接和需要经常拆卸的结构。普通螺栓又分为C级(粗制)螺栓和A级、B级(精制)螺栓。A级与B级为精制螺栓,螺栓表面光滑,尺寸准确,对成孔质量要求高。由于精度较高,因而受剪性能较C级螺栓好。但由于制作和安装复杂,价格较高,很少使用。C级为粗制螺栓,由未经加工的圆钢压制而成,表面粗糙。由于栓杆与栓孔间的间隙较大,受剪力作用时,变形较大,工作性能差。但安装方便,且能有效地传递拉力,故一般可用于沿螺栓杆受拉的连接中,以及次要结构的抗剪连接或安装时的临时固定。

高强度螺栓连接和普通螺栓连接的主要区别是:普通螺栓扭紧螺帽时螺栓产生的预拉力很小,由板面挤压力产生的摩擦力可以忽略不计。普通螺栓连接抗剪时是依靠孔壁承压和螺杆抗剪来传力。高强度螺栓除其材料强度高外,施工时还给螺杆施加很大的预拉力,使被连接构件的接触面之间产生挤压力,因此板面之间垂直于螺杆方向受剪时有很大的摩擦力,依靠接触面间的摩擦力来阻止其相互滑移,以达到传递外力的目的。高强度螺栓抗剪连接分为摩擦型连接和承压型连接,前者以滑移作为承载能力的极限状态,后者的极限状态和普通螺栓连接相同。

高强度螺栓摩擦型连接只利用摩擦传力这一工作阶段,具有连接紧密、受力良好、耐疲劳、可拆换、安装简单以及动力荷载作用下不易松动等优点,在钢结构中得到广泛应用。高强度螺栓承压型连接,起初由摩擦传力,后期则依靠螺杆抗剪和承压传力,其承载能力比摩擦型的高,可以节约钢材,也具有连接紧密、可拆换、安装简单等优点。但这种连接的剪切变形较大,不能用于直接承受动力荷载的结构。

二、焊缝连接

(一)焊缝连接方法

电弧焊是最常用的一种焊缝连接方法,俗称电焊。它是利用金属焊条与焊接件之间所形成的电弧产生高温,使焊件局部金属熔化(一般深度为1~2 mm,称为熔深),同时把熔化了的焊条金属熔滴,填充到两焊件之间的缝隙中,这样,冷却后两个构件便结成一个整体。

一般常用的电焊有手工电弧焊(见图7-8)、自动(半自动)埋弧焊(见图7-9)以及气体保护焊。

(二)焊缝连接结构的特点

焊缝连接有下列特点:不需要在钢材上打孔钻眼,既省工省时,又不使材料的截面面积受到减损,使材料得到充分利用,节约钢材;任何形状的构件都可以直接连接,一般不需要辅助零件,使连接构造简单,传力路线短,适应面广;焊缝连接的气密性和水密性都好,结构刚性也较大,结构的整体性较好。但是,由于高温作用在焊缝附近形成热影响区,钢材的金属组织和机械性能发生变化,材质变脆;焊接的残余应力会使结构发生脆性破坏和降低压杆稳定的临界荷载,同时残余变形还会使构件尺寸和形状发生变化。焊接结构具有连续性,局部裂缝一经发生便容易扩展到整体,造成整体破坏。

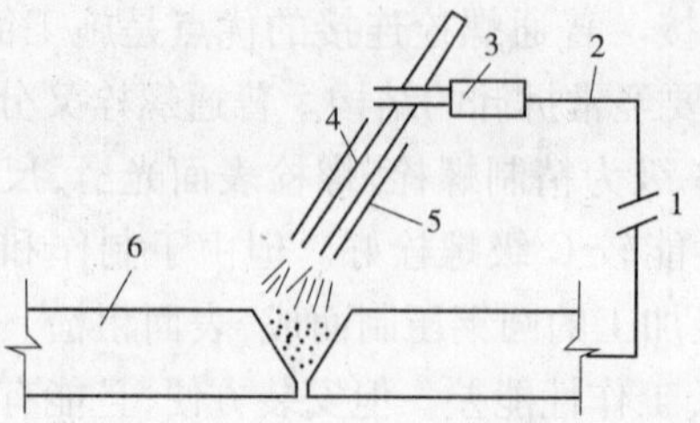

1—电源;2—导线;3—夹具;

4—焊条;5—药皮;6—焊件

图 7-8　手工电弧焊

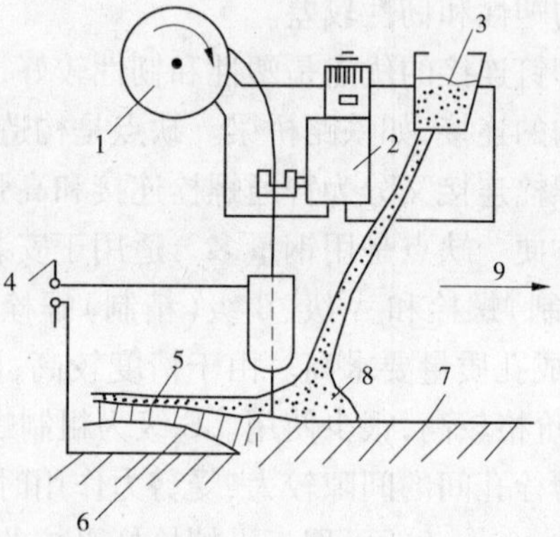

1—焊丝转盘;2—转动焊丝的电动机;3—焊剂漏斗;

4—电源;5—熔化的焊剂;6—焊缝金属;

7—焊件;8—焊剂;9—移动方向

图 7-9　自动(半自动)埋弧焊

(三)焊缝和焊缝连接形式

焊缝连接的形式可按不同的归类方式进行分类。

(1)按被连接构件之间的相对位置,可分为平接(又称对接)、搭接、顶接(又称 T 形连接)和角接四种类型。

(2)按焊缝的构造不同,可分为对接焊缝和角焊缝两种形式。按受力方向,对接焊缝又可分为对接正焊缝(正缝)和对接斜焊缝(斜缝);角焊缝可分为正面角焊缝(端缝)和侧面角焊缝(侧缝)等基本形式(见图 7-10)。

(3)按照施焊位置的不同,可分为平焊、立焊、横焊和仰焊四种(见图 7-11)。其中,平焊施焊条件最好,质量易保证,因此质量最好;仰焊的施焊条件最差,质量不易保证,在设计和制造时应尽量避免采用。

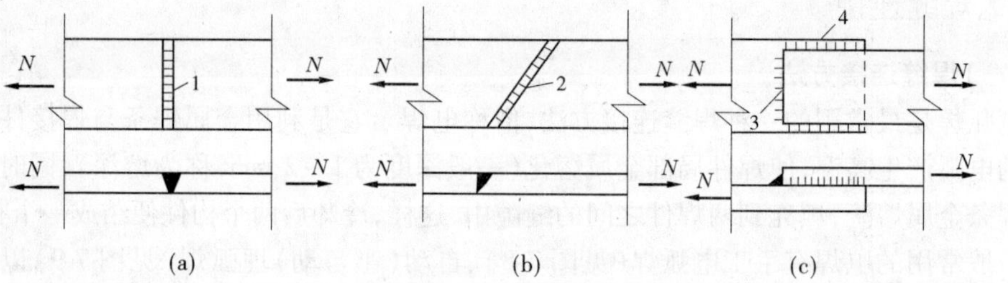

1—对接正焊缝;2—对接斜焊缝;3—正面角焊缝;4—侧面角焊缝

图 7-10　对接焊缝与角焊缝

(四)焊缝连接质量检查

《钢结构工程施工质量验收规范》(GB 50205—2001)规定:焊缝按其检验方法和质量要求分三级。其中,三级焊缝只要求对全部焊缝做外观检查;二级焊缝要求在外观检查的基础上再做无损检验,用超声波检验每条焊缝的 20% 长度,且不小于 200 mm;一级焊缝要求在外观检查的基础上用超声波检验每条焊缝全部长度,以便揭示焊缝内部缺陷。

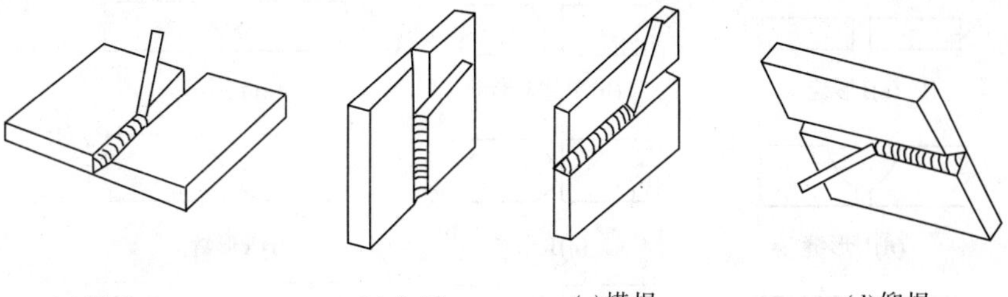

(a)平焊　(b)立焊　(c)横焊　(d)仰焊

图 7-11　焊缝施焊位置

(五)焊缝符号

焊缝符号是用于表明焊缝形式、尺寸和辅助要求,由图形符号、辅助符号和引出线等部分组成。单面焊缝的标注方式如图 7-12 所示,双面焊缝的标注方式如图 7-13 所示。

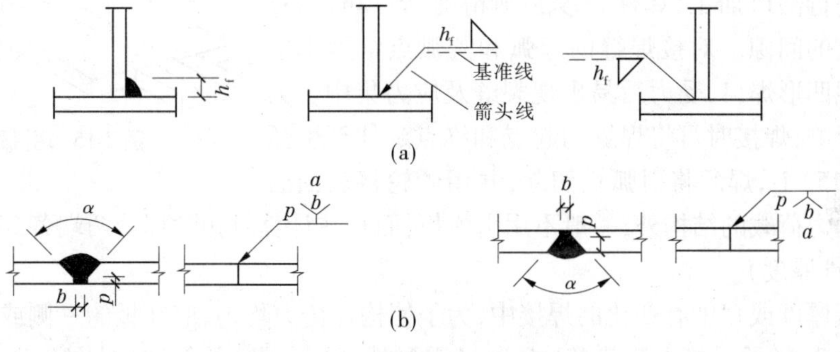

图 7-12　单面焊缝的标注方式

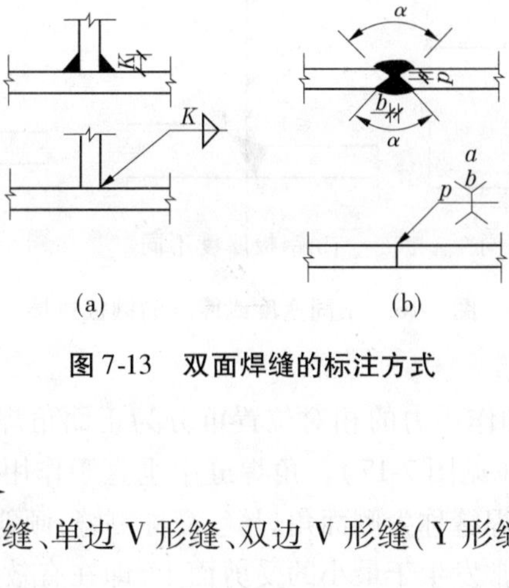

图 7-13　双面焊缝的标注方式

(六)焊缝的构造

1. 对接焊缝的构造要求

对接焊缝的形式有 I 形缝、单边 V 形缝、双边 V 形缝(Y 形缝)、U 形缝、K 形缝、X 形缝等(见图 7-14)。

当焊件厚度 t 很小($t \leqslant 6$ mm)时可采用直边缝。对于一般厚度($t=6\sim20$ mm)的焊件,可以采用有斜剖口的单边 V 形缝或双边 V 形缝。对于较厚的焊件($t \geqslant 20$ mm),则应采用 V 形缝、U 形缝、双边 V 形缝、双 Y 形缝。其中,V 形缝和 U 形缝为单边施焊,但在焊缝根部还需补焊。对于没有条件补焊时,要事先在根部加垫板,如图 7-14 中(g)、(h)、(i)所示,以保证焊透。

对接焊缝的优点是用料经济,传力平顺均匀,没有明显的应力集中,对于承受动力荷载

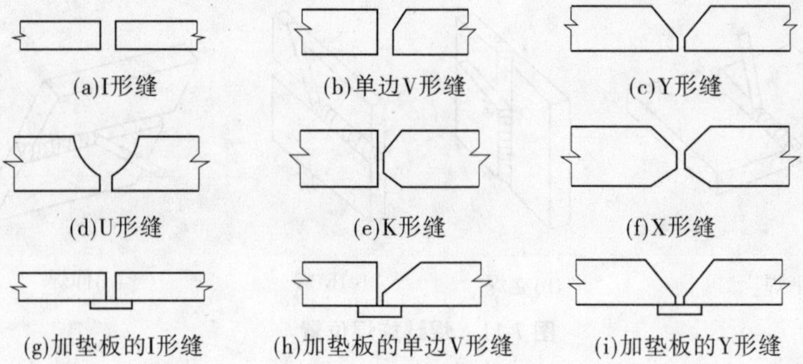

图 7-14　对接焊缝坡口形式

的焊接结构，采用对接焊缝最为有利。但对接焊缝的焊件边缘需要进行剖口加工，焊件长度必须精确，施焊时焊件要保持一定的间隙。对接焊缝的起弧和落弧点常因不能熔透而出现凹形焊口，受力后易出现裂缝及应力集中。为消除焊口影响，焊接时可将焊缝的起点和终点延伸至引弧板（见图 7-15）上，焊后将引弧板切除，并用砂轮将表面磨平。除受动力荷载的结构外，一般不用引弧板，而是在计算时扣除焊缝两端各 $2t$ 长度（此处 t 为较薄焊件厚度）。

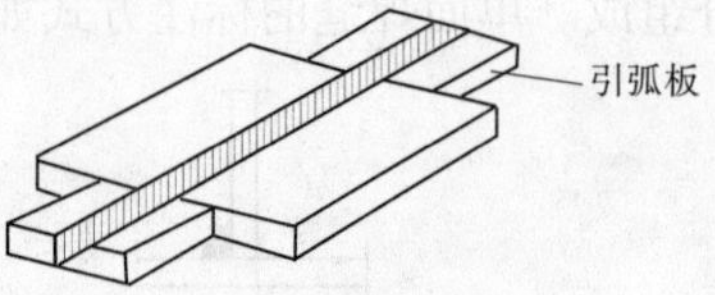

图 7-15　引弧板

在钢板厚度或宽度有变化的焊接中，为了使构件传力均匀，应在板的一侧或两侧做成坡度不大于 1∶2.5（承受静力荷载者）或 1∶4（需要计算疲劳者）的斜坡（见图 7-16），形成平缓的过渡。当板厚相差不大于 4 mm 时，可不作斜坡（见图 7-16(c)）。

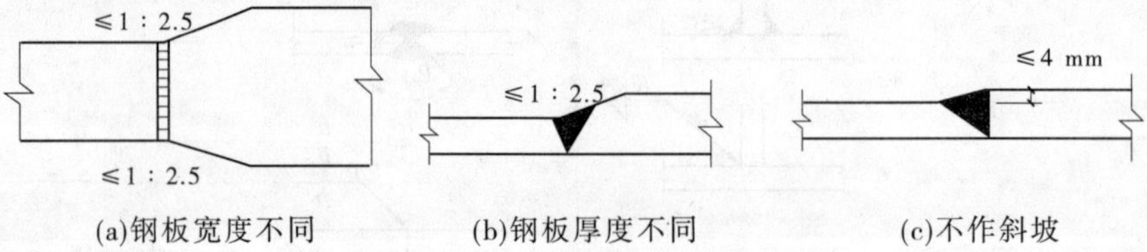

图 7-16　不同宽度或厚度的钢板拼接

2. 角焊缝的构造要求

角焊缝按其长度方向和作用力的相对位置可分为正面角焊缝（端缝）、侧面角焊缝（侧缝）、斜焊缝、围焊缝等几种（见图 7-17）。角焊缝中垂直于作用力的焊缝称为正面角焊缝，简称端缝；平行于作用力的焊缝称为侧面角焊缝，简称侧缝；倾斜于作用力的焊缝称为斜缝。侧缝主要受剪力作用，破坏常发生于最小的受剪面上，即在有效厚度 $h_e = 0.7h_f$ 所在的截面上，其破坏强度较低。端缝则同时受到较大的剪力、弯矩和轴心力作用，而且在截面突变、力线密集的焊缝根部存在很大的应力集中现象，所以破坏常从根部开始。

角焊缝的连接构造如处理得不正确，将降低连接的承载能力，所以还应注意以下几个构造问题：

（1）角焊缝的焊脚尺寸 h_f 不宜太小，对于手工焊，为 $h_f \geq 1.5\sqrt{t}$；对于自动焊，为 $h_f \geq 1.5\sqrt{t} - 1$ mm；对于 T 形连接的单面角焊缝，为 $h_f \geq 1.5\sqrt{t} + 1$ mm；以上 t 是较厚焊件的厚度

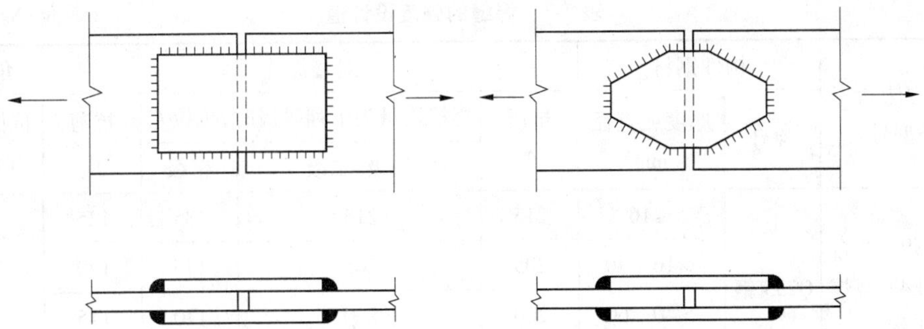

图 7-17　角焊缝的种类

(mm);当焊件厚度等于或小于 4 mm 时,则最小焊脚尺寸与焊件厚度相同。

(2)角焊缝的焊脚尺寸 h_f 亦不宜太大,以免烧伤和穿透较薄的焊件,在板边缘的角焊缝,如果 h_f 太大,还可烧伤板边,产生咬边现象。所以,最大焊脚尺寸应满足以下要求:焊缝不在板边缘为 $h_f \leq 1.2t$,t 是较薄焊件的厚度(钢管结构除外);焊缝若在板件(厚度为 t)边缘,则最大焊件尺寸应符合下列要求:当 $t \leq 6$ mm 时 $h_f \leq t$,当 $t > 6$ mm 时 $h_f \leq t-(1\sim2)$ mm。

(3)当两焊件的厚度相差较大,且采用等焊脚尺寸无法满足最大和最小焊脚尺寸的要求时,可采用不等焊脚尺寸,即与较厚焊件接触的焊脚尺寸满足 $h_f \geq 1.5\sqrt{t_{max}}$(mm),与较薄焊件接触的焊脚尺寸符合 $h_f \leq 1.2t_{min}$(mm)的要求。

(4)在侧缝连接中,侧缝的计算长度在承受静力荷载或间接承受动力荷载时不宜大于 $60h_f$,在承受动力荷载时不宜大于 $40h_f$。当大于上述数值时,其超出部分在计算中不予考虑。若内力沿侧缝全长分布,其计算长度不受此限制。

(5)角焊缝的计算长度不宜太短,侧缝或端缝的计算长度不得小于 $8h_f$ 和 40 mm。

(6)当角焊缝的端部在构件转角处时,宜连续作长度为 $2h_f$ 的绕角焊,以免起落弧位于应力集中较大的转角处。当钢板只用两条侧焊缝连接(见图 7-18)时,l_w 不宜小于 b,同时宜使 $b \leq 16t$($t > 12$ mm)或 $b \leq 200$ mm($t \leq 12$ mm),b 是两侧缝之间的距离,t 是较薄焊件的厚度。这是为了避免焊缝横向收缩引起板件过大的拱曲变形。如采用上述焊缝不能满足强度要求,可采用三面围焊。

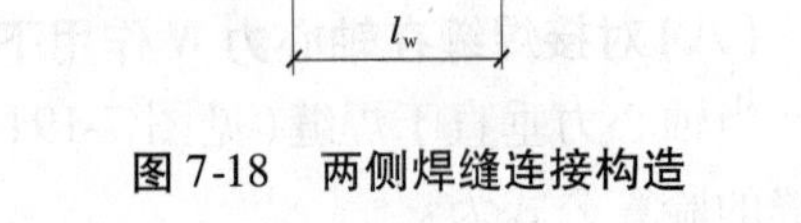

图 7-18　两侧焊缝连接构造

(7)在仅用正面焊缝的搭接连接中,搭接长度不得小于焊件较小厚度的 5 倍和 25 mm,以减小因焊件收缩而产生的残余应力,以及因传力而产生的附加应力。

(8)在角焊缝连接中,为了减小焊接应力和焊接变形,应采取一些设计方面和工艺方面的措施。不要任意加大焊缝,避免焊缝的密集和交叉等。

(七)焊缝强度设计指标

焊缝的强度设计值见表 7-2。

表 7-2　焊缝的强度设计值　（单位：N/mm^2）

焊接方法和焊条型号	构件钢材		对接焊缝				角焊缝
	牌号	厚度或直径（mm）	抗压 f_c^w	焊接质量为下列等级时，抗拉 f_t^w 一级、二级	三级	抗剪 f_v^w	抗拉、抗压和抗剪 f_t^w
自动焊、半自动焊和 E43 型焊条的手工焊	Q235 钢	≤16	215	215	185	125	160
		>16～40	205	205	175	120	
		>40～60	200	200	170	115	
		>60～100	190	190	160	110	
自动焊、半自动焊和 E50 型焊条的手工焊	Q345 钢	≤16	310	310	265	180	200
		>16～35	295	295	250	170	
		>35～50	265	265	225	155	
		>50～100	250	250	210	145	
自动焊、半自动焊和 E55 型焊条的手工焊	Q390 钢	≤16	350	350	300	205	220
		>16～35	335	335	285	190	
		>35～50	315	315	270	180	
		>50～100	295	295	250	170	
	Q420 钢	≤16	380	380	320	220	220
		>16～35	360	360	305	210	
		>35～50	340	340	290	195	
		>50～100	325	325	275	185	

注：1. 自动焊和半自动焊所采用的焊丝和焊剂，应保证其熔敷金属的力学性能不低于现行国家标准《埋弧焊用碳钢焊丝和焊剂》（GB/T 5293—1999）和《低合金钢埋弧焊用焊剂》（GB/T 12470—1990）中相关的规定。

2. 焊缝质量等级应符合现行国家标准《钢结构工程施工质量验收规范》（GB 50205—2011）的规定。其中，厚度小于 8 mm 钢材的对接焊缝不应采用超声波探伤确定焊缝质量等级。

3. 对接焊缝在受压区的抗弯强度设计值取 f_c^w，在受拉区的抗弯强度设计值取 f_t^w。

4. 表中厚度是指计算点的钢材厚度，对于轴心受拉和轴心受压构件，是指截面中较厚板件的厚度。

（八）对接焊缝在轴心力 N 作用下的计算

当轴心力垂直于焊缝（见图 7-19（a）、（b））时，焊缝内的应力可看作是均匀分布的，故焊缝的验算公式为：

$$\sigma = \frac{N}{A_w} = \frac{N}{l_w t} \leqslant f_t^w \text{ 或 } f_c^w \tag{7-1}$$

式中　N——轴心拉力或压力；

l_w——焊缝的计算长度，当未采用引弧板施焊时，每条焊缝取实际长度减去 $2t$，即 $l_w = l - 2t$（mm），当采用引弧板时，取焊缝的实际长度；

t——在平接（对接）中为连接构件的较小厚度，在 T 形连接中为腹板厚度，如图 7-19（b）所示；

A_w——焊缝的计算截面面积，$A_w = l_w t$；

f_t^w、f_c^w——对接焊缝的抗拉、抗压强度设计值。

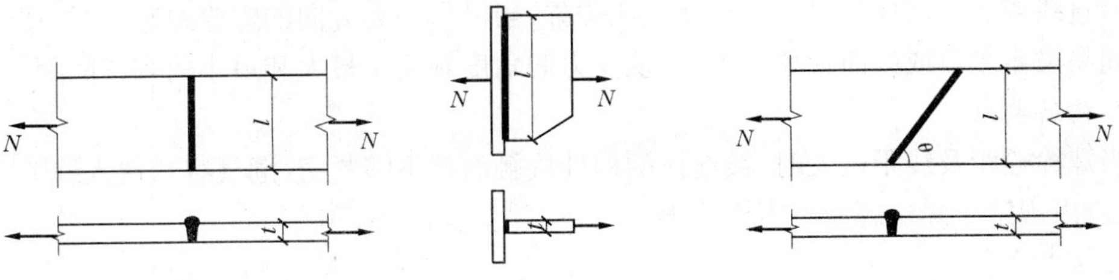

(a)对接焊缝　(b)T形焊缝　(c)斜焊缝

图 7-19　轴心受力构件的对接焊缝

当采用对接正焊缝强度不能达到强度要求时，可改用对接斜焊缝（见图 7-19(c)）。斜逢与作用力之间的夹角 θ 一般应符合 $\tan\theta \leqslant 1.5$，此时焊缝的强度能达到要求，故焊缝强度可不必验算。但斜对接焊缝比正对接焊缝费料，不宜多用。

【小贴士】

焊接的方法有很多，但建筑钢结构中主要使用的是电弧焊，它的原理是利用电弧放电（俗称电弧燃烧）所产生的热量将焊条与工件互相熔化并在冷凝后形成焊缝，从而获得牢固接头的焊接过程。

三、螺栓连接

螺栓连接可分为普通螺栓连接和高强度螺栓连接两种。普通螺栓通常采用 Q235 钢材制成，安装时用普通扳手拧紧；高强度螺栓则用高强度钢材经热处理制成，用能控制扭矩或螺栓拉力的特制扳手拧紧到规定的预拉力值，把被连接件夹紧。

（一）螺栓的排列

螺栓在构件上排列应简单、统一、整齐而紧凑，通常分为并列和错列两种形式（见图 7-20）。并列式比较简单整齐，所用连接板尺寸小，但由于螺栓孔的存在，对构件截面削弱较大。错列式可以减小螺栓孔对截面的削弱，但螺栓孔排列不如并列式紧凑，连接板尺寸较大。

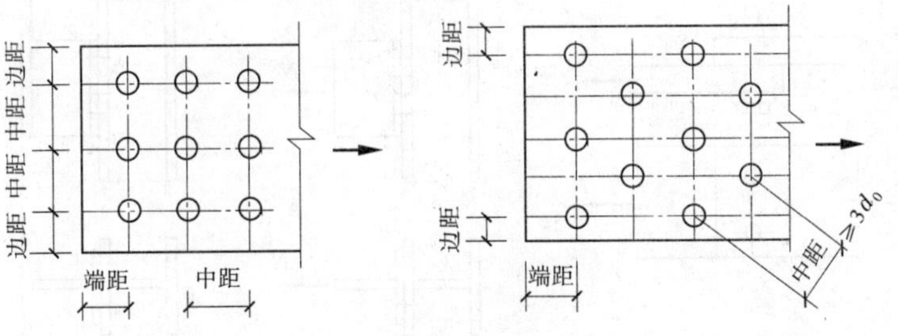

(a)并列　(b)错列

图 7-20　钢板上的螺栓（铆钉）排列

螺栓在构件上的布置、排列应满足受力要求、构造要求和施工要求。

1. 受力要求

在受力方向，螺栓的端距过小时，钢板有冲剪破坏的可能。当各排螺栓距离过小时，构件有沿直线或折线破坏的可能。对于受压构件，当沿作用力方向的螺栓距过大时，在连接的板件间易发生张口或鼓曲现象。因此，从受力的角度规定了最大和最小的容许间距。

2. 构造要求

当螺栓栓距及线距过大时，被连接的构件接触面就不够紧密，潮气容易侵入缝隙而产生腐蚀，所以规定了螺栓的最大容许间距。

3. 施工要求

为了施工方便，便于转动螺栓扳手，规定了螺栓最小容许间距。

根据上述要求，规定了螺栓（铆钉）的最大、最小容许距离，见表 7-3。

表 7-3　螺栓（铆钉）的最大、最小容许距离

名称	位置和方向			最大容许距离（取两者的较小值）	最小容许距离
中心间距	任意方向	外排		$8d_0$ 或 $12t$	$3d_0$
		中间排	构件受压力	$12d_0$ 或 $18t$	
			构件受压力	$16d_0$ 或 $24t$	
中心至构件边缘的距离	顺内力方向			$4d_0$ 或 $8t$	$2d_0$
	垂直内力方向	切割边			$1.5d_0$
		轧制边	高强度螺栓		
			其他螺栓或铆钉		$1.2d_0$

注：1. d_0 为螺栓或铆钉的孔径，t 为外层较薄板件的厚度。

2. 钢板边缘与刚性构件（如角钢、槽钢等）相连的螺栓或铆钉的最大间距，可按中间排的数值采用。

（二）普通螺栓的工作性能

普通螺栓连接按受力情况可分为三类：螺栓承受剪力，螺栓承受拉力，螺栓承受拉力和剪力的共同作用，如图 7-21 所示。

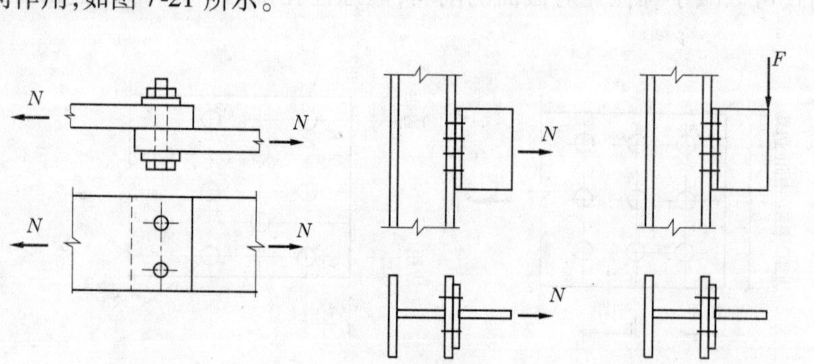

(a)抗剪连接　(b)抗拉连接　(c)同时抗拉、抗剪连接

图 7-21　普通螺栓按受力方式分类

受剪螺栓连接达到极限承载力时，螺栓连接破坏时可能出现以下五种破坏形式：

（1）螺栓杆剪断；

(2)孔壁挤压(或称承压)破坏;

(3)钢板净截面被拉断;

(4)钢板端部或孔与孔间的钢板被剪坏;

(5)螺栓杆弯曲破坏,如图 7-22 所示。

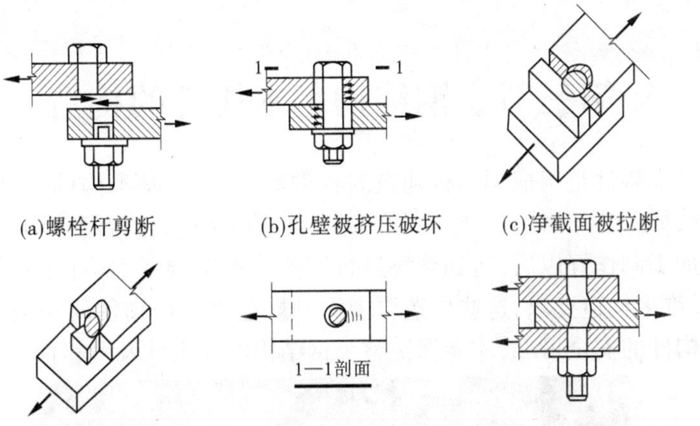

(a)螺栓杆剪断　(b)孔壁被挤压破坏　(c)净截面被拉断

(d)钢板端部被剪坏　(e)螺栓杆弯曲破坏

图 7-22　受剪螺栓连接的破坏形式

以上五种破坏形式的前三种通过相应的强度计算来防止,后两种可采取相应的构造措施来防止。一般当构件上的螺栓孔的端距大于 $2d_0$ 时,可以避免端部冲剪破坏;当螺栓夹紧长度不超过其直径的 5 倍时,则可防止螺栓杆产生过大的弯曲变形。

在受拉螺栓连接中,螺栓承受沿螺杆长度方向的拉力,螺栓受力的薄弱处是螺纹部分,破坏产生在螺纹部分。

(三)高强度螺栓的工作性能

高强度螺栓采用强度高的钢材制作,所用材料一般有两种:一种是优质碳素钢,另一种是合金结构钢;性能等级有 8.8 级(35 号钢、45 号钢和 40B 钢)和 7.9 级(有 20MnTiB 钢和 36VB 钢)。级别划分的小数点前数字是螺栓热处理后的最低抗拉强度,小数点后数字是材料的屈强比。高强度螺栓连接是依靠构件之间很高的摩擦力传递全部或部分内力的,故必须用特殊工具将螺帽旋得很紧,使被连接的构件之间产生预压力(螺栓杆产生预拉力)。同时,为了提高构件接触面的抗滑移系数,常需对连接范围内的构件表面进行粗糙处理。高强度螺栓连接虽然在材料、制作和安装等方面都有一些特殊要求,但由于它具有强度高、工作可靠、不易松动等优点,故是一种广泛应用的连接形式。

高强度螺栓的预拉力是通过扭紧螺帽实现的,一般采用扭矩法和扭剪法。扭矩法是采用可直接显示扭矩的特制扳手,根据事先测定的扭矩和螺栓拉力之间的关系施加扭矩,使之达到预定预拉力。扭剪法是采用扭剪型高强度螺栓,该螺栓端部设有梅花头,拧紧螺帽时,靠拧断螺栓梅花头切口处截面来控制预拉力值。

高强度螺栓连接除需满足与普通螺栓连接相同的排列布置要求外,尚须注意以下两点:

(1)当型钢构件拼接采用高强度螺栓连接时,其拼接件宜采用钢板,以使被连接部分能紧密贴合,保证预拉力的建立。

(2)在高强度螺栓连接范围内,构件接触面的处理方法应在施工图中说明。

【小贴士】

焊接是一个局部的迅速加热和冷却过程，焊接区由于受到四周工件本体的拘束而不能自由膨胀和收缩，冷却后在焊件中便产生焊接应力和变形。重要产品焊后都需要消除焊接接头的焊接应力，矫正焊接变形。现代焊接技术已能焊出无内外缺陷的、机械性能等于甚至高于被连接体的焊缝。

第三节　钢结构基本构件的构造

钢结构的基本构件是组成钢结构建筑的各类受力构件，基本构件主要有钢梁、钢柱、钢桁架、钢支撑等，如图7-23所示。与常规的混凝土结构不同，这些钢结构的基本构件都是在钢结构加工厂加工制作好以后，运到现场进行安装。钢结构基本构件除要满足受力计算要求外，还要满足许多构造要求，这些构造要求均是规范为保证构件的安全可靠而规定的，只有保证了基本构件的安全可靠，才能保证整个钢结构的安全性及可靠性。

图7-23　某钢框架结构构件

一、轴心受力构件的构造

轴心受力构件是指承受通过构件截面形心的轴向力作用的构件。轴心受力构件是钢结构的基本构件，广泛地应用于钢结构承重构件中，如钢屋架、网架、网壳、塔架等杆系结构的杆件，平台结构的支柱等。这类构件在节点处往往做成铰接连接，节点的转动刚度在确定杆件计算长度时予以适当考虑，一般只承受节点荷载，杆件受轴心力作用。根据杆件承受的轴心力的性质可分为轴心受拉构件和轴心受压构件。

轴心受压柱由柱头、柱身和柱脚三部分组成。柱头支撑上部结构，柱脚则把荷载传给基础。轴心受力构件可分为实腹式和格构式两大类(见图7-24)。

轴心受力构件常见的截面形式有三种：第一种是热轧型钢截面，如图7-25(a)中的工字钢、H型钢、槽钢、角钢、T型钢、圆钢、圆管、方管等；第二种是冷弯薄壁型钢截面，如图7-25(b)中冷弯角钢、槽钢和冷弯方管等；第三种是用型钢和钢板或钢板和钢板连接而成的组合截面，如图7-25(c)所示的实腹式组合截面和图7-25(d)所示的格构式组合截面等。

进行轴心受力构件设计时，轴心受拉构件应满足强度、刚度要求；轴心受压构件除应满

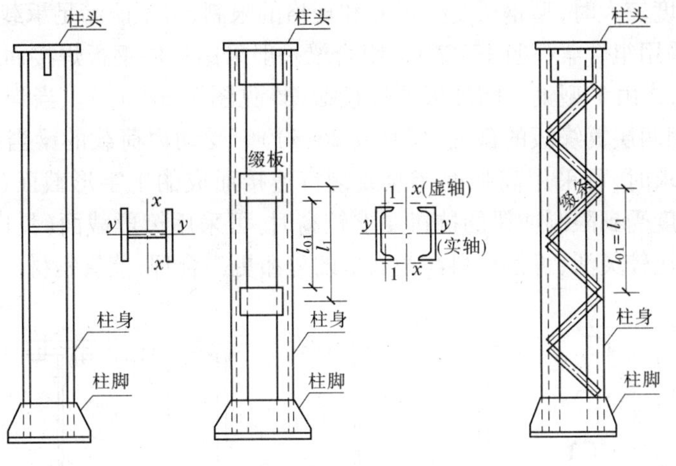

(a)实腹柱　　(b)缀板式格构柱　　(c)缀条式格构柱

图 7-24　柱的形式和组成

(a) 热轧型钢截面

(b) 冷弯薄壁型钢截面

(c) 实腹式组合截面

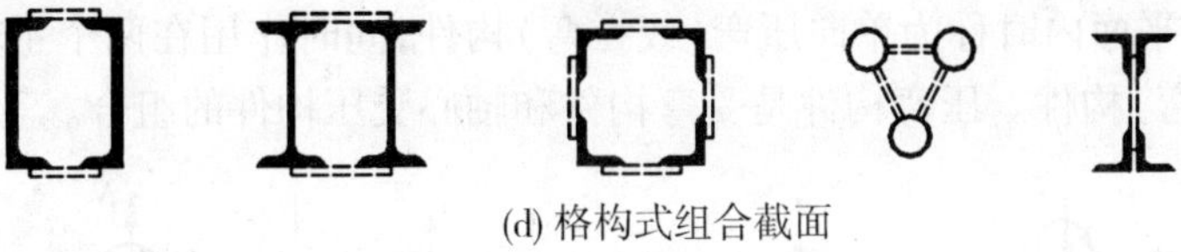

(d) 格构式组合截面

图 7-25　轴心受力构件的截面形式

足强度、刚度要求外,还应满足整体稳定和局部稳定要求。截面选型应满足用料经济、制作简单、便于连接、施工方便的要求。

二、受弯构件的构造

受弯构件是钢结构的基本构件之一,在建筑结构中应用十分广泛,最常用的是实腹式受弯构件。

钢梁按制作方法的不同可以分为型钢梁和组合梁两大类,型钢梁构造简单,制造省工,应优先采用。型钢梁有热轧工字钢、热轧 H 型钢和槽钢三种,其中 H 型钢的翼缘内外边缘平行,与其他构件连接方便,应优先采用,一般宜选用窄翼缘型(HN 型)。

当荷载和跨度较大时,型钢梁受到尺寸和规格的限制,常不能满足承载能力或刚度的要求,此时应考虑采用组合梁(见图 7-26)。组合梁一般采用三块钢板焊接而成的工字形截面(见图 7-26(g)),或由 T 型钢中间加板的焊接截面(见图 7-26(h))。当焊接组合梁翼缘需要很厚时,可采用两层翼缘板的截面(见图 7-26(i))。受动力荷载的梁当钢材质量不能满足焊接结构的要求时,可采用高强度螺栓或铆钉连接而成的工字形截面(见图 7-26(j))。当荷载很大而高度受到限制或梁的抗扭要求较高时,可采用箱形截面(见图 7-26(k))。组合梁的截面组成比较灵活,可使材料在截面上的分布更为合理,节省钢材。

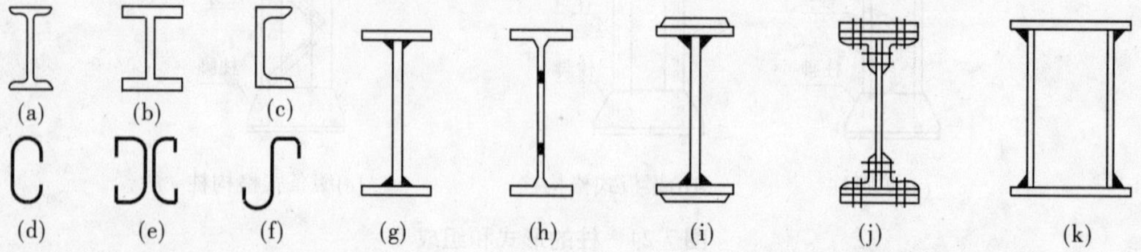

图 7-26 梁的截面类型

钢梁可以做成简支的或悬臂的静定梁,也可以做成两端均固定或多跨连续的超静定梁。简支梁不仅制造简单,安装方便,而且可以避免支座沉陷所产生的不利影响,故应用最为广泛。

总之,钢梁的类型和截面选取应保证安全使用,并尽可能符合用料节省、制造安装简便的要求,强度、刚度和稳定性要求是钢梁安全工作的基本条件。

三、拉弯、压弯构件的构造

构件同时承受轴心压(或拉)力和绕截面形心主轴的弯矩作用,称为压弯(或拉弯)构件。弯矩可能由轴心力的偏心作用、端弯矩作用或横向荷载作用等因素产生(见图 7-27、图 7-28),弯矩由偏心轴力引起时也称为偏心受压构件(或偏心受拉构件)。当弯矩作用在截面的一个主轴平面内时称为单向压弯(或拉弯)构件,同时作用在两个主轴平面内时称为双向压弯(或拉弯)构件。压弯构件是受弯构件和轴心受压构件的组合。

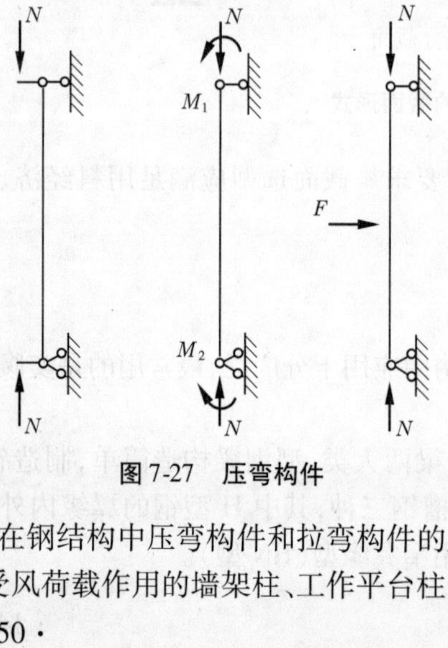

图 7-27 压弯构件

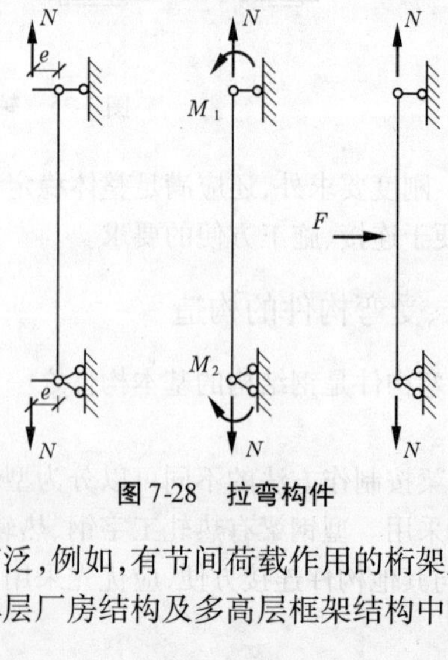

图 7-28 拉弯构件

在钢结构中压弯构件和拉弯构件的应用十分广泛,例如,有节间荷载作用的桁架上下弦杆、受风荷载作用的墙架柱、工作平台柱、支架柱、单层厂房结构及多高层框架结构中的柱等大多是压弯(或拉弯)构件。

与轴心受力构件一样,拉弯构件和压弯构件也可按其截面形式分为实腹式构件和格构式构件两种,常用的截面形式有热轧型钢截面、冷弯薄壁型钢截面和组合截面,如图 7-29 所示。当受力较小时,可选用热轧型钢或冷弯薄壁型钢(见图 7-29(a)、(b))。当受力较大时,可选用钢板焊接组合截面或型钢与型钢、型钢与钢板的组合截面(见图 7-29(c))。除实腹式截面外,当构件计算长度较大且受力较大时,为了提高截面的抗弯刚度,还常常采用格构式截面(见图 7-29(d))。

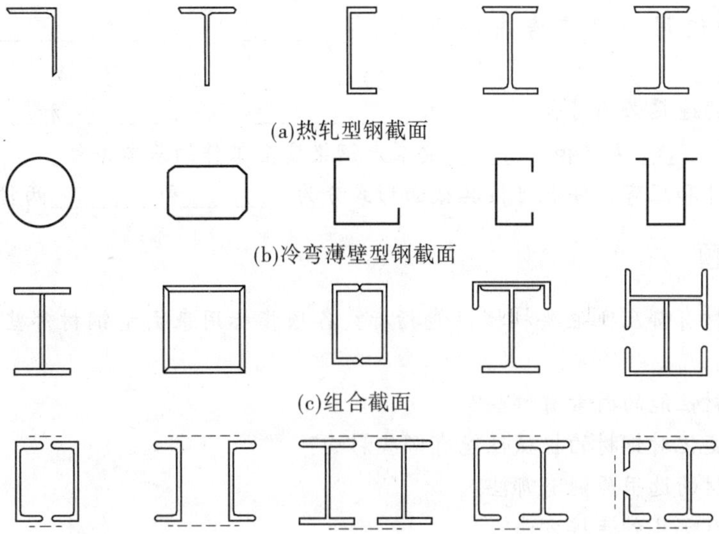

(a)热轧型钢截面 (b)冷弯薄壁型钢截面 (c)组合截面 (d)格构式截面

图 7-29 拉弯、压弯构件截面形式

图 7-29 中对称截面一般适用于所受弯矩值不大或正负弯矩值相差不大的情况;非对称截面适用于所受弯矩值较大、弯矩不变号或正负弯矩值相差较大的情况,即在受力较大的一侧适当加大截面和在弯矩作用平面内加大截面高度。在格构式构件中,通常使弯矩绕虚轴作用,以便根据承受弯矩的需要,更灵活地调整分肢间距。

本章小结

1. 钢结构具有显著的特点,尤其在机械性能、加工性能等方面有着明显的优势,但其耐火性能较差,易腐蚀。

2. 钢结构的连接方法有焊缝连接、铆钉连接和螺栓连接,其中焊缝连接和螺栓连接是目前钢结构使用的主要连接方法。

3. 焊缝连接分为对接焊缝连接和角焊缝连接,其受力工作原理和强度计算方法不同。

4. 螺栓连接分为普通螺栓连接和高强度螺栓连接。

5. 钢结构基本构件按受力不同分为轴心受力构件、受弯构件及拉弯构件和压弯构件。

思考练习题

一、填空题

1. 钢材的机械性能反映了钢材的内在质量及受力后的特性，需经________试验、________试验和________试验测定。

2. 钢材的种类按化学成分可分为________和________。

3. 钢材的选用一般应考虑以下几点：________、________、________、________、________。

4. 钢结构的连接必须符合________、________、________、________和________。

5. ________、________和________要求是钢梁安全工作的基本条件。

6. 拉弯构件和压弯构件也可按其截面形式分为________和________两种。

二、思考题

1. 建筑钢材有哪几项主要机械性能指标？各项指标用来衡量钢材哪些方面的机械性能？

2. 影响钢材性能的因素有哪些？

3. 温度的变化对钢材的机械性能有哪些影响？

4. 建筑钢材的选用原则有哪些？

5. 钢结构有哪几种连接方法？

6. 焊缝连接方法、焊缝形式有哪些？

7. 螺栓的排列有哪些形式和规定？

8. 普通螺栓抗剪连接有哪几种破坏形式？

9. 设计两块钢板的焊缝连接，需给出设计图。已知钢板尺寸为宽度 $l=430$ mm，厚度 $t=10$ mm，轴心拉力（设计值）$N=920$ kN，钢材为 Q235，采用 E43 系列型焊条的手工焊，施焊时用引弧板。用对接焊缝平接，质量检验标准满足三级。

10. 轴心受力构件有哪些种类和截面形式？

第八章　建筑地基基础

【学习目标】

本章学习要求了解各类基础的类型，基础埋深的确定，各种基础的受力特点；掌握浅基础和桩基础的主要构造要求。

第一节　地基基础的基本知识

任何建筑物都要建造在土层（或岩石）上面。土层受到建筑物全部荷载作用后要产生压缩变形，为了减少建筑物的下沉和保证它的稳定，通常将墙或柱与土接触部分的断面尺寸适当地扩大，以减小土层中的应力。我们将建筑物分为上部结构和下部结构。下部结构指埋置于地下的部分，也就是基础。基础将结构所承受的各种作用传递到地基上。地基是支承基础的土体或岩体，如图 8-1 所示。

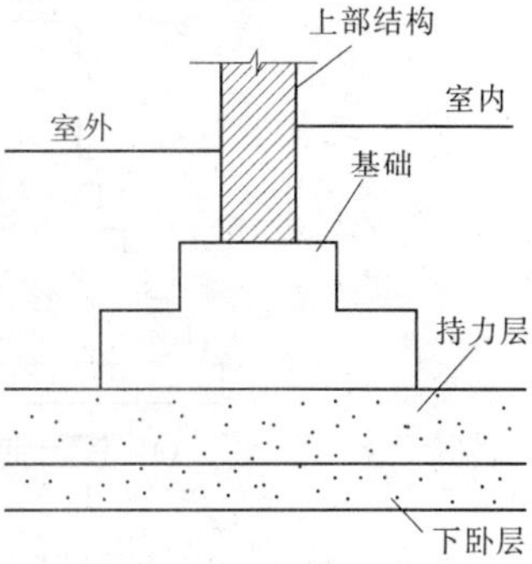

图 8-1　地基与基础

基础分为浅基础和深基础。通常按照基础的埋置深度和施工方法来进行划分：埋深小于 5 m，用普通基坑开挖和敞坑排水方法修建的基础为浅基础，如普通多层砌体房屋的基础、高层建筑箱形基础；埋深大于 5 m，用特殊施工方法进行施工的基础为深基础，如桩基础、沉井等。浅基础与深基础没有明确界限，比如箱形基础埋深就有可能大于 5 m。

浅基础一般做成扩展基础的形式。扩展基础的做法是向侧边扩展一定底面积，以使上部结构及其自重传来的荷载传到基础底面时其压应力等于或小于地基土的允许承载力，而基础内部的应力应同时满足材料本身的强度要求。这种起到压力扩散作用的基础称为扩展基础。

地基分为天然地基和人工地基。处于自然状态、未经人工处理的地基为天然地基。如果天然地基较为软弱，必须进行人工处理才能达到设计要求，则人工处理后的地基为人工地基。

地基和基础位于地面以下，为隐蔽工程。它的勘察、设计和施工质量直接影响建筑物的安危，一旦发生质量事故，补救和处理往往很困难，甚至是不可能补救的。在建筑史上，许多建筑工程质量事故都是由地基基础问题引起的，如著名的意大利比萨斜塔和我国苏州虎丘塔所发生的塔身严重倾斜，就是地基不均匀沉降所致。此外，基础工程费用与建筑物总造价的比例，与其复杂程度和设计、施工合理与否有关，可以变动于百分之几到百分之几十之间。例如，一般地质条件下的钢筋混凝土结构高层建筑，采用箱形基础、筏形基础和桩基础时，其基础工程的费用占建筑物总造价的 20% ~30%，甚至更高。因此，应对地基基础工程给予充分的重视。

一、浅基础的类型

(一)按基础材料分类

1. 砖基础

砖基础是由烧结普通砖浆砌而成的扩展基础。砖基础习惯上采用“二一间隔收”或“两皮一收”砌成大放脚。“二一间隔收”即是从基础底面开始,先砌两皮砖,随即收进1/4砖长,再砌一皮砖,又收进1/4砖长,这样以三皮砖为一个循环过程进行砌筑,如图8-2(a)所示;“两皮一收”即是从基础底面开始,每砌二皮砖收进1/4砖长,如图8-2(b)所示。基础底面可铺设垫层(用灰土或三合土),其厚度一般不超过100 mm,不计入基础高度。如果厚度超过150 mm(一般可按150 mm厚为一层进行铺设),则此垫层可作为基础的一部分进行计算。砖基础取材容易,应用广泛,一般可用于6层及6层以下的民用建筑和砖墙承重的房屋。

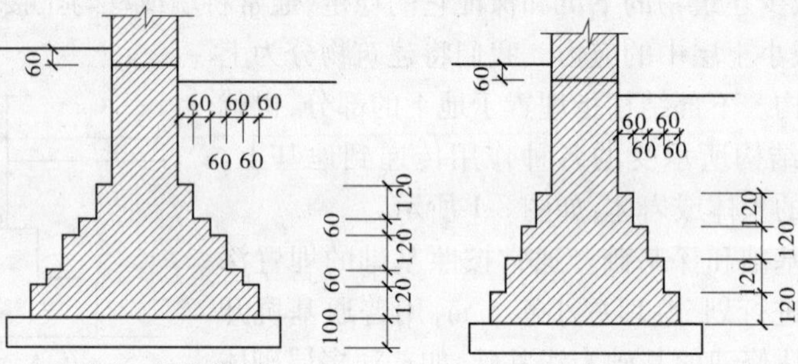

(a)“二一间隔收”　　(b)“两皮一收”

图 8-2　砖基础

2. 毛石基础

毛石基础是指用未经加工凿平的毛石砌筑的基础,一般做成阶梯形。由于毛石形状不规则,为便于砌筑和保证砌筑质量,使基础具有足够的刚性,传力均匀,要求每一台阶宜砌不少于三排,每阶挑出宽度不宜大于200 mm,高度不宜小于400 mm,一般为500 mm,如图8-3所示。

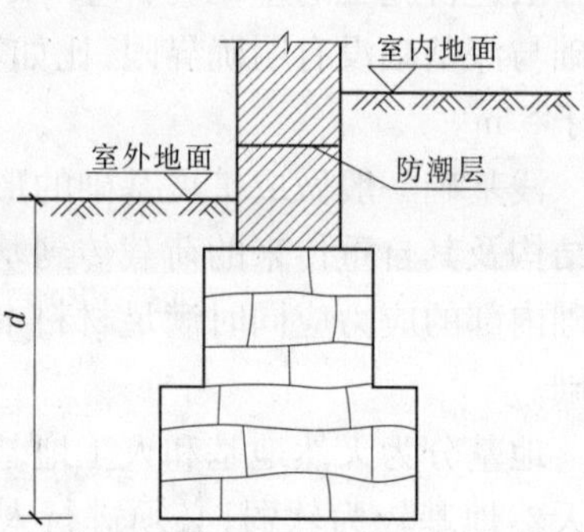

图 8-3　毛石基础

3. 三合土基础

三合土由石灰、砂和骨料(矿渣、碎砖或碎石等)加水混合而成,如图8-4所示。施工时石灰、砂、骨料按体积配合比为1:2:4或1:3:6拌和后再分层夯实。一般每层虚铺220~250 mm,夯实至150 mm。三合土的强度较低,一般只用于4层及4层以下的民用建筑。三合土基础多为南方地区采用。

4. 灰土基础

灰土是由石灰和土料配制而成的。石灰以块状为宜,经熟化(加水化开)1~2 d后,过5~10 mm筛即可使用。土料应用塑性指数较低的粉土和黏性土为宜,土料团粒应过筛,粒径不得大于15 mm。石灰和土料按体积配和比3:7和2:8拌和均匀后,在基槽内分层夯实,一般每层虚铺 220 ~ 250 mm，夯实至 150 mm。灰土造价低廉，仅为砖石或混凝土基础的 1/4 ~ 1/2，耐久性强，强度在相当长时间内可随时间而不断增长。基础与砖衔接部分一般要做砖放脚，如图 8-5 所示。灰土基础宜在比较干燥的土层中使用，其本身具有一定的抗冻性，广泛用于我国北方地区 5 层和 5 层以下的民用房屋。

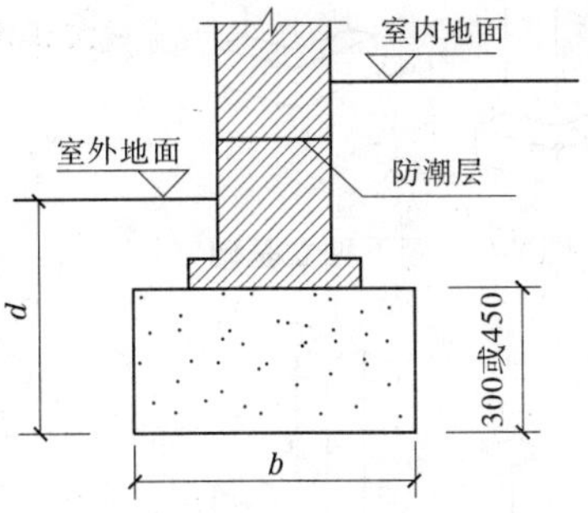

图 8-4　三合土基础

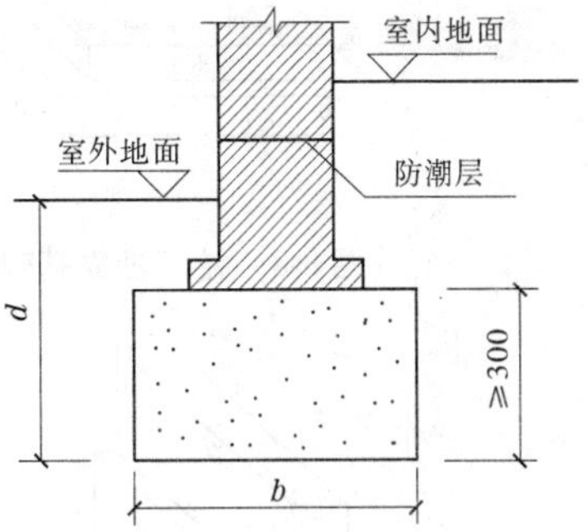

图 8-5　灰土基础

5. 混凝土基础与毛石混凝土基础

混凝土基础是指用混凝土现场浇筑成形的基础，如图 8-6 所示。这种基础的抗压强度、耐久性、抗冻性都较好。当荷载较大或位于地下水位以下时，常采用混凝土基础。为了节约水泥用量，降低造价，可在混凝土内加入 25% ~ 30% 的毛石，做成毛石混凝基础，如图 8-7 所示。加入的毛石尺寸不应大于 300 mm，且应冲洗干净。

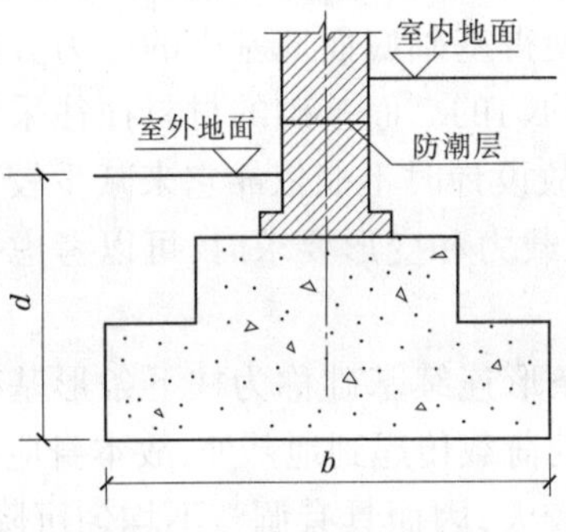

图 8-6　混凝土基础

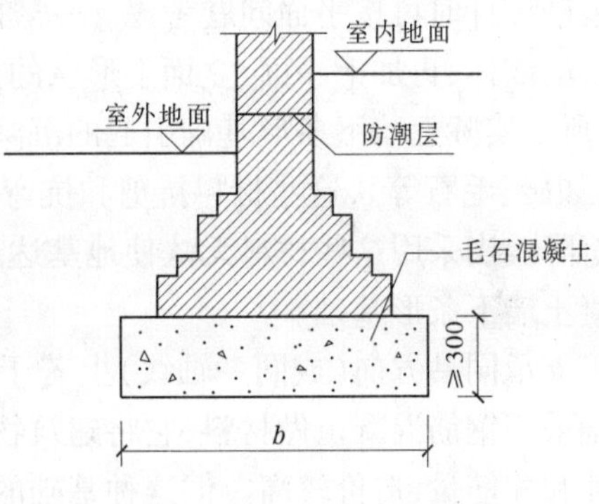

图 8-7　毛石混凝土基础

(二) 按结构形式分类

1. 独立基础

独立基础一般用于工业厂房柱基、民用框架结构基础以及烟囱、水塔等构筑物的基础，如图 8-8 所示。有时也在墙下采用独立基础，如在膨胀土地基上的墙基础，为不使膨胀土地基吸水膨胀产生的膨胀力传到过梁与墙体上，以避免墙体开裂，常在墙下设置钢筋混凝土过梁以支承墙体，过梁下采用独立基础，如图 8-9 所示。

2. 条形基础

条形基础一般指基础的长与宽之比为 10 以上的基础。条形基础有墙下条形基础（如图 8-10 所示）和柱下条形基础（如图 8-11 所示）两种。

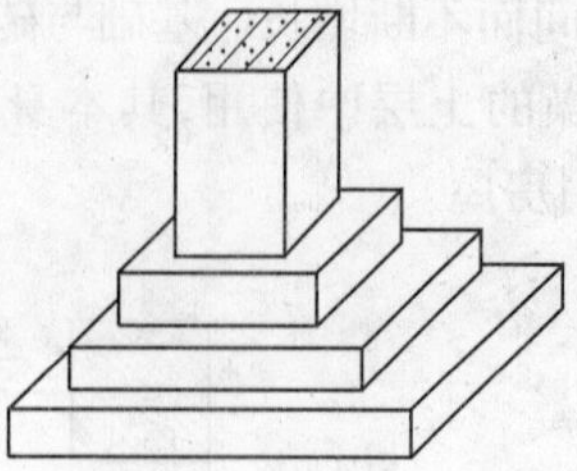

图 8-8　柱下独立基础

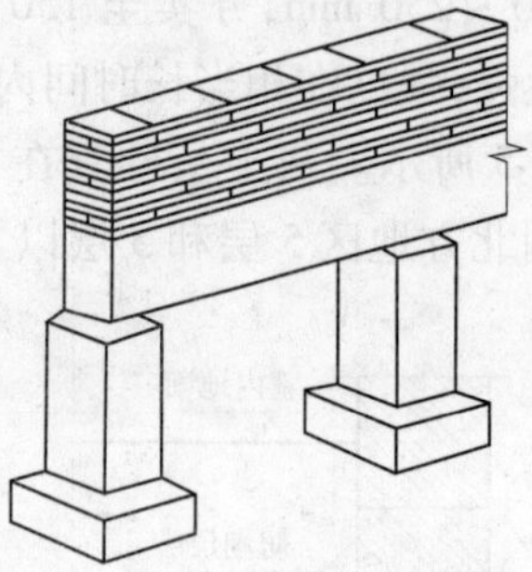

图 8-9　墙下独立基础

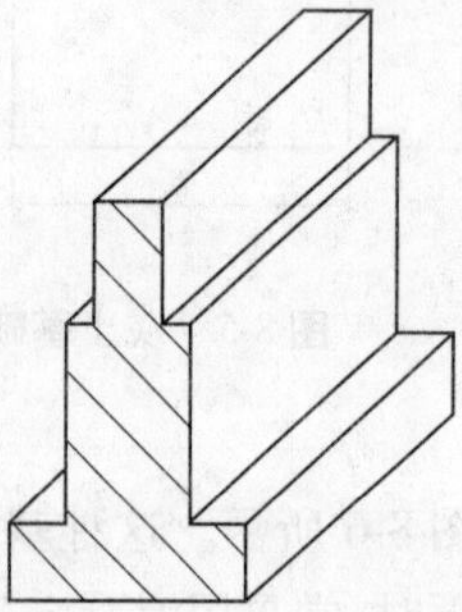

图 8-10　墙下条形基础

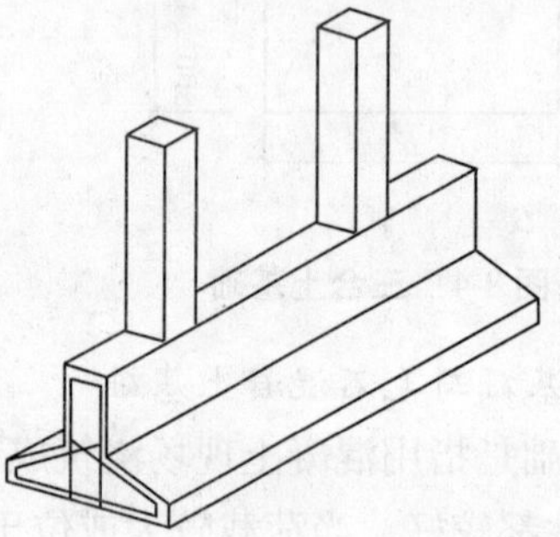

图 8-11　柱下条形基础

墙下条形基础通常是砌体结构房屋的基础。墙体传递给基础的荷载通常是均布荷载，在基础设计时可按平面问题考虑。一般的砌体结构房屋（如住宅、办公楼等）大多布置纵横交叉的墙体，再加上平面、立面上形状的交错变化，使得基础底面地基中的应力分布极为复杂，所以实际上墙下条形基础引起的沉降通常是不均匀的。而基础的材料往往采用无筋砌体（如砖、毛石等），这些材料抗剪和抗弯能力很弱，故设计时不能依靠它来减少较大的不均匀沉降。当采用这些材料无法使地基达到规定的承载力和变形要求时，可以考虑采用钢筋混凝土墙下条形基础。

支承同一方向（或同一轴线）上若干根柱的长条形连续基础称为柱下条形基础。这种基础采用钢筋混凝土做材料，它将建筑物所有各层的荷载传递到地基处，故本身应有一定的尺寸和配筋量，造价较高。但这种基础的抗弯刚度较大，因而具有调整不均匀沉降的能力，可使各柱的竖向位移较为均匀。柱下条形基础是常用于软弱地基上框架或排架结构的一种基础形式。

3. 十字交叉基础

如果地基松软且在两个方同分布不均，需要基础两向具有一定的刚度来调整不均匀沉降，则可在柱网下沿纵横两向设置钢筋混凝土条形基础，从而形成十字交叉基础（如图 8-12 所示）。这是一种较复杂的浅基础，造价比柱下条形基础高。

4. 筏形基础

当柱下交叉条形基础底面积占建筑物平面面积的比例较大，或者建筑物在使用上有要求时，可以在建筑物的柱、墙下方做成一块满堂的基础，即筏形（片筏）基础，如图 8-13 所示。筏形基础由于其底面积大，故可减小地基上单位面积的压力，同时可提高地基土的承载力，并能

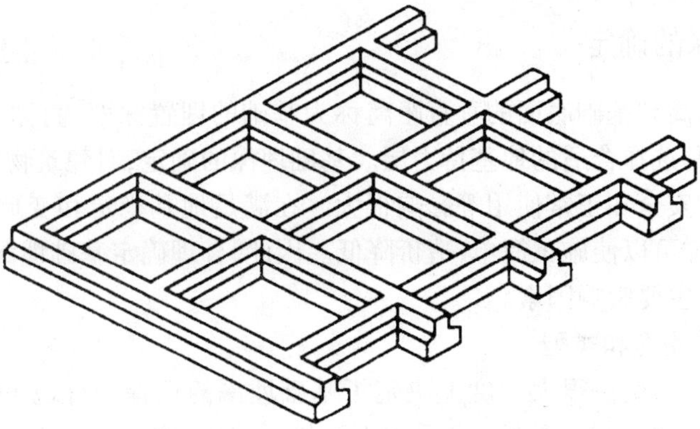

图 8-12　柱下十字交叉基础

更有效地增强基础的整体性,调整不均匀沉降。筏形基础在构造上好像倒置的钢筋混凝土楼盖,并可分为平板式和梁板式两种。

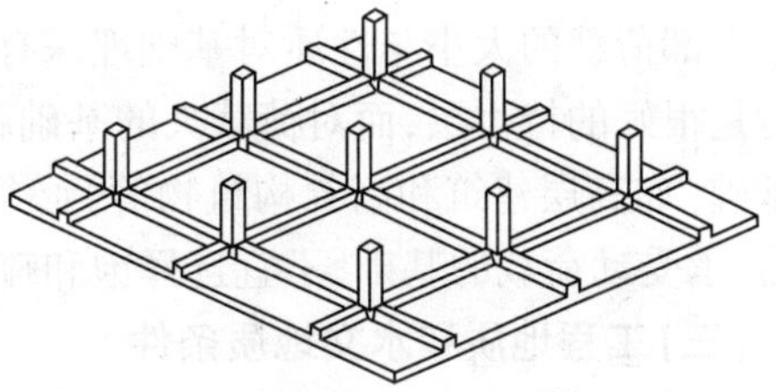

图 8-13　筏形基础

5. 箱形基础

箱形基础是由钢筋混凝土底板、顶板和纵横内外墙组成的整体空间结构,如图 8-14 所示。箱形基础刚度大、整体性好,只能产生大致均匀的沉降或整体倾斜,从而基本上消除了因地基沉降而使建筑物开裂的可能性。

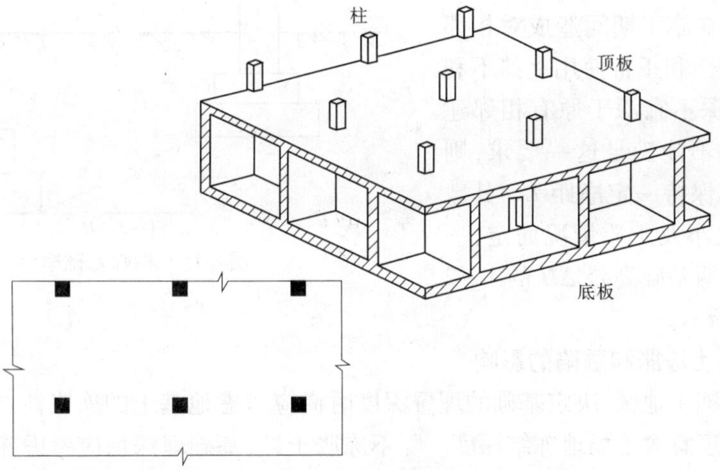

图 8-14　箱形基础

箱形基础内的空间常用作地下室。这一空间的存在,减小了基础底面的压力。如不必减小基底压力,则相应可增加建筑物的层数。箱形基础应考虑地下水的压力和浮力作用,施工中需要解决基坑支护和施工降水等问题。

除上述各种类型外,还有联合基础、壳体基础等形式,这里不再赘述。

二、基础埋深的确定

从室外地面标高到基础底面的垂直距离称为基础的埋置深度，简称基础埋深。选择基础的埋深，实质上是选择合适的地基持力层。基础埋深的确定，对建筑物造价、施工工期、施工技术及建筑物的安全和正常使用等影响很大。在满足地基稳定和变形要求的前提下，基础应尽量浅埋，这样可以使施工简单，造价降低。因此，合理确定基础埋深是十分重要的，一般应考虑以下几个主要影响因素。

（一）建筑物的用途和类型

建筑物的用途、类型在很大程度上决定了基础埋深的选择。有地下室、设备基础的建筑，要求局部或整体加大基础埋深。若采用无筋扩展基础，则基础底面积确定后，满足刚性角构造要求规定的最小高度，也就确定了基础的埋深。

（二）作用在基础上荷载的大小和性质

上部荷载的大小与性质对基础埋深有着重要影响。某一深度的土层，对荷载小的基础可能是很好的持力层，而对荷载大的基础就可能不宜作为持力层。承受水平荷载和上拔力的基础（如高层建筑和高耸构筑物等）必须有足够的埋置深度来获得土的侧向抗力和抗拔阻力；承受动荷载的基础，不宜选择饱和疏松的粉细砂作为持力层。

（三）工程地质和水文地质条件

工程地质和水文地质条件往往对基础设计方案起着决定性作用。一般当上层土的承载力能满足要求时，就应选择上层土作为持力层。尽量将基础置于地下水位以上，如必须放在地下水位以下，则应在施工时采取降水或排水措施。

（四）相邻建筑物的基础埋深

为了防止在施工期间造成对相邻原有建筑物安全和正常使用上的不利影响，基础埋深不宜深于原有相邻建筑物基础。如不能满足这一要求，则与原有基础应保持一定净距 L。其数值根据荷载大小及土质情况而定，一般不小于相邻两基础高差 ΔH 的 1～2 倍，如图 8-15所示。

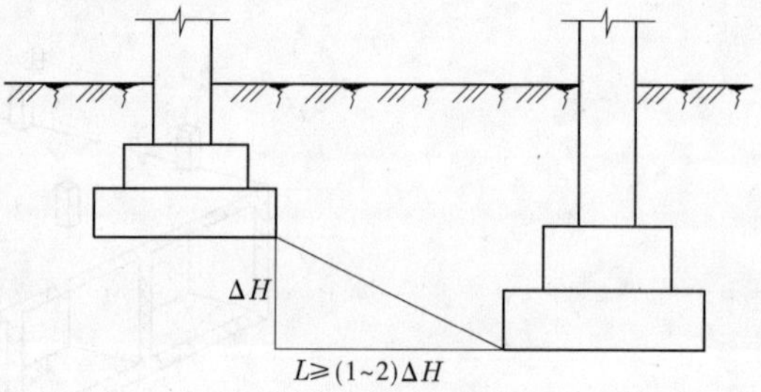

图 8-15　相邻基础净距

（五）地基土冻胀和融陷的影响

在季节性冻土地区，决定基础的埋置深度时尚应考虑地基土的冻胀性。季节性冻土地区基础埋置深度宜大于场地冻结深度。除不冻胀土外，基础埋深均应考虑冻深的影响并采取防冻措施。

三、地基的变形和承载力

（一）地基的变形

土像其他任何材料一样，受力后也要产生应力和变形。如果应力变化引起的变形量在容许范围以内，则不致对建筑物的使用和安全造成危害；但当外荷载在土中引起的应力过大时，则不仅会使建筑物发生不能容许的过量沉降，甚至可以使土体发生整体破坏而失去稳定。

土体在外部压力和周围环境作用下体积减小的特性称为土的压缩性。土体体积减小包括三个方面原因：

(1)土颗粒发生相对位移,土中水及气体从孔隙中排出,从而使土孔隙体积减小。

(2)土颗粒本身的压缩。

(3)土中水及封闭在土中的气体被压缩。

在一般情况下,土受到的压力常为100~600 MPa,这时土颗粒及水的压缩变形量不到全部土体压缩变形量的1/400,可以忽略不计。因此,土的压缩变形主要是由于土体孔隙体积减小的缘故。

土体压缩变形的快慢取决于土中水排出的速度,排水速度与土体孔隙通道的大小、土中黏粒含量的多少、土层排水距离及土的渗透性等因素有关。土体在外部压力下,压缩随时间增长的过程称为土的固结。依赖于孔隙水压力变化而产生的固结,称为主固结。不依赖于孔隙水压力变化,在有效压力不变时,由于颗粒间位置变动引起的固结称为次固结。

在相同压力条件下,不同土的压缩变形量差别很大,可通过室内压缩试验或现场荷载试验进行分析。

地基变形按其变形特征分为沉降量、沉降差、倾斜和局部倾斜。沉降量一般指基础中点的沉降量,沉降差指相邻两基础的沉降量之差,倾斜指基础倾斜方向两端点的沉降差与其距离之比,局部倾斜指承重砌体沿纵墙6~10 m内基础两点的沉降差与其距离之比。

建筑物的地基变形计算值不应大于《建筑地基基础设计规范》(GB 50007—2011)所列出的地基变形允许值。对于砌体承重结构,应以局部倾斜值控制地基变形;对于框架结构和单层排架结构,由相邻柱基的沉降差控制;对于多层或高层建筑和高耸结构,由倾斜值控制。地基基础设计等级为甲级、乙级的建筑物和部分丙级建筑物,应作变形验算。

(二)地基承载力的确定

建筑物的荷重是由地基承担的,地基必须有足够的承担荷载的能力,才能使建筑物安全,并能正常使用。天然地基浅基础设计中一个关键环节就是确定地基承载力。建筑物基础的底面尺寸需要根据地基承载力得以确定。地基承载力是指在满足变形和稳定性要求的前提下地基所能承受荷载的能力。

影响地基承载力特征值的因素很复杂,主要有土的成因及堆积年代、物理力学性质、基础埋深、基底尺寸和上部结构形式。确定土层的承载力特征值不能单纯按土的强度理论考虑,还必须考虑上部结构形式对地基变形的限制,即在满足建筑物正常使用极限状态下的承载力,才具有实用价值。目前,确定承载力特征值的方法如下：

(1)按载荷试验确定。

(2)按动力、静力触探等方法确定。

(3)根据土的强度理论公式确定。

(4)经验法确定,可用于次要的小型建筑物或为参考性数据。

地基设计时,首先要确定地基承载力特征值,然后视设计的具体情况对特征值进行修正,再用修正后的特征值进行基础底面设计计算。

【知识链接】

常用的人工地基处理方法有换土垫层、深层密实、排水固结、碾压夯实等。

1.换土垫层

当建筑物基础下的持力层比较软弱，不能满足上部荷载对地基的要求时，常采用换土垫层法来处理软弱地基。换土垫层法是先将基础底面以下一定范围内的软弱土层挖去，然后回填强度较高、压缩性较低，并且没有侵蚀性的材料，如中粗砂、碎石或卵石、灰土、素土、石屑、矿渣等，再分层夯实后作为地基的持力层。换土垫层按其回填的材料可分为灰土垫层、砂垫层、碎（砂）石垫层等。

2. 深层密实

深层密实是指采用爆破、夯击、挤压和振动等方法，对软弱地基土进行振密和挤密。深层密实法也是当代地基处理工程的重大发展之一。

3. 排水固结

排水固结法是对天然地基，或先在地基中设置砂井（袋装砂井或塑料排水带）等竖向排水体，然后利用建筑物本身重量分级逐渐加载；或在建筑物建造前在场地上先行加载预压，使土体中的孔隙水排出，逐渐固结，地基发生沉降，同时强度逐步提高的方法。排水固结法适用于处理饱和土、软弱土层，但对渗透性极低的泥炭土要慎重对待。

4. 碾压夯实

当基础下浅层为软弱土或不良土时，可采用分层碾压或夯实土的方法提高持力层的承载力，减小沉降量，消除或部分消除土的湿陷性和胀缩性，防止土的冻胀作用以及改善土的抗液化性。按回填的材料可分为砂垫层、碎石垫层、粉煤灰垫层和素土垫层等。碾压夯实方法常用于基坑面积宽大和开挖土方量较大的回填土方工程，一般适用于处理浅层软弱地基、湿陷性黄土地基、膨胀土地基、季节性冻土地基、素填土和杂填土地基。

第二节　浅基础

一、无筋扩展基础

（一）受力特点

无筋扩展基础的特点是抗压强度较大，而抗拉、抗弯和抗剪强度却很小。在地基反力作用下，基础下部扩大部分的受力情况类似于悬臂梁。因此，若悬臂过长，当基础底面拉应力超过基础材料的抗拉强度时，基础底面将被拉裂，并由于裂缝扩展而使基础破坏。如图 8-16 所示，墙（或柱）传来的压力是沿一定角度分布的，墙宽为 b_0，压力传至基础底面宽度为 b_1。在 b_1 范围内基础只受压不受拉，而 b_1 范围以外的部分则可能被拉裂而不起作用。

当地基反力作用于基础底面时，必须保证基础每一台阶具有足够的相对高度。结构设计时可以通过控制材料强度和台阶宽高比（台阶高度与其宽度之比）来确定基础的截面尺寸，而无须进行内力分析和截面强度计算。如图 8-17 所示为无筋扩展基础构造示意图，要求基础每个台阶的宽高比（$b_2:h$）都不得超过表 8-1 所列的台阶宽高比的允许值（可用图中角度 α 的正切 $\tan\alpha$ 表示）。设计时一般先选择适当的基础埋深和基础底面尺寸，设计基底宽度为 b，则按上述要求，为保证无筋扩展基础不因受拉而破坏，基础高度应满足下列要求：

$$H_0 \geqslant \frac{b - b_0}{2\tan\alpha}$$

式中　b——基础底面宽度；

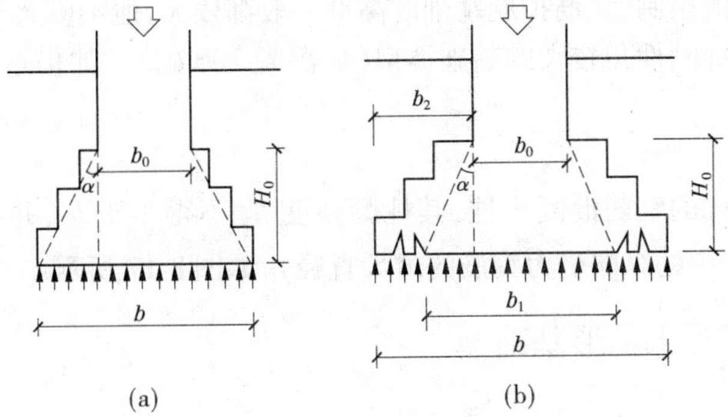

图 8-16　无筋扩展基础的受力示意图

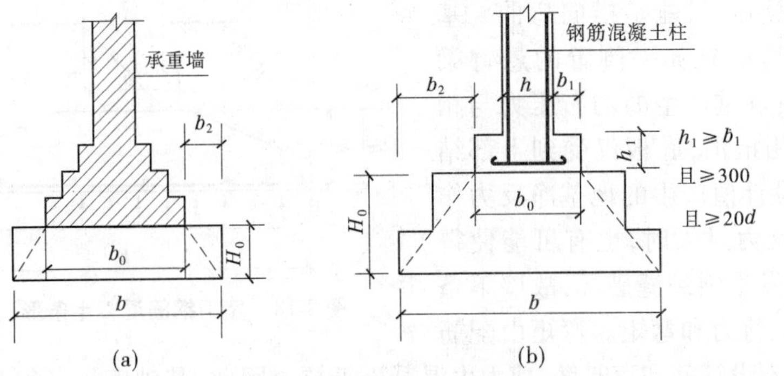

图 8-17　无筋扩展基础构造

b_0——基础顶面的墙体宽度或柱脚宽度；

H_0——基础高度。

表 8-1　无筋扩展基础台阶宽高比的允许值

基础材料	质量要求	台阶宽高比的允许值		
		$p_k \leqslant 100$	$100 < p_k \leqslant 200$	$200 < p_k \leqslant 300$
混凝土基础	C15 混凝土	1∶1.00	1∶1.00	1∶1.25
毛石混凝土基础	C15 混凝土	1∶1.00	1∶1.25	1∶1.50
砖基础	砖不低于 MU10、砂浆不低于 M5	1∶1.50	1∶1.50	1∶1.50
毛石基础	砂浆不低于 M5	1∶1.25	1∶1.50	—
灰土基础	体积比为 3∶7或 2∶8的灰土 其最小干密度： 粉土 1 550 kg/m³ 粉质黏土 1 500 kg/m³ 黏土 1 450 kg/m³	1∶1.25	1∶1.50	—
三合土基础	体积比 1∶2∶4～1∶3∶6 （石灰∶砂∶骨料），每层约虚铺 220 mm，夯至 150 mm	1∶1.50	1∶2.00	—

注：1. p_k 为作用标准组合时的基础底面处的平均压力值（kPa）。

2. 阶梯形毛石基础的每阶伸出宽度不宜大于 200 mm。

3. 当基础由不同材料叠合组成时，应对接触部分作抗压验算。

4. 当混凝土基础单侧扩展范围内基础底面处的平均压力值超过 300 kPa 时，尚应进行抗剪验算；对于基底反力集中于立柱附近的岩石地基，应进行局部受压承载力验算。

由于台阶宽高比的限制，无筋扩展基础的高度一般都较大，但不应大于基础埋深，否则，应加大基础埋深或选择刚性角较大的基础类型（如混凝土基础）。如仍不能满足，可采用钢筋混凝土基础。

（二）构造要求

采用无筋扩展基础的钢筋混凝土柱，其柱脚高度 h_1 不得小于 b_1，并不应小于 300 mm 且不小于 20 d（d 为柱中的纵向受力钢筋的最大直径），如图 8-17 所示。

二、墙下钢筋混凝土条形基础

（一）受力特点

墙下钢筋混凝土条形基础由于平面长度很大，其破坏形式只能是横向弯曲。基础底板的受力情况犹如一倒置的悬臂梁（见图 8-18），由自重产生的均布压力与相应的地基反力相抵消，底板仅受到上部结构传来的荷载设计值产生的地基净反力作用。当地基净反力过大时，也有可能使得剪力过大，从而发生斜裂缝破坏，故墙下条形基础应能抵抗剪力和弯矩。弯矩由配筋抵抗，而底板内不设箍筋和弯起筋，剪力由混凝土抵抗。因此，基础底板必须有足够的厚度才能有足够的承载能力。

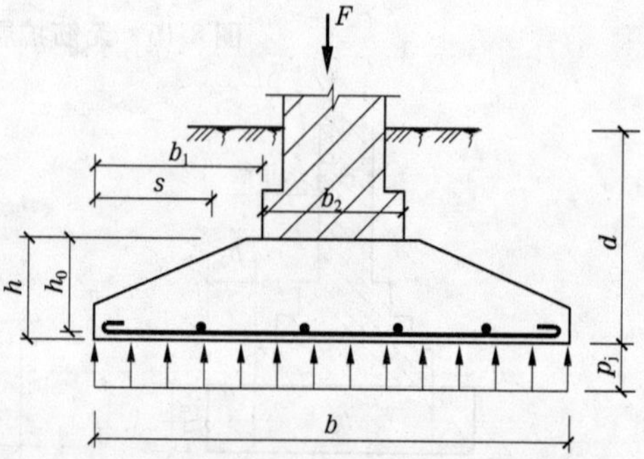

图 8-18　墙下钢筋混凝土条形基础构造

（二）构造要求

（1）高度。锥形基础的边缘高度不宜小于 200 mm（见图 8-19（a）），且两个方向的坡度不宜大于 1∶3；阶梯形基础的每阶高度，宜为 300~500 mm（见图 8-19（b））。

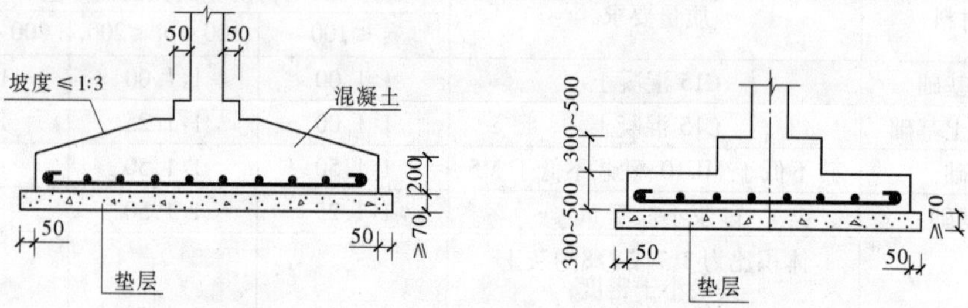

图 8-19　墙下条形基础构造的一般要求

（2）垫层。为了给基础施工提供较好的工作面，通常基础垫层的厚度不宜小于 70 mm，垫层混凝土强度等级不宜低于 C10。

（3）钢筋。扩展基础受力筋最小配筋率不应小于 0.15%，基础底板受力钢筋的最小直径不宜小于 10 mm，间距不宜大于 200 mm，也不宜小于 100 mm。墙下钢筋混凝土条形基础纵向分布钢筋的直径不宜小于 8 mm，间距不宜大于 300 mm；每延米分布钢筋的面积应不小于受力钢筋面积的 15%。当有垫层时，钢筋保护层的厚度不应小于 40 mm；当无垫层时，不小于 70 mm。

(4)混凝土。混凝土强度等级不应低于 C20。

(5)当柱下钢筋混凝土独立基础的边长和墙下钢筋混凝土条形基础的宽度大于等于 2.5 m 时,底板受力钢筋的长度可取边长或宽度的 9/10,并宜交错布置。

(6)钢筋混凝土条形基础底板在 T 形及十字形交接处,底板横向受力钢筋仅沿一个主要受力方向通长布置,另一方向的横向受力钢筋可布置到主要受力方向底板宽度的 1/4 处;在拐角处底板横向受力筋应沿两个方向布置,如图 8-20 所示。

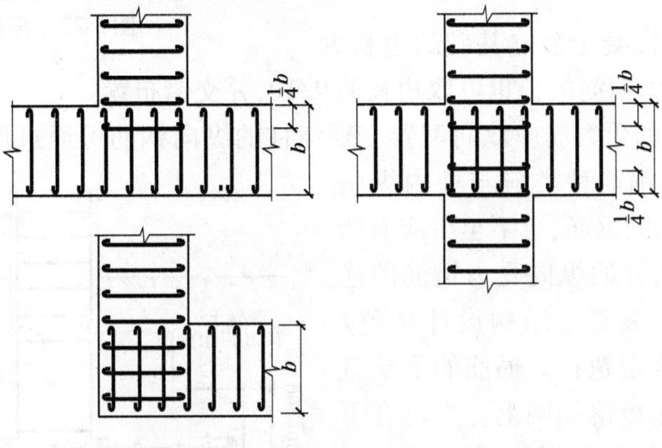

图 8-20　墙下条形基础底板受力钢筋布置

三、柱下钢筋混凝土独立基础

(一)受力特点

柱下钢筋混凝土独立基础按地基承载力确定基础底面积,它将同时受到弯曲和冲切作用。基础高度由抗冲切条件确定,在柱子荷载作用下,如果柱子高度不够,则将沿柱周边(或阶梯高度变化处)产生冲切破坏,形成 45°斜裂面的角锥体,如图 8-21 所示。

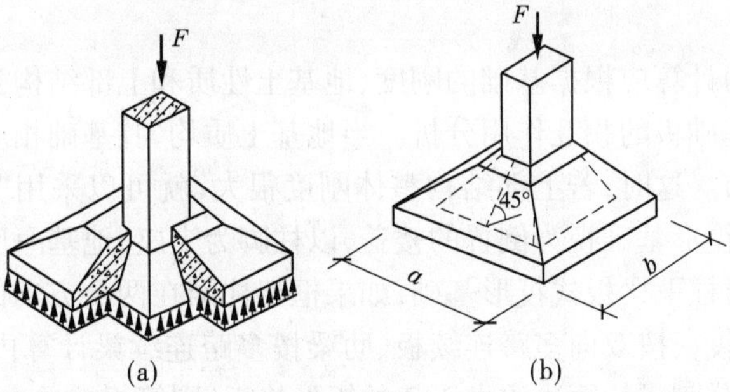

图 8-21　冲切破坏

柱下钢筋混凝土独立基础承受荷载后,如同平板那样,基础底板沿着柱子四周产生弯曲,当弯曲应力超过基础抗弯强度时,基础底板将发生弯曲破坏。一般矩形基础的长宽比小于 2,故基础底板为双向弯曲板。将独立基础的底板看成四块固定在柱边的梯形悬壁板,近似地将地基反力按对角线划分,沿基础长宽两个方向的弯矩,等于梯形基底面积上的地基净反力所产生的力矩。地基净反力所产生的最大弯矩在沿柱边截面处，基础底板的配筋应由此确定。

一般情况下，排架结构或刚架结构的单层工业厂房，其柱基础多采用杯形基础形式，如图 8-22所示。

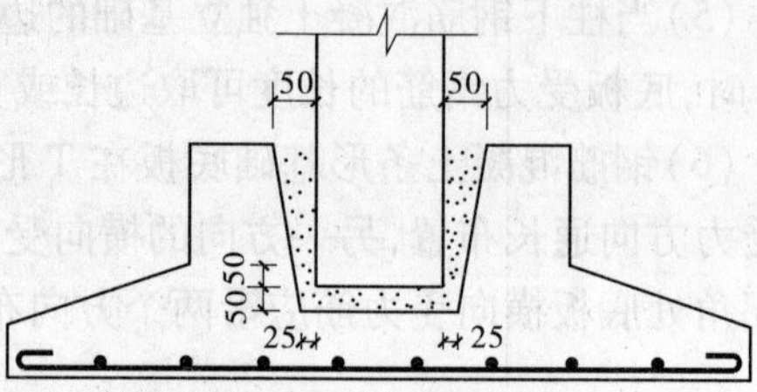

图 8-22　杯形基础

(二)构造要求

(1)钢筋混凝土独立基础混凝土强度等级不应低于 C20。

(2)当柱下钢筋混凝土独立基础的边长大于2.5 m时，底板受力钢筋的长也可取边长的9/10，并交错布置。

(3)现浇柱基础的受力筋应双向配置。现浇柱的纵向钢筋可通过插筋锚入基础中，插筋的数量、直径以及钢筋种类应与柱内纵向钢筋相同。插入基础的钢筋，上下至少应有两道箍筋固定。插筋与柱的纵向受力钢筋的连接方法应按现行的《混凝土结构设计规范》(GB 50010—2010)规定执行。插筋的下端宜做成直钩放在基础底板钢筋网上。当符合下列条件之一时，可仅将四角的插筋伸至底板钢筋网上，其余插筋伸入基础的长度按锚固长度确定：①柱为轴心受压或小偏心受压，基础高度大于等于1 200 mm；②柱为大偏心受压，基础高度大于等于1 400 mm，如图 8-23 所示。

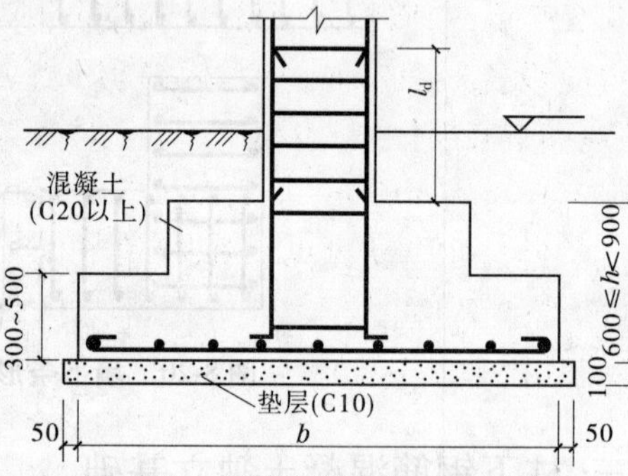

图 8-23　钢筋混凝土独立基础构造

有关杯形基础的构造详见现行的《建筑地基基础设计规范》(GB 50007—2011)。

四、筏形基础

(一)受力特点

筏形基础的内力计算应根据基础的刚度、地基土性质和上部结构类型，考虑采用简化方法或进行地基土与基础板的相互作用分析。当地基土质均匀、基础相对刚度较大时，可认为基底反力呈直线分布。这时，若上部结构整体刚度很大，就可以采用“倒楼盖”法来计算筏形基础的内力，即将筏形基础视为倒置的楼盖，以柱脚为支座，地基净反力为荷载，按普通平面楼盖进行计算。对柱下梁板式筏形基础，如果框架柱网在两个方向的尺寸比小于2，且柱网内无小基础梁，则筏板按双向多跨连续板、肋梁按多跨连续梁计算内力；如果柱网内设有小基础梁，且把底板分割成长短边比大于2 的矩形格板，则筏板按单向板计算，主、次肋梁仍按多跨连续梁计算内力；对于柱下平板式筏形基础，可仿效无梁楼盖计算方法，分别截取柱下板带和柱间板带进行计算。

(二)构造要求

(1)墙下筏形基础宜为等厚度的钢筋混凝土平板，垫层厚度宜为100 mm，混凝土强度等级不应低于 C30。当有地下室时，应采用防水混凝土，防水混凝土的抗渗等级应根据地下水的最大水头与防渗混凝土厚度的比值确定。

（2）底板受力筋直径不小于 8 mm，当有垫层时，其保护层厚度不小于 35 mm。底板配筋除符合计算要求外，纵横方向支座钢筋尚应有 0.15% 的配筋率连通配置，跨中钢筋应全部连通。

（3）梁板式筏形基础底板除计算正截面受弯承载力外，其厚度尚应满足受冲切承载力、受剪切承载力的要求。对于 12 层以上建筑的梁板式筏形基础，其底板厚度与最大双向板格短边净跨之比不应小于 1/14，且板厚度不应小于 400 mm。

（4）筏板悬挑（外伸）长度，从轴线算起，横向不宜大于 1 500 mm，纵向不宜大于 1 000 mm；当预估沉降量大于 120 mm 时，必须加强上部结构的刚度和强度。

（5）当筏形基础厚度大于 2 000 mm 时，宜在板厚中间部位设置直径不小于 12 mm、间距不大于 300 mm 的双向钢筋网。

（6）采用筏形基础的地下室，地下室钢筋混凝土外墙厚度应小于 250 mm，内墙厚度不应小于 200 mm。墙的截面设计除满足承载力要求外，尚应考虑变形、抗裂及防渗等要求。墙体内应设置双面钢筋，竖向钢筋和水平钢筋的直径不应小于 12 mm，间距不应大于 300 mm。地下室底层柱、剪力墙与梁板式筏形基础的基础梁连接时：柱、墙的边缘至基础梁边缘的距离不应小于 50 mm，如图 8-24（a）所示；当交叉基础梁的宽度小于柱截面的边长时，交叉基础梁连接处应设置八字角，柱角与八字角之间的净距不应小于 50 mm，如图 8-24（b）所示；单向基础梁与柱的连接、基础梁与剪力墙的连接如图 8-24（c）、（d）所示。筏板与地下室外墙的接缝，地下室外墙沿高度处的水平接缝应严格按施工接缝要求施工，必要时可设通长止水带。

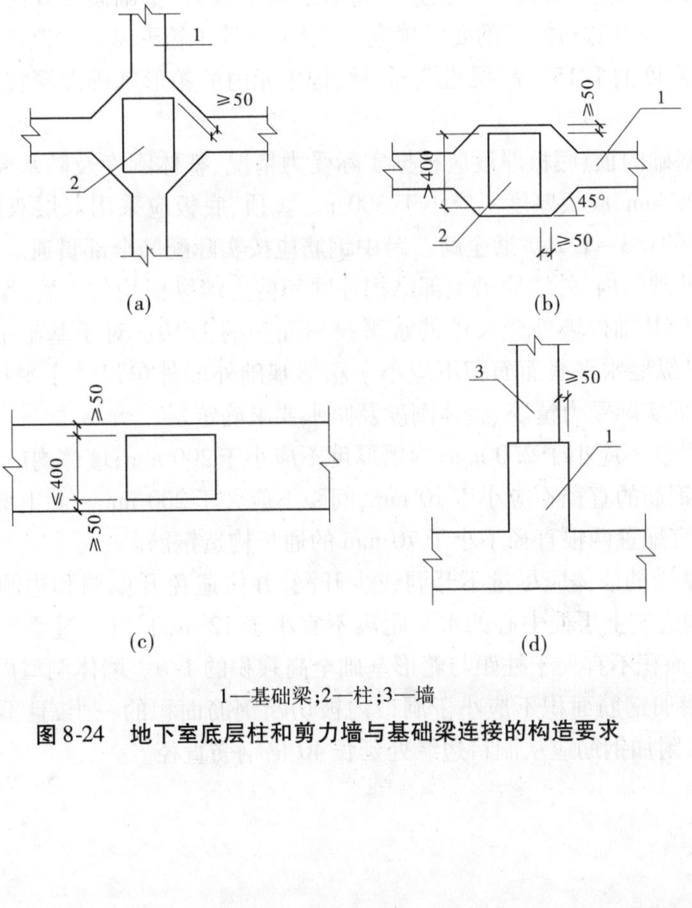

1—基础梁；2—柱；3—墙

图 8-24　地下室底层柱和剪力墙与基础梁连接的构造要求

五、箱形基础

(一)受力特点

箱形基础的受力比较复杂。从整体来看,箱形基础承受着上部结构荷载和地基反力的作用,在基础内产生整体弯曲应力,可以将箱形基础当作一空心厚板,弯矩使顶板、底板轴向受压或受拉,剪力由横墙或纵墙承受。

箱形基础的顶板、底板还分别由于顶板荷载和地基反力的作用产生局部弯曲应力,可以将底板、顶板视为周边固定的连续板。理论研究和实测资料表明,上部结构刚度对基础内力有较大影响,由于上部结构参与共同作用,分担了整个体系的整体弯曲应力,基础内力将随上部结构刚度的增加而减少。当上部结构为框架体系时,由于上部结构刚度较小,箱形基础的整体弯曲就比较明显,箱形基础的内力计算同时考虑整体弯曲和局部弯曲作用;当上部结构为现浇剪力墙体系时,由于上部结构的刚度相当大,以至于箱形基础的整体弯曲小到可以不予考虑,箱形基础的内力仅考虑局部弯曲;当上部结构为框架剪力墙体系时,一般可只考虑局部弯曲。

(二)构造要求

(1)箱形基础的混凝土强度等级不得低于C30,并应采用密实混凝土刚性防水。

(2)箱形基础的高度(从底板底面到顶板顶面的高度)应满足结构承载力、整体刚度和使用功能的要求,其值不宜小于箱形基础长度(不包括底板悬挑部分)的1/20,并不宜小于3 m,通常可取建筑物高度的1/12~1/8。

(3)箱形基础的埋置深度应根据建筑物对地基承载力、基础倾覆及滑移稳定性、建筑物整体倾斜以及抗震设防烈度等的要求确定,一般可取等于箱形基础的高度,在抗震设防区不宜小于建筑总高度的1/15。高层建筑同一结构单元内的箱形基础埋深宜一致,且不得局部采用箱形基础。

(4)箱形基础的顶、底板厚度应根据实际受力情况、整体刚度及防水要求确定。顶板厚度不应小于200 mm,底板厚度不应小于300 mm。顶、底板应采用双层双向配筋,纵横方向的支座钢筋应有1/3~1/2贯通全跨。跨中钢筋应按实际配筋全部贯通。

(5)箱形基础的内、外墙应沿上部结构柱网和剪力墙纵横均匀布置,墙体水平截面总面积不宜小于箱形基础外墙外包尺寸的水平投影面积的1/10。对于基础平面长宽比大于4的箱形基础,其纵墙水平截面面积不应小于箱形基础外墙外包尺寸水平投影面积的1/18;墙身厚度应根据实际受力情况、整体刚度及防水要求确定。

(6)外墙厚度不应小于250 mm;内墙厚度不应小于200 mm;墙体内应设置双面钢筋,竖向钢筋和水平钢筋的直径不应小于10 mm,间距不应大于200 mm。除上部为剪力墙外,内、外墙的墙顶处宜配置两根直径不小于70 mm的通长构造钢筋。

(7)箱形基础的墙体应尽量不开洞或少开洞,并应避免开偏洞和边洞。门洞宜设在柱间居中部位,洞边至上层柱中心的水平距离不宜小于12 m,洞口上过梁的高度不宜小于层高的1/5,洞口面积不宜大于柱距与箱形基础全高乘积的1/6。墙体洞口周围应设置加强钢筋,洞口四周附加钢筋面积不应小于洞口内被切断钢筋面积的一半,且不少于两根直径为16 mm的钢筋,附加钢筋应从洞口边缘处延长40倍钢筋直径。

【知识链接】

建筑物基础置于土上，其沉降和不均匀沉降是客观存在的。当沉降较均匀时，对建筑物的影响较小；当不均匀沉降过大时，将可能造成建筑物不能正常使用、开裂、破坏。因此，有必要从建筑设计、结构设计和施工等方面采取合理的处理措施，来减少建筑物不均匀沉降。

1. 建筑措施

(1)建筑体型力求简单。

(2)设置沉降缝。

(3)相邻建筑物基础间合理控制净距。

(4)控制建筑物某些部位标高。

2. 结构措施

(1)减小基底附加压力。

(2)加强结构的刚度和强度。

3. 施工措施

(1)避免扰动地基土。

(2)大面积填土宜在施工前三个月完成。

(3)高度、自重相差较大的建筑物，应先建高、重部分，后建低、轻部分等。

第三节　桩基础

一、概述

桩基础是深基础中最常见的一种基础形式。一般由设置于土中的桩和承接上部结构荷载的承台组成，如图 8-25 所示。根据承台与地面的相对位置的不同，有低承台桩基和高承台桩基之分。前者的承台底面位于地面以下，而后者则位于地面以上，且桩常处于水下。在工业与民用建筑物中，几乎都使用低承台桩基，而且大量采用的是竖直桩，甚少采用斜桩。桥梁和港口工程中常用高承台桩基，且较多采用斜桩，以承受水平荷载。

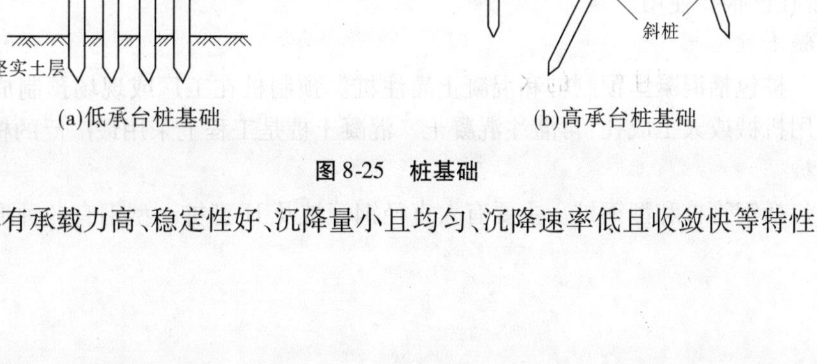

图 8-25　桩基础

桩基具有承载力高、稳定性好、沉降量小且均匀、沉降速率低且收敛快等特性。一般应用于以下几种情况：

(1)荷重大,对沉降要求有严格限制的建筑物。

(2)地面堆载过大的工业厂房及露天吊车、仓库等建筑物。

(3)相邻建(构)筑物因地基沉降而产生的相互影响问题。

(4)对限制倾斜量有特殊要求的建(构)筑物。

(5)荷载占较大比例的建(构)筑物。

(6)配备重级工作制吊车的单层厂房(特别是冶金厂房)。

(7)作为抗地震液化地区和处理软弱地基的措施。

二、桩的分类

(一)按承载力性状和竖向受力情况分类

1. 摩擦桩

(1)摩擦桩在极限承载力状态下,桩顶竖向荷载由桩侧摩擦力承受,如图 8-26(a)所示。

(2)端承摩擦桩在极限承载力状态下,桩顶竖向荷载主要由桩侧摩擦力承受,如图 8-26(b)所示。

2. 端承桩

(1)端承桩在极限承载力状态下,桩顶竖向荷载由桩端阻力承受,如图 8-26(c)所示。

(2)摩擦端承桩在极限承载力状态下,桩顶竖向荷载主要由桩端阻力承受,如图 8-26(d)所示。

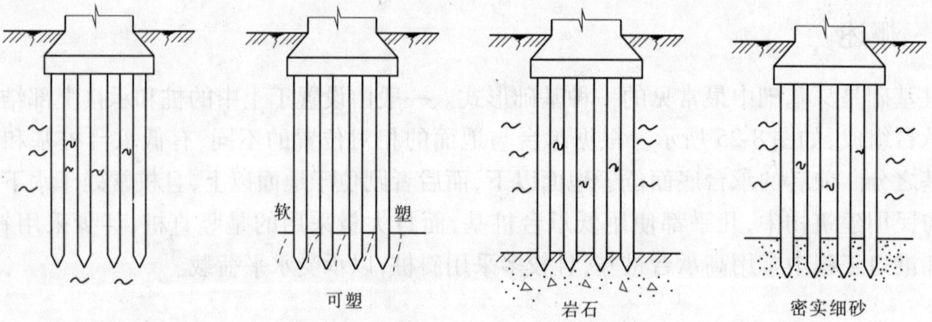

(a)摩擦桩　(b)端承摩擦桩　(c)端承桩　(d)摩擦端承桩

图 8-26　桩按承载性状分类

(二)按桩材分类

1. 木桩

木桩在古代建筑工程中早已使用。其虽然经济,但由于承载力低,易腐烂,木材又来之不易,故现在已很少使用。

2. 混凝土桩

混凝土桩包括混凝土预制桩和混凝土灌注桩。预制桩在工厂或现场预制成型;灌注桩在现场采用机械或人工成孔,再灌注混凝土。混凝土桩是工程上采用最广泛的桩。

3. 钢桩

钢桩包括钢管桩和型钢桩。主要有大直径钢管桩及 H 型桩。型钢有各种形式的板桩,主要用于临时支挡结构或码头工程。H 型及 I 型钢桩则用于支撑桩。钢管桩由各种直径和壁厚的无缝钢管制成。钢桩抗压强度高,施工方便,但价格高,易腐蚀。一般在特殊和重要的建筑物中才使用。

4. 组合材料桩

组合材料桩由两种材料组合而成,以发挥各种材料特点的桩。如钢管桩内填充混凝土,或上部为钢管、下部为混凝土等形式的组合桩。组合桩一般在特殊条件下采用。

(三)按成桩方法分类

根据成桩方法形成桩过程的挤土方式应将桩分为下列两类。

1. 非挤土桩

非挤土桩是指在成桩过程中,对桩周围的土无挤压作用的桩。施工方法是:首先将桩位的土清除,然后在桩孔中灌注混凝土成桩。人工挖孔扩底桩即为这种桩。

2. 挤土桩

挤土桩是指在成桩过程中,桩孔中的土未取出,全部挤压到桩的四周的一类桩。包括两种:

(1)挤土灌注桩。在沉管过程中,把桩孔部位的土挤压至桩管周围,浇筑混凝土振捣成桩(如沉管灌注桩)。

(2)挤土预制桩。指通常用的预制桩。定位后,将预制桩打入或压入地基土中,原在桩位处的土均被挤压至桩的四周。

(四)按桩径大小分类

1. 小直径桩

小直径桩是指桩径 $d \leqslant 250$ mm 的桩。沉桩的施工机械、施工场地与施工方法都比较简单,适用于中小型工程和基础加固,如虎丘塔倾斜加固的树根桩。

2. 中等直径桩

中等直径桩是指桩径 250 mm $< d \leqslant 800$ mm 的桩。由于具有较大的承载力,在建筑工程基础中应用广泛。

3. 大直径桩

大直径桩是指桩径 $d > 800$ mm 的桩。单桩承载力很高,常用于高层建筑及重型设备基础。

(五)按桩施工方法分类

1. 预制桩

在工厂或施工现场预先制作成型,然后运送到桩位,采用锤击、振动或静压的方法将桩沉至设计标高。桩的材料有混凝土、钢筋混凝土、预应力钢筋混凝土、钢管、木材等。在施工中应用最广泛的就是钢筋混凝土预制桩。

预制桩按截面形状分为实心桩和空心桩。其形式有多边形、方形、圆形、矩形等。普通实心方桩截面边长一般为 300 ~ 500 mm。预应力混凝土管桩是一种采用先张法预应力工艺和离心成型法制作的预制桩,如图 8-27 所示。

现场预制的桩长最大尺寸一般为 25 m,场外预制最大尺寸一般为 12 m,过长则需要接桩。常用的接桩方法有钢板角钢焊接法、硫黄胶泥锚固法和法兰盘加螺栓连接法等。

预制桩一般适用于下列情况:不需要考虑噪声污染和振动影响的环境,持力层以上的覆

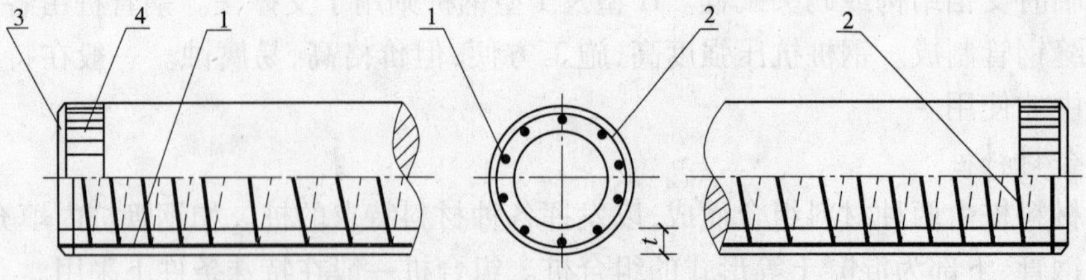

1—预应力钢筋;2—螺旋箍筋;3—端头板;4—钢套箍;t—壁厚

图 8-27 预应力混凝土管桩

盖层中无坚硬夹层,持力层顶面起伏变化不大,水下桩基础工程,大面积桩基础工程。以上情况采用预制桩可提高功效。

2.灌注桩

灌注桩指在设计桩位用钻、冲或挖等方法成孔,然后在孔中灌混凝土成桩的桩型。灌注桩与预制桩相比,不存在起吊及运输问题;桩长可随持力层位置而改变,其配筋率较低,不需接桩。在相同地质条件下,灌注桩配筋造价较低。灌注桩特别要注意保证桩身质量,防止露筋、缩颈、断桩等现象。灌注桩按成孔方法不同分为钻孔灌注桩、冲孔灌注桩、沉管灌注桩、挖孔桩等。

1)钻孔灌注桩

先用钻机将孔钻好,取出孔中土,再吊入钢筋笼,灌注混凝土而成桩。因钻孔机具不同,桩径可小至 100 mm,大至数米。

2)冲孔灌注桩

将冲击钻头提升到一定高度后使之突然降落,利用冲击动能成孔,排除土后,放入钢筋笼,灌注混凝土成桩,孔径与冲击能量有关,一般为 450 ~ 1 200 mm。

3)沉管灌注桩

用机械作用力(锤击、振动、静压等)把下端封闭的钢管挤入土层内,然后在钢管内灌注混凝土,再将钢管从土中拔出。放入钢筋笼,最后灌注混凝土成桩,其施工工艺如图 8-28 所示。桩径一般为 300 ~ 600 mm,桩长通常不超过 25 m。

4)挖孔桩

挖孔桩可采用人工或机械挖掘开孔。人工挖土的,每挖深 0.9 ~ 1.0 m,就浇灌或喷射一圈混凝土护壁(上下圈之间用插筋连接)。当达到所需深度时,可进行扩孔。最后在护壁内安装钢筋笼和浇灌混凝土,如图 8-29 所示。

人工挖孔桩施工时,工人下到桩孔中操作,随时可能遇到流砂、塌孔、有害气体、缺氧、触电和上面掉下重物等危险而造成伤亡事故。因此,采用时应特别慎重,并应严格执行安全生产的规定。

挖孔桩的直径不应小于 0.8 m,一般为 0.8 ~ 2 m。桩长一般不宜超过 30 m。

挖孔桩的优点是:可直接观察地层情况,孔底可清除干净,设备简单,噪声小,桩径大,桩端能进入岩层,承载力高,适应性强,又较经济。

其缺点是:在流砂层及软土层中难以成孔,甚至无法成孔。

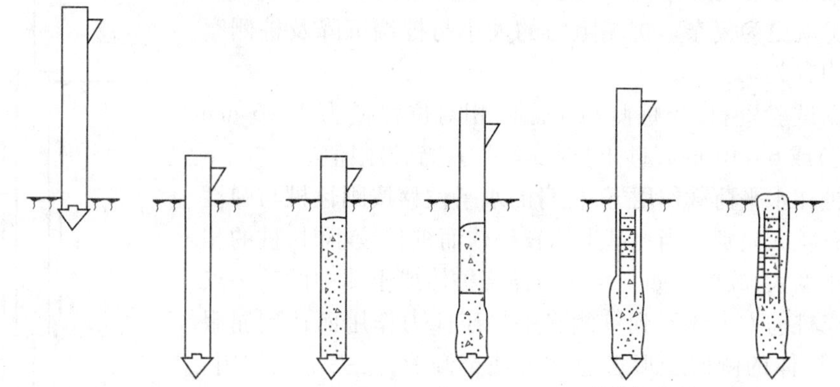

图 8-28　沉管灌注桩施工工艺

三、桩基础构造

(一)桩基的受力特点

1. 承台的受力特点

桩基承台作为连接各个单桩共同承受上部荷载的重要构件,同时受上部结构与桩顶等的冲切、剪切及弯曲作用。

2. 单桩基础的受力特点

单桩在竖向荷载作用下,如图 8-30 所示,由桩侧分布摩擦力与桩端分布阻力共同抵抗竖向荷载。

在桩顶竖向荷载的作用下,桩身横截面上产生竖向力和竖向位移。由于桩身和桩周围土的相互作用,受荷下移的桩身使桩周围土发生变形并对桩侧表面产生向上的摩阻力。随着桩顶荷载的增加,桩身轴力、位移和桩侧摩阻力都不断地发生变化。起初,桩顶荷载值较小,桩身截面位移主要发生在桩身上段,桩顶荷载主要由上段桩侧的摩阻力来承担。当桩顶荷载增加到一定数值时,桩端产生位移,桩端阻力(等于桩端轴力)才开始表露出来。

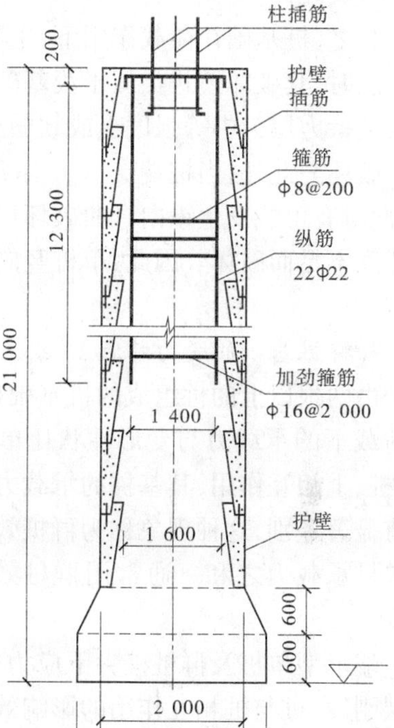

图 8-29　人工挖孔桩

地基土在桩侧摩擦力及桩端阻力的作用下产生附加应力,因而导致地基土的变形,引起桩体的沉降;桩体受到竖向荷载和土体阻力的共同作用而产生桩身轴力,从而导致桩体出现轴向压缩变形;在桩周围由于桩土受力条件不同而产生桩土相对位移,这种相对位移的大小和随深度位置的变化对桩的桩侧摩擦力有很大影响;在桩端处桩的沉降与桩端阻力的大小有关。

桩侧摩擦力的分布在匀质地基中是很复杂的，当在成层土地基情况就更为复杂。桩端阻力的大小与桩端沉降及桩侧摩擦力等均有关系。

根据试验资料，当桩侧与土之间相对位移量为 4 ~ 6 mm（黏性土）或 6 ~ 10 mm（砂土）时，摩阻力达到极限值。

单桩在水平荷载作用下，桩身的水平位移按刚性桩与弹性桩考虑有较大差别。当地基土比较松软而桩长较小时，桩的相对弯曲刚度大，故桩体如刚性体一样绕桩体或土体中的某一点转动。当桩前方土体受到桩侧水平挤压应力作用而达到屈服破坏时，桩体的侧向变形迅速增大甚至倾覆，失去承载作用。当桩的入土深度较大而桩周围的土比较硬时，桩身产生弹性挠曲变形。随着水平荷载的增加，桩侧土的屈服由上向下发展，但不出现全长范围内的屈服。当水平位移过大时，可因桩体开裂而造成破坏。

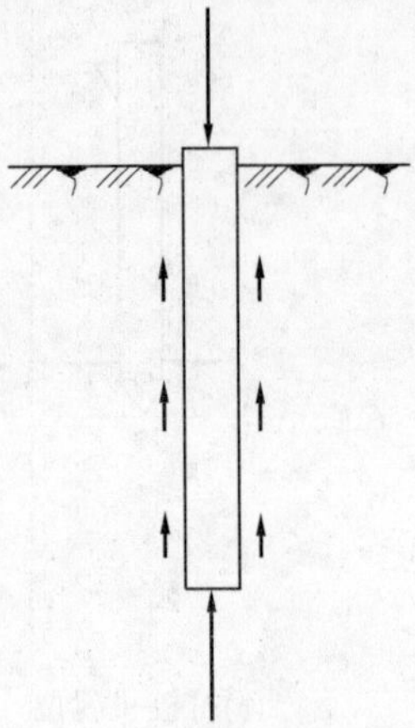

图 8-30　单桩在竖向荷载传力示意图

总之，桩基础在荷载作用下，主要有两种破坏模式：一种是当桩穿过软弱土层支承在坚实土层时，其破坏模式类似于浅基础下地基的整体剪力破坏，土从桩侧两侧隆起；另一种是当桩端持力层为中等强度土或软弱土时，在荷载作用下，桩“切入”土中，称为冲剪切破坏或贯入破坏。此外，当桩端支承于很硬的地层上，而桩侧土又十分软弱时，桩相当于一根细长柱，此时有可能发生纵向弯曲破坏；长度特大的摩擦桩，在桩顶承受大荷载时，有可能因桩身的强度不足而破坏。因此，单桩竖向承载力应根据桩身的材料强度和土对桩的支承两方面确定。

3. 群桩基础的受力特点

由两根以上的桩组成的桩基础称为群桩基础，群桩中的每一根桩称为基桩。群桩在各类荷载下的承载力与变形性状比单桩情况复杂得多，竖向荷载作用下的群桩基础，由于承台、桩、土相互作用，其基桩的承载力和沉降性状往往与相同地质条件和设置方法同样的单桩有显著差别，这种现象称为群桩效应。因此，群桩基础的承载力常不等于其中各基桩的相应单桩承载力之和。通常用群桩效应系数来衡量基桩平均承载力比单桩降低或提高的幅度。

端承型单桩及群桩桩尖下应力分布的情况如图 8-31 所示。由于端承型桩基的桩底持力层刚硬，桩与桩相互作用的影响效应很小，可忽略不计，因此端承型群桩基础中各基桩的工作性状接近于单桩，群桩基础承载力近似等于各基桩的相应单桩承载力之和，群桩效应系数取 1.0。

摩擦型单桩及群桩桩端处的应力分布情况如图 8-32 所示。群桩的桩端平面上因各邻桩桩周扩散应力的相互叠加而导致应力分布的范围和强度均较大，应力传递的深度也将比单桩情况大，群桩效应明显。因此，摩擦型群桩的沉降大于单桩，对于非条形承台下、按常用桩距布桩的群桩，桩数越多，则群桩与单桩的沉降量之比越大。试验与理论分析资料表明，桩距是影响摩擦型群桩基础的群桩效应主导因素，当桩间距小于 3 倍桩径时，地基中附加应力重叠严重，群桩效应系数低而变形比大，而当桩间距大于 6 倍桩径时，地基应力重叠现象较轻，群桩效应系数较高而变形比较小。

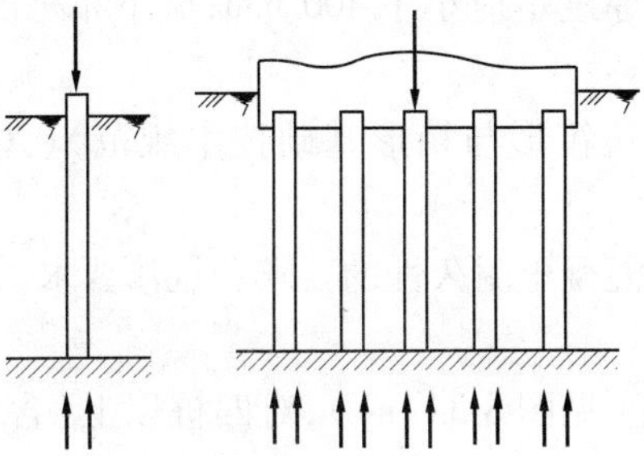

图 8-31　端承型单桩及群桩桩尖下应力分布

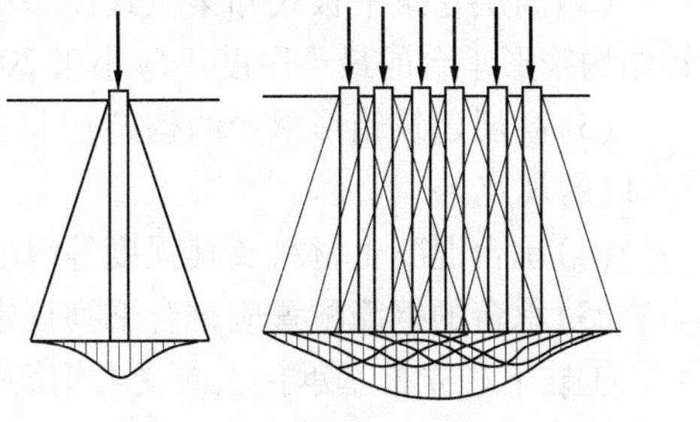

图 8-32　摩擦型单桩及群桩桩端处的应力分布

(二)桩的平面布置

桩在平面内可以布置成方形(或矩形)网格或三角形网格(梅花式)的形式,也可采用不等距排列,如图 8-33 所示。为了使桩基中各桩受力比较均匀,群桩横截面的重心应与荷载合力的作用点重合或接近。

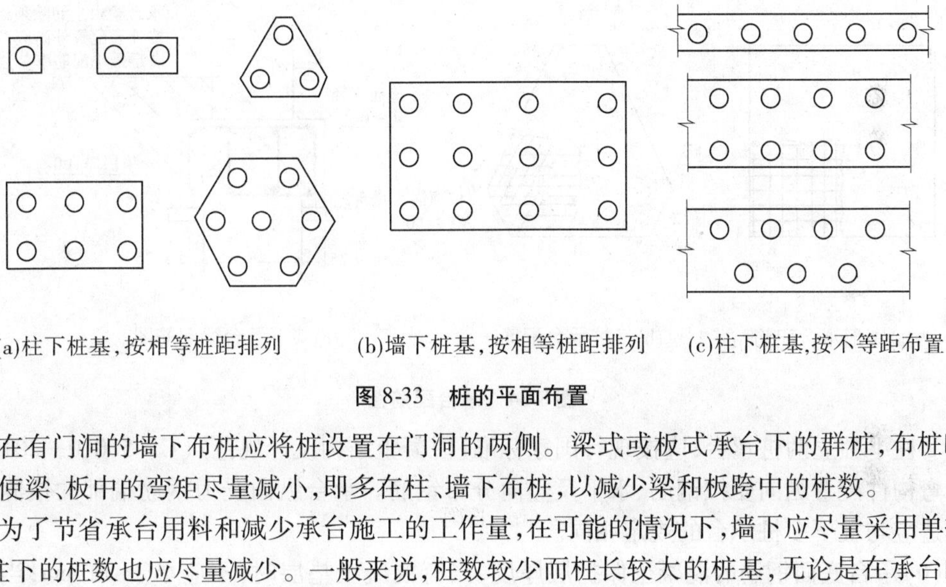

(a)柱下桩基,按相等桩距排列　(b)墙下桩基,按相等桩距排列　(c)柱下桩基,按不等距布置

图 8-33　桩的平面布置

在有门洞的墙下布桩应将桩设置在门洞的两侧。梁式或板式承台下的群桩,布桩时应注意使梁、板中的弯矩尽量减小,即多在柱、墙下布桩,以减少梁和板跨中的桩数。

为了节省承台用料和减少承台施工的工作量,在可能的情况下,墙下应尽量采用单排桩基,柱下的桩数也应尽量减少。一般来说,桩数较少而桩长较大的桩基,无论是在承台的设计和施工方面,还是在提高群桩的承载力以及减小桩基沉降量方面,都比桩数多而桩长小的桩基优越。如果由于单桩承载力不足而造成桩数过多、布桩不够合理,宜重新选择桩的类型及几何尺寸。

(三)桩基础的构造要求

1. 桩基础承台的构造要求

桩基承台的构造应满足抗冲切、抗剪切、抗弯承载力和上部结构要求,尚应符合下列要求:

(1)独立柱下桩基承台的最小宽度不应小于 500 mm,边桩中心至承台边缘的距离不应小于桩的直径或边长,且桩的外边缘至承台边缘的距离不应小于 150 mm。对于墙下条形承台梁,桩的外边缘至承台梁边缘的距离不应小于 75 mm。承台的最小厚度不应小于 300 mm。

(2)高层建筑平板式和梁板式筏形承台的最小厚度不应小于400 mm,墙下布桩的剪力墙结构筏形承台的最小厚度不应小于200 mm。

(3)高层建筑箱形承台的构造应符合《高层建筑筏形与箱形基础技术规范》(JGJ 6—2011)的规定。

(4)承台混凝土材料及其强度等级应符合结构混凝土耐久性的要求和抗渗要求。

(5)承台的钢筋配置应符合下列规定:

①柱下独立桩基承台纵向受力钢筋应通长配置(见图8-34(a)),对四桩以上(含四桩)承台宜按双向均匀布置,对三桩的三角形承台应按三向板带均匀布置,且最里面的三根钢筋围成的三角形应在柱截面范围内(见图8-34(b))。纵向钢筋锚固长度自边桩内侧(当为圆桩时,应将其直径乘以0.8等效为方桩)算起,不应小于35倍纵向钢筋直径;当不满足时应将纵向钢筋向上弯折,此时水平段的长度不应小于25倍纵向钢筋直径,弯折段长度不应小于10倍纵向钢筋直径。承台纵向受力钢筋的直径不应小于12 mm,间距不应大于200 mm。柱下独立桩基承台的最小配筋率不应小于0.15%。

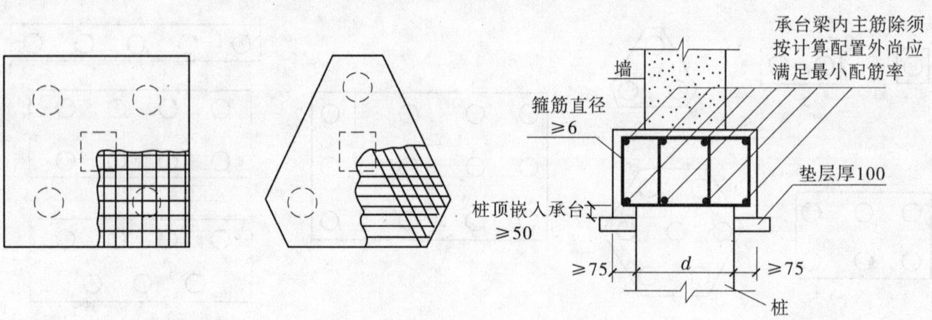

(a)矩形承台配筋　(b)三桩承台配筋　(c)墙下承台梁配筋图

图8-34　承台配筋图

②柱下独立两桩承台,应按现行国家标准《混凝土结构设计规范》(GB 50010—2010)中的受弯构件配置纵向受拉钢筋、水平及竖向分布钢筋。承台纵向受力钢筋端部的锚固长度及构造应与柱下多桩承台的规定相同。

(6)承台底面钢筋的混凝土保护层厚度,当有混凝土垫层时,不应小于50 mm;当无垫层时,不应小于70 mm。此外,尚不应小于桩头嵌入承台内的长度。

(7)桩与承台的连接构造应符合下列规定:

①桩嵌入承台内的长度:对于中等直径桩,不宜小于50 mm;对于大直径桩,不宜小于100 mm。

②混凝土桩的桩顶纵向主筋应锚入承台内,其锚入长度不宜小于35倍纵向主筋直径。对于抗拔桩,桩顶纵向主筋的锚固长度应按现行国家标准《混凝土结构设计规范》(GB 50010—2010)确定。

③对于大直径灌注桩,当采用一柱一桩(见图8-35)时,可设置承台或将桩与柱直接连接。

(8)柱与承台的连接构造应符合下列规定:

①对于一柱一桩基础,当柱与桩直接连接时,柱纵向主筋锚入桩身内长度不应小于35

倍纵向主筋直径。

②对于多桩承台，柱纵向主筋应锚入承台不应小于35倍纵向主筋直径；当承台高度不满足锚固要求时，竖向锚固长度不应小于20倍纵向主筋直径，并向柱轴线方向呈90°弯折。

③当有抗震设防要求时，对于一、二级抗震等级的柱，纵向主筋锚固长度应乘以1.15的系数；对于三级抗震等级的柱，纵向主筋锚固长度应乘以1.05的系数。

2. 桩和桩基的构造要求

(1)摩擦型桩的中心距不宜小于桩身直径的3倍；扩底灌注桩的中心距不宜小于扩底直径的1.5倍，当扩底直径大于2 m时，桩端净距不宜小于1 m。在确定桩距时尚应考虑施工工艺中挤土等效应对邻近桩的影响。

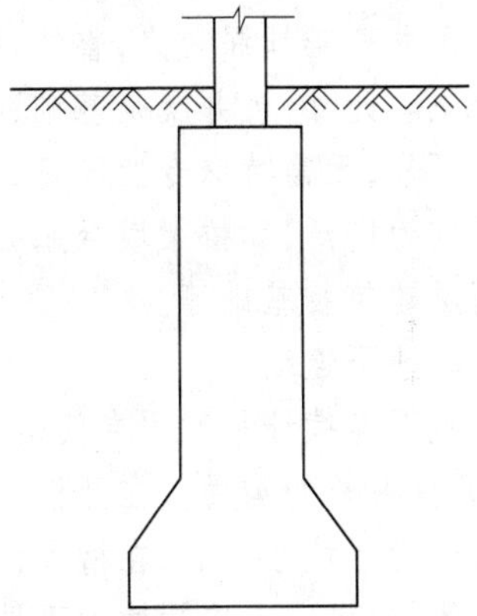

图8-35　一柱一桩

(2)扩底灌注桩的扩底直径不应大于桩身直径的3倍。

(3)桩底进入持力层的深度根据地质条件、荷载及施工工艺确定，宜为桩身直径的1~3倍。在确定桩底进入持力层深度时，尚应考虑特殊土、岩溶以及震陷液化等影响。嵌岩灌注桩周边嵌入完整和较完整的未风化、微风化、中风化硬质岩体的最小深度不宜小于0.5 m。

(4)布置桩位时宜使桩基承载力合力点与竖向永久荷载合力作用点重合。

(5)预制桩的混凝土强度等级不应低于C30，灌注桩不应低于C20，预应力柱不应低于C40。

(6)桩的主筋应经计算确定。打入式预制桩的最小配筋率不宜小于0.8%，静压预制桩的最小配筋率不宜小于0.6%；灌注桩最小配筋率不宜小于0.2%~0.65%(小直径桩取大值)。

(7)配筋长度：

①受水平荷载和弯矩较大的桩，配筋长度应通过计算确定。

②当桩基承台下存在淤泥、淤泥质土层或液化土层时，配筋长度应穿过淤泥、淤泥质土层或液化土层。

③坡地岸边的桩、8度及8度以上地震区的桩、抗拔桩、嵌岩端承桩应通长配筋。

④桩径大于600 mm的钻孔灌注桩，构造钢筋的长度不宜小于桩长的2/3。

(8)桩顶嵌入承台内的长度不宜小于50 mm。主筋伸入承台内的锚固长度不宜小于钢筋直径(Ⅰ级钢)的30倍和钢筋直径(Ⅱ级钢和Ⅲ级钢)的35倍。对于大直径灌注桩，当采用一柱一桩时，可设置承台或将桩和柱直接连接。桩和柱的连接可按规范高杯口基础的要求选择截面尺寸和配筋，柱纵筋插入桩身的长度应满足锚固长度的要求。

(9)在承台及地下室周围的回填中，应满足填土密实性的要求。

【知识链接】

深基础除桩基础外，还有沉井、地下连续墙等。

1. 沉井基础

沉井是用混凝土(或钢筋混凝土)等材料制成的井筒结构。施工时先就地制作第一节井筒，然后在井筒内挖土，使沉井在自身重力作用下克服井壁阻力后下沉至设计标高，然后经过混凝土封底，并填塞井孔，使其成为桥梁墩台或其他结构物的基础。

沉井基础埋深较大，整体性好，稳定性好，具有较大的承载面积，能承受较大的垂直和水平荷载。此外，沉井既是基础，又是施工时的挡土和挡水围堰结构物，其施工工艺简便，技术稳妥可靠，无需特殊专业设备，并可做成补偿性基础，避免过大沉降，在深基础或地下结构中应用较为广泛，如桥梁墩台基础、地下泵房、水池、油库、矿用竖井以及大型设备基础、高层和超高层建筑物基础等。

2. 地下连续墙

地下连续墙是利用专门的挖槽设备，沿深基础或地下建筑物周边，按照事先划好的幅段，开挖狭长的沟槽。在开挖过程中，为保证槽壁的稳定，沟槽采用特制的泥浆护壁，每个幅段的沟槽开挖结束后，在槽段内放置钢筋笼，并浇筑水下混凝土，然后将若干个幅段连成一个整体，形成一个连续的地下墙体，即现浇钢筋混凝土壁式连续墙。

地下连续墙施工震动小、噪声低，墙体刚度大，防渗性能好，对周围地基无扰动，可以组成具有很大承载力的任意多边形连续墙代替桩基础、井基础或沉箱基础。对土壤的适应范围很广，在软弱的冲积层、中硬地层、密实的砂砾层以及岩石的地基中都可施工。初期用于坝体防渗、水库地下截流，后发展为挡土墙、地下结构的一部分或全部。房屋的深层地下室、地下停车场、地下街、地下铁道、地下仓库、矿井等均可应用。

本章小结

1. 浅基础按基础材料分为：砖基础、毛石基础、三合土基础、灰土基础、混凝土基础与毛石混凝土基础。

2. 浅基础按结构形式分为：独立基础、条形基础、十字交叉基础、筏形基础、箱形基础等。

3. 基础埋置深度的几个主要影响因素：建筑物的用途和类型、作用在基础上荷载的大小和性质、工程地质和水文地质条件、相邻建筑物的基础埋深、地基土冻胀和融陷的影响。

4. 地基承载力是地基所具有的承受荷载的能力，即地基在保证其稳定的前提下，满足建筑物各类变形要求时的承载能力。

5. 无筋扩展基础、墙下钢筋混凝土条形基础、柱下钢筋混凝土独立基础、筏形基础、箱形基础的受力特点和构造要求。

6. 桩基础的受力特点、桩和承台的构造要求与浅基础有较大差别。

思考练习题

一、选择题

1. 必须满足刚性角限制的基础是(　　)。

A. 条形基础　　B. 独立基础

C. 刚性基础　　D. 柔性基础

2. 以下属于扩展基础的是(　　)。

A. 柱下钢筋混凝土独立基础　　B. 墙下混凝土条形基础

C. 毛石基础　　　　　　　　　　　　　D. 墙下条形砖基础

二、思考题

1. 天然地基浅基础有哪些结构类型？各适用于哪些范围？主要构造要求有哪些？
2. 什么是基础埋深？选择基础埋深应考虑哪些因素？
3. 桩基础由哪几部分组成？一般应用于哪些情况？
4. 桩基础怎样进行分类？

第九章　建筑结构抗震基本知识

【学习目标】

本章要求重点掌握地震烈度、基本烈度、抗震设防标准等基本概念，了解多层及高层钢筋混凝土结构和砌体结构等抗震设计的基本知识，并掌握建筑结构抗震的构造措施。

第一节　地震基本知识

一、基本概念

（一）地震的概念

在建筑抗震设计中所指的地震是指由于地壳构造运动使岩层发生断裂、错动而引起的地面震动。由于这种地震是地壳构造变动引起的，故又称为构造地震，简称地震。地震发生时，地壳深处发生岩层断裂或错动产生振动的部位称为震源。震源至地面的垂直距离称为震源深度。震源正上方在地表的垂直投影点称为震中。震中附近地面震动最厉害，也是破坏最严重的地区，称为震中区。受地震影响地区地面上某点至震中的水平距离称为震中距。在同一地震中，具有相同地震烈度地点的连线称为等震线，如图 9-1 所示。

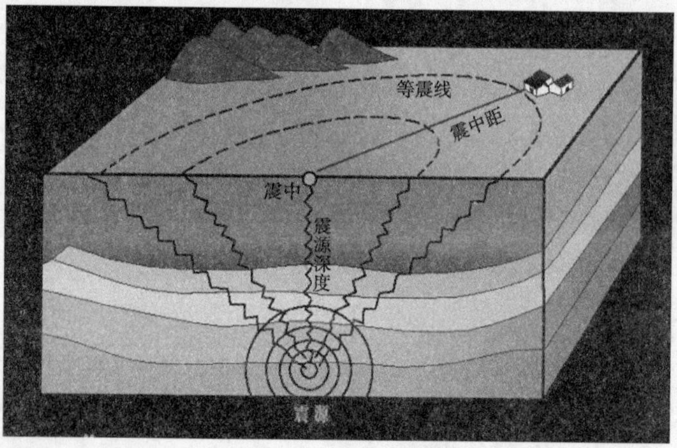

图 9-1　地震术语示意图

（二）震级

衡量一次地震释放能量大小的等级称为震级，用符号 M 表示，由于人们所能观测到的只是地震波传播到地表的震动，这也正是对我们有直接影响的那一部分地震能量所能引起的地面震动，因此用地面震动的震幅大小来度量地震的震级。目前，国际上比较通用的是里氏震级。震级表示一次地震释放能量的多少，也是表示地震规模的指标，所以一次地震只有一个震级。震级越大，放出能量越大，影响越大。

一般来说，小于 2 级的地震称为微震，人们感觉不到，只有仪器才能记录下来；2 ~ 4 级的地震称为有感地震;5级以上的地震称破坏性地震,会对建筑物造成不同程度的破坏;7~8级的地震称为强烈地震或大地震;超过8级的地震称为特大地震。目前,世界最大的地震是1960年发生在智利的9.5级地震。我国1976年7月在唐山发生的地震是7.8级,2008年5月在四川发生的地震是8.0级。

(三)烈度

1.地震烈度

地震烈度是指地震时某一地区的地面和各类建筑物遭受到一次地震影响的强弱程度。地震烈度主要是说明已经发生的地震影响的程度。一个地区的烈度不仅与这次地震的释放能量(即震级)、震源深度、距离震中的远近有关,还与地震波传播途径中的工程地质条件和建筑物的特性有关。

若仅用地震震级来标志地震动强度,还不足以区别地面和建筑物破坏的程度。所以,还需要用地震烈度来表示地震对地面影响的强烈程度。因此,一次地震只有一个震级,但距离震中不同的地点却有不同的地震烈度。一般来说,离震中越近,受地震影响就越大,地震烈度也就越高;离震中越远,地震影响越小,地震烈度越低。地震发生时,震中区的地震烈度最大。

2.基本烈度

地震基本烈度是指一个地区今后一定时期内,一般场地条件下可能遭遇的最大地震烈度。各地区的基本烈度根据当地的地质、地形条件和历史地震情况等确定。国家地震局批准的《中国地震动参数区划图》中的地震烈度即为基本烈度。

3.抗震设防烈度

按国家规定权限批准作为一个地区地震设防依据的地震烈度,称为抗震设防烈度。一般情况下,可采用《中国地震动参数区划图》的地震基本烈度,或采用与《建筑抗震设计规范》(GB 50011—2010)设计基本地震加速度对应的地震烈度。对于已编制抗震设防区划的城市,也可采用批准的抗震设防烈度或设计地震动参数进行抗震设防。

二、地震破坏的现象

(一)地表破坏

1.地裂缝

在强烈地震作用下,常常在地面产生裂缝。地裂缝分为重力地裂缝和构造地裂缝。重力地裂缝是由于在强烈地震作用下,地面作剧烈震动引起的惯性力超过了土的抗剪能力。这种裂缝长度可由几米到几十米,断续总长可达几千米,但一般不深,多为1~2 m。构造地裂缝是地壳深部断层错动延伸至地面的裂缝。

2.喷砂冒水

在地下水位较高的平原及沿海地区,地下埋深较浅的细砂层或粉土层在地震发生时,地震波的强烈震动使地下水压力急剧增高,使饱和的细砂或粉土颗粒处于悬浮状态,造成这部分土体液化,从地裂缝或土质松软的地方冒出地面,形成喷砂冒水现象,严重地方可造成房屋下沉、倾斜,上部结构的开裂甚至倒塌。

3.地面下沉

在强烈地震作用下,在回填土和空隙较大的黏性土等松软而压缩性较高的土层中,往往发生震陷，使建筑物破坏。

4. 滑坡、塌方

在强烈地震作用下，常引起河岸、陡坡滑坡，有时规模很大，造成公路堵塞、岸边建筑物破坏。

（二）建筑物破坏

在强烈地震作用下，各类建筑物会遭到程度不同的破坏，按其破坏形态及直接原因，可分以下几类。

1. 结构丧失整体性

建筑物一般都由许多构件组成，在强烈地震作用下，构件连接不牢、支承度不够和支撑失稳等都会引起结构丧失整体性而破坏。

2. 承重构件强度不足引起破坏

作为结构主要承重的构件，墙、柱、梁等由于设计时未考虑抗震设防或抗震设防不足，在强烈地震作用下首先发生破坏，不能继续承受重力荷载，从而造成房屋倒塌。

3. 地基失效

当建筑物地基内含饱和砂层、粉土层时，在强烈地面运动作用下，土中孔隙水压力急剧增高，致使地基土发生液化，地基承载力下降，甚至完全丧失，从而造成房屋的局部倾斜或不均匀沉降。

（三）次生灾害

所谓次生灾害，是指地震时山体滑坡、泥石流、水坝河堤决口造成水灾、易燃易爆物的引燃造成火灾、爆炸或由于管道破坏造成毒气泄漏以及细菌和放射性物质扩散对人畜生命威胁等。同时，地震造成交通和通信的中断，医院、电厂、消防等部门工作无法正常进行，更加剧了抗震救灾工作的困难。这些次生灾害造成的损失有时比地震直接造成的损失还要大。

三、建筑抗震设防标准及设防目标

（一）建筑抗震设防分类

在进行抗震设计时，应根据其重要性不同，采取不同的建筑抗震设防标准。《建筑工程抗震设防分类标准》（GB 50233—2008）将建筑工程分为以下四个抗震设防类别：

（1）特殊设防类：指使用上有特殊设施，涉及国家公共安全的重大建筑工程和地震时可能发生严重次生灾害等特别重大灾害后果，需要进行特殊设防的建筑，简称甲类。

（2）重点设防类：指地震时使用功能不能中断或需尽快恢复的生命线相关建筑，以及地震时可能导致大量人员伤亡等重大灾害后果，需要提高设防标准的建筑，简称乙类。

（3）标准设防类：指大量的除甲类、乙类、丁类外按标准要求进行设防的建筑，简称丙类。

（4）适度设防类：指使用上人员稀少且震损不致产生次生灾害，允许在一定条件下适度降低要求的建筑，简称丁类。

（二）建筑抗震设防标准

抗震设防是对建筑进行抗震设计，包括地震作用、地震承载力计算、变形验算和采取抗震措施，以达到抗震的效果。

抗震设防烈度是按国家规定的权限标准作为一个地区抗震设防依据的地震烈度。抗震设防烈度必须按国家规定权限审批、颁布的文件确定。一般情况下,建筑抗震设防烈度可采用《中国地震烈度区划图》的基本烈度。各抗震设防类别建筑的抗震设防标准,应符合下列要求:

(1)标准设防类,应按本地区抗震设防烈度确定其抗震措施和地震作用,达到在遭遇高于当地抗震设防烈度的预估罕遇地震影响时不致倒塌或发生危及生命安全的严重破坏的抗震设防目标。

(2)重点设防类,应按高于本地区抗震设防烈度 1 度的要求加强其抗震措施;但抗震设防烈度为 9 度时,应按比 9 度更高的要求采取抗震措施;地基基础的抗震措施应符合有关规定。同时,应按本地区抗震设防烈度确定其地震作用。

(3)特殊设防类,应按高于本地区抗震设防烈度 1 度的要求加强其抗震措施;但抗震设防烈度为 9 度时,应按比 9 度更高的要求采取抗震措施。同时,应按批准的地震安全性评价的结果且高于本地区抗震设防烈度的要求确定其地震作用。

(4)适度设防类,允许比本地区抗震设防烈度的要求适当降低其抗震措施,但抗震设防烈度为 6 度时不应降低。一般情况下,仍应按本地区抗震设防烈度确定其地震作用。

对于划为重点设防类而规模很小的工业建筑,当改用抗震性能较好的材料且符合抗震设计规范对结构体系的要求时,允许按标准设防类设防。

(三)抗震设防的一般目标

抗震设防目标是指建筑结构遭遇不同水准的地震影响时,对结构、构件、使用功能、设备的损坏程度及人身安全的总要求。建筑设防目标要求建筑物在使用期间,对不同频率和强度的地震应具有不同的抵抗能力,对于一般较小的地震,发生的可能性大,故又称多遇地震,这时要求结构不受损坏,在技术上和经济上都可以做到;而对于罕遇的强烈地震,由于发生的可能性小,但地震作用大,在此强震作用下要保证结构完全不损坏,技术难度大,经济投入也大,是不合算的,这时若允许有所损坏,但不倒塌,则将是经济合理的。

因此,结合我国基本情况,《建筑抗震设计规范》(GB 50011—2010)提出了“三个水准”的抗震设防目标:

第一水准:当遭受低于本地区抗震设防烈度的多遇地震(或称小震)影响时,建筑物一般不受损坏或不需修理仍可继续使用。

第二水准:当遭受本地区规定设防烈度的地震(或称中震)影响时,建筑物可能产生一定的损坏,经一般修理或不需修理仍可继续使用。

第三水准:当遭受高于本地区规定设防烈度预估的罕遇地震(或称大震)影响时,建筑可能产生重大破坏,但不致倒塌或发生危及生命的严重破坏。

通常将抗震设防的一般目标概括为:小震不坏,中震可修,大震不倒。建筑物在强烈地震中不损坏是不可能的,抗震设防的底线是建筑物不倒塌,只要不倒塌,就可以大大减少生命财产的损失,减轻灾害。一般情况下,在设防烈度小于 6 度的地区,地震作用对建筑物的损坏程度较小,可不予考虑抗震设防;在 9 度以上的地区,即使采取很多措施,仍难以保证安全,故在抗震设防烈度大于 9 度地区的抗震设计应按有关专门规定执行。所以,《建筑抗震设计规范》(GB 50011—2010)适用于 6 ~ 9 度地区。

为了达到上述三项抗震设防目标,《建筑抗震设计规范》(GB 50011—2010)采用二阶段设计法:

第一阶段设计：按小震作用效应和其他荷载效应的基本组合验算构件的承载力，以及在小震作用下验算结构的弹性变形，以满足第一水准抗震设防目标的要求，保证小震不坏。

第二阶段设计：在大震作用下验算结构的弹塑性变形，以满足第三水准抗震设防目标的要求，保证大震不倒。

对于第二水准抗震设防目标的要求，只要结构按第一阶段设计，并采取相应的抗震措施，即可得到满足。

（四）抗震设计的基本要求

抗震设计主要包括三个方面：抗震概念设计、抗震计算设计和抗震构造措施。由于地震及地震效应的不确定性和复杂性，以及计算模型与实际情况的差异，不能仅依赖计算设计，结构抗震性能的决定因素首先取决于良好的概念设计。

抗震概念设计是根据地震灾害和工程经验等所形成的基本设计原则和设计思想，进行建筑和结构总体布置并确定细部构造的过程。根据概念设计的原理进行抗震设计、施工及材料选择时，应遵循下列要求。

1. 选择对抗震有利的场地、地基和基础

1）场地选择

《建筑抗震设计规范》（GB 50011—2010）规定：选择建筑场地时，应根据工程需要和地震活动情况、工程地质和地震地质的有关资料，对抗震有利、一般、不利和危险地段做出综合评价。对于不利地段，应提出避开要求，当无法避开时应采取有效的措施；对于危险地段，严禁建造甲类、乙类的建筑，不应建造丙类的建筑。

2）地基和基础设计

《建筑抗震设计规范》（GB 50011—2010）规定地基和基础设计应符合下列要求：

（1）同一结构单元的基础不宜设置在性质截然不同的地基上。

（2）同一结构单元不宜部分采用天然地基部分采用桩基；当采用不同基础类型或基础埋深显著不同时，应根据地震时两部分地基基础的沉降差异，在基础、上部结构的相关部位采取相应措施。

（3）当地基为软弱黏性土、液化土、新近填土或严重不均匀土时，应根据地震时地基不均匀沉降和其他不利影响，采取相应的措施。

2. 选择对抗震有利的建筑平面和立面

建筑设计应符合抗震概念设计的要求，不应采用严重不规则的设计方案。建筑及抗侧力结构的平面布置宜规则对称，并应具有良好的整体性；建筑的立面和竖向剖面宜规则，结构的侧向刚度宜均匀变化，竖向抗侧力构件的截面尺寸和材料强度宜自下而上逐渐减小，避免抗侧力结构的侧向刚度和承载力突变。

体型复杂、平立面特别不规则的建筑结构，可按实际需要在适当部位设置防震缝，将建筑分成规则的抗侧力结构单元。

3. 选择合理的抗震结构体系

结构体系应根据建筑的抗震设防类别、抗震设防烈度、建筑高度、场地条件、地基、结构材料和施工等因素，经技术、经济和使用条件综合比较确定。

4. 处理好非结构构件和主体结构的关系

非结构构件主要包括女儿墙、高低跨封墙、雨篷、贴面、顶棚、围护墙、隔墙等。在抗震设计中,处理好非结构构件与主体结构之间的关系,可防止附加震害,减少损失。附着于楼、屋面结构上的非结构构件,应与主体结构有可靠的连接或锚固,避免地震时倒塌伤人或砸坏重要设备。围护墙和隔墙应考虑对结构抗震的不利影响,避免不合理设置而导致主体结构的破坏。幕墙、装饰贴面与主体结构应有可靠的连接,避免地震时脱落伤人。

5. 合理选用材料和保证施工质量

抗震结构对材料和施工质量的特别要求应在设计文件上注明。结构材料性能指标应符合规范的最低要求。例如:普通砖和多孔砖的强度等级不应低于 MU10,其砌筑砂浆强度等级不应低于 M5;混凝土的强度等级,框支梁、框支柱及抗震等级为一级的框架梁、柱、节点核芯区,不应低于 C30 等。

【知识链接】

根据人的感觉、器物反应、建筑物的破损程度和自然现象等宏观现象,用地震烈度表来作为判定地震烈度大小的标准和尺度。目前,我国使用的是 1999 年由国家地震局颁布实施的《中国地震烈度表(1999)》,见表 9-1。

表 9-1　中国地震烈度表(1999)

烈度	在地面上人的感觉	房屋震害程度		其他震害现象	水平向地面运动	
		震害现象	平均震害指数		峰值加速度(m/s^2)	峰值速度(m/s)
1	无感					
2	室内个别静止中人有感觉					
3	室内少数静止中人有感觉	门、窗轻微作响		悬挂物微动		
4	室内多数人、室外少数人有感觉,少数人梦中惊醒	门、窗作响		悬挂物明显摆动,器皿作响		
5	室内普遍、室外多数人有感觉,多数人梦中惊醒	门窗、屋顶、屋架颤动作响,灰土掉落,抹灰出现微细烈缝,有檐瓦掉落,个别屋顶烟囱掉砖		不稳定器物摇动或翻倒	0.31 (0.22~0.44)	0.03 (0.02~0.04)
6	多数人站立不稳,少数人惊逃户外	损坏:墙体出现裂缝,檐瓦掉落,少数屋顶烟囱裂缝、掉落	0~0.10	河岸和松软土出现裂缝,饱和砂层出现喷砂冒水;有的独立砖烟囱轻度裂缝	0.63 (0.45~0.89)	0.06 (0.05~0.09)

续表 9-1

烈度	在地面上人的感觉	房屋震害程度		其他震害现象	水平向地面运动	
		震害现象	平均震害指数		峰值加速度（m/s^2）	峰值速度（m/s）
7	大多数人惊逃户外，骑自行车的人有感觉，行驶中的汽车驾乘人员有感觉	轻度破坏：局部破坏，开裂，小修或不需要修理可继续使用	0.11～0.30	河岸出现坍方；饱和砂层常见喷砂冒水，松软土地上地裂缝较多；大多数独立砖烟囱中等破坏	1.25（0.90～1.77）	0.13（0.10～0.18）
8	多数人摇晃颠簸，行走困难	中等破坏：结构破坏，需要修复才能使用	0.31～0.50	干硬土上出现裂缝；大多数独立砖烟囱严重破坏；树梢折断；房屋破坏导致人畜伤亡	2.50（1.78～3.53）	0.25（0.19～0.35）
9	行动的人摔倒	严重破坏：结构严重破坏，局部倒塌，修复困难	0.51～0.70	干硬土上出现裂缝；基岩可能出现裂缝、错动；滑坡坍方常见；独立砖烟囱倒塌	5.00（3.54～7.07）	0.50（0.36～0.71）
10	骑自行车的人会摔倒，处不稳状态的人会摔离原地，有抛起感	大多数倒塌	0.71～0.90	山崩和地震断裂出现；基岩上拱桥破坏；大多数独立砖烟囱从根部破坏或倒毁	10.00（7.08～4.14）	1.00（0.72～1.41）
11		普遍倒塌	0.91～1.00	地震断裂延续很长；大量山崩滑坡		
12				地面剧烈变化，山河改观		

注：表中的数量词："个别"为 10% 以下，"少数"为 10% ～50%，"多数"为 50% ～70%，"大多数"为 70% ～90%，"普遍"为 90% 以上。

第二节　多层及高层钢筋混凝土房屋的抗震措施

多层及高层钢筋混凝土结构体系主要有框架结构、框架－剪力墙结构、剪力墙结构、筒体结构体系。

一、多层及高层钢筋混凝土结构震害及其分析

钢筋混凝土结构房屋由于其材料性能的特点，一般具有较好的抗震性能，震害比多层砌体房屋要轻得多。主要表现在以下几个方面。

（一）框架结构的震害

1. 框架梁

框架梁震害多发生在梁端。在地震作用下，梁端纵向钢筋屈服，出现上下贯通的垂直裂缝和交叉裂缝。在梁负弯矩钢筋切断处，由于抗弯能力削弱也容易产生裂缝，造成梁产生剪切破坏。其主要原因是梁端屈服后产生的剪力较大，超过了梁的受剪承载力，梁内箍筋配置稀疏，以及反复荷载作用下混凝土抗剪强度降低等。

2. 框架柱

（1）柱端的弯剪破坏。上、下柱端出现水平裂缝和斜裂缝，也有交叉斜裂缝。柱端形成塑性铰，混凝土会发生严重剥落，并且主筋向外鼓出，箍筋外鼓崩断。

（2）柱身的剪切破坏。多出现交叉斜裂缝和S形裂缝，箍筋屈服崩断。柱子较短时，剪跨比过小，刚度较大，柱中的地震力也较大，容易导致柱的脆性剪切破坏。

（3）角柱破坏。由于双向受弯、受剪，加上扭转作用，震害比内柱重。

柱破坏的原因是抗弯、抗剪和抗压承载力不足，箍筋布置偏稀，对混凝土的约束很差，在压、弯、剪、扭作用下，柱的截面承载力达到极限。

3. 梁柱节点

当梁柱节点的配筋或构造不当时，会出现十字交叉斜裂缝，斜裂缝间混凝土压碎剥落，柱内纵向钢筋压屈，破坏后果比较严重。

在梁内纵向钢筋锚固长度不足时，纵向钢筋从节点内被拔除，混凝土被拉裂。装配式框架结构构件连接处易发生脆性断裂，特别是用坡口焊接钢筋处容易拉断。节点劈坏的主要原因是节点抗剪承载力不足，约束箍筋太少，钢筋过密，梁筋锚固长度不足以及施工质量差。

（二）剪力墙的震害

在强震作用下，剪力墙的破坏有以下类型：

（1）墙的底部发生破坏，表现为受压区混凝土的大片压碎剥落，钢筋压屈。

（2）墙发生剪切破坏。

（3）墙肢之间的连梁产生剪切破坏。墙肢之间是剪力墙结构的变形集中处，故连梁很容易产生破坏。

（三）填充墙的震害

在框架结构中的砌体填充墙，墙面容易产生斜裂缝，并沿周边开裂。震害的表现规律为：上轻下重，空心砌体墙重于实心砌体墙，砌块墙重于砖墙。

（四）防震缝的震害

防震缝如果宽度不够，其两侧的结构单元在地震时就会互相碰撞而产生震害。

二、多层及高层钢筋混凝土房屋抗震设计的一般规定

（一）房屋高度的限制

现浇钢筋混凝土房屋的结构类型和最大高度应符合表9-2的要求。对于平面和竖向均

不规则的结构，适用的最大高度宜适当降低。

表 9-2　现浇钢筋混凝土房屋适用的最大高度　（单位:m）

结构类型		烈度				
		6 度	7 度	8 度(0.2g)	8 度(0.3g)	9 度
框架		60	50	40	35	24
框架－抗震墙		130	120	100	80	50
抗震墙		140	120	100	80	60
部分框支抗震墙		120	100	80	50	不应采用
筒体	框架－核心筒	150	130	100	90	70
	筒中筒	180	150	120	100	80
板柱－抗震墙		80	70	55	40	不应采用

注：1. 房屋高度指室外地面到主要屋面板板顶的高度（不包括局部突出屋顶部分）。

2. 框架－核心筒结构指周边稀柱框架与核心筒组成的结构。

3. 部分框支抗震墙结构指首层或底部两层为框支层的结构，不包括仅个别框支墙的情况。

4. 表中框架不包括异形柱框架。

5. 板柱－抗震墙结构指板柱、框架和抗震墙组成抗侧力体系的结构。

6. 乙类建筑可按本地区抗震设防烈度确定其适用的最大高度。

7. 超过表内高度的房屋，应进行专门研究和论证，采取有效的加强措施。

《高层建筑混凝土结构技术规程》（JGJ 3—2010）将高层建筑的最大适用高度应分为 A 级和 B 级。A 级高度钢筋混凝土乙类和丙类高层建筑的最大适用高度应符合表 9-3 的规定，B 级高度钢筋混凝土乙类和丙类高层建筑的最大适用高度应符合表 9-4 的规定。

表 9-3　A 级高度钢筋混凝土高层建筑的最大适用高度　（单位:m）

结构体系		非抗震设计	抗震设防烈度				
			6 度	7 度	8 度		9 度
					0.20g	0.30g	
框架		70	60	50	40	35	—
框架－剪力墙		150	130	120	100	80	50
剪力墙	全部落地剪力墙	150	140	120	100	80	60
	部分框支剪力墙	130	120	100	80	50	不应采用
筒体	框架－核心筒	160	150	130	100	90	70
	筒中筒	200	180	150	120	100	80
板柱－剪力墙		110	80	70	55	40	不应采用

注：1. 表中框架不含异形柱框架结构，房屋高度指室外地面至主要屋面高度，不包括局部突出屋面的电梯机房、水箱、构架等高度。

2. 部分框支剪力墙结构指地面以上有部分框支剪力墙的剪力墙结构。

3. 甲类建筑，6、7、8 度时宜按本地区抗震设防烈度提高 1 度后符合本表的要求，9 度时应专门研究。

4. 框架结构、板柱－剪力墙结构以及 9 度抗震设防的表列其他结构，当房屋高度超过本表数值时，结构设计应有可靠依据，并采取有效措施。

表 9-4　B 级高度钢筋混凝土高层建筑的最大适用高度　（单位：m）

结构体系		非抗震设计	抗震设防烈度			
			6 度	7 度	8 度	
					0.20g	0.30g
框架－抗震墙		170	160	140	120	100
剪力墙	全部落地剪力墙	180	170	150	130	110
	部分框支剪力墙	150	140	120	100	80
筒体	框架－核心筒	220	210	180	140	120
	筒中筒	300	280	230	170	150

注：1. 部分框支剪力墙结构指地面以上有部分框支剪力墙的剪力墙结构。

2. 甲类建筑，6、7 度时宜按本地区抗震设防烈度提高 1 度后符合本表的要求，8 度时应专门研究。

3. 当房屋高度超过本表数值时，结构设计应有可靠依据，并采取有效措施。

（二）房屋最大高宽比的限制

钢筋混凝土高层建筑结构的高宽比不宜超过表 9-5 的规定。

表 9-5　钢筋混凝土高层建筑适用的最大高宽比

结构体系	非抗震设计	抗震设防烈度		
		6、7 度	8 度	9 度
框架	5	4	3	—
板柱－剪力墙	6	5	4	—
框架－剪力墙、剪力墙	7	6	5	4
框架－核心筒	8	7	6	4
筒中筒	9	8	7	5

（三）抗震等级的确定

钢筋混凝土房屋应根据抗震设防分类、烈度、结构类型和房屋高度采用不同的抗震等级，并应符合相应的计算和构造措施要求。A 级高度丙类建筑钢筋混凝土结构的抗震等级应按表 9-6 确定，B 级高度丙类建筑钢筋混凝土结构的抗震等级应按表 9-7 确定。当本地区的设防烈度为 9 度时，A 级高度乙类建筑的抗震等级应按特一级采用，甲类建筑应采取更有效的抗震措施。

表 9-6 A 级高度的高层建筑结构抗震等级

结构体系			抗震设防烈度						
			6 度		7 度		8 度		9 度
框架结构			三		二		一		一
框架-剪力墙结构	高度(m)		≤60	>60	≤60	>60	≤60	>60	≤50
	框架		四	三	三	二	二	一	一
	剪力墙		三		二		一		一
剪力墙结构	高度(m)		≤80	>80	≤80	>80	≤80	>80	≤60
	剪力墙		四	三	三	二	二	一	一
部分框支剪力墙结构	非底部加强部位的剪力墙		四	三	三	二	二	—	—
	底部加强部位的剪力墙		三	二	二	一	一		
	框支框架		二		二	一	一		
筒体结构	框架-核心筒	框架	三		二		一		一
		核心筒	二		二		一		一
	筒中筒	内筒	三		二		一		
		外筒							
板柱-剪力墙结构	高度(m)		≤35	>35	≤35	>35	≤35	>35	
	框架、板柱及柱上板带		三	二	二	二	一	一	—
	剪力墙		二	二	二	一	二	一	

注:1. 接近或等于高度分界时,应结合房屋不规则程度及场地、地基条件适当确定抗震等级。

2. 底部带转换层的筒体结构,其转换框架的抗震等级应按表中部分框支剪力墙结构的规定采用。

3. 当框架-核心筒结构的高度不超过 60 m 时,其抗震等级应允许按框架-剪力墙结构采用。

表 9-7 B 级高度的高层建筑结构抗震等级

结构体系		抗震设防烈度		
		6 度	7 度	8 度
框架-剪力墙	框架	二	一	一
	剪力墙	二	一	特一
剪力墙	剪力墙	二	一	一
部分框支剪力墙结构	非底部加强部位的剪力墙	二	一	一
	底部加强部位的剪力墙	一	一	特一
	框支框架	一	特一	特一
框架-核心筒	框架	二	一	一
	筒体	二	一	特一
筒中筒	外筒	二	一	特一
	内筒	二	一	特一

注:底部带转换层的筒体结构,其转换框架和底部加强部位筒体的抗震等级应按表中部分框支剪力墙结构的规定采用。

(四)结构选型和布置

在高层建筑的一个独立结构单元内,结构平面形状宜简单、规则,质量、刚度和承载力分布宜均匀,不应采用严重不规则的平面布置。高层建筑宜选用风作用效应较小的平面形状。

(1)抗震设计的混凝土高层建筑,其平面布置宜符合下列规定:

①平面宜简单、规则、对称,减少偏心;

②平面长度不宜过长(见图 9-2),L/B 宜符合表 9-8 的要求;

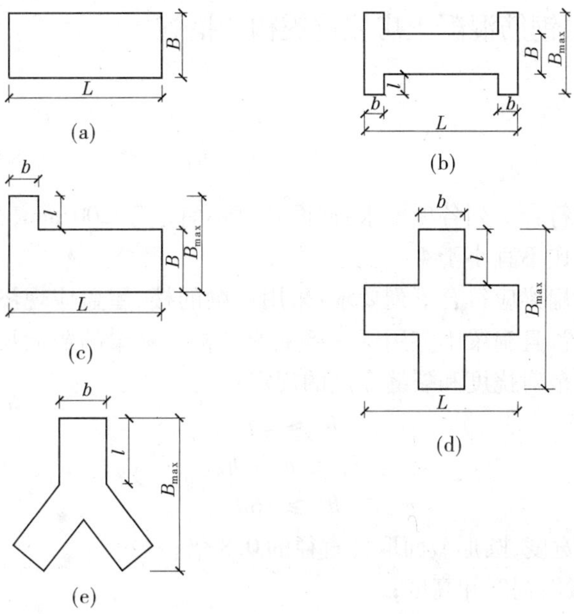

图 9-2　建筑平面示意

表 9-8　平面尺寸及突出部位尺寸的比值限值

设防烈度	L/B	l/B_{max}	l/b
6、7 度	≤6.0	≤0.35	≤2.0
8、9 度	≤5.0	≤0.30	≤1.5

③平面突出部分的长度 l 不宜过大、宽度 b 不宜过小(见图 9-2),l/B_{max}、l/b 宜符合表 9-8的要求;

④建筑平面不宜采用角部重叠或细腰形平面布置。

(2)抗震设计时,B 级高度钢筋混凝土高层建筑、混合结构高层建筑及复杂高层建筑结构,其平面布置应简单、规则,减少偏心。

(3)结构平面布置应减少扭转的影响。

(4)当楼板平面比较狭长、有较大的凹入或开洞时,应在设计中考虑其对结构产生的不利影响。有效楼板宽度不宜小于该层楼面宽度的 50%;楼板开洞总面积不宜超过楼面面积的 30%;在扣除凹入或开洞后,楼板在任一方向的最小净宽度不宜小于 5 m,且开洞后每一边的楼板净宽度不应小于 2 m。

(5)楼板开大洞削弱后,宜采取下列措施:

①加厚洞口附近楼板,提高楼板的配筋率,采用双层双向配筋;

②洞口边缘设置边梁、暗梁；

③在楼板洞口角部集中配置斜向钢筋。

(五)防震缝设置

抗震设计时，高层建筑宜调整平面形状和结构布置，避免设置防震缝。体型复杂、平立面不规则的建筑，应根据不规则程度、地基基础条件和技术经济等因素的比较分析，确定是否设置防震缝。

三、多层及高层钢筋混凝土房屋抗震构造措施

(一)框架结构

1. 框架梁

1)梁的截面尺寸

梁的截面尺寸宜符合下列各项要求：截面宽度不宜小于200 mm，截面高宽比不宜大于4，净跨与截面高度之比不宜小于4。

梁宽大于柱宽的扁梁应符合下列要求：采用扁梁的楼、屋盖应现浇，梁中线宜与柱中线重合，扁梁应双向布置，且扁梁不宜用于一级框架结构。扁梁的截面尺寸应符合下列要求，并应满足现行有关规范对挠度和裂缝宽度的规定：

$$b_b \leqslant 2b_c \tag{9-1}$$

$$b_b \leqslant b_c + h_b \tag{9-2}$$

$$h_b \geqslant 16d \tag{9-3}$$

式中 b_c——柱截面宽度，圆形截面取柱直径的0.8倍；

b_b、h_b——梁截面宽度和高度；

d——柱纵筋直径。

2)梁的钢筋配置

梁的钢筋配置应符合下列各项要求：

(1)梁端计入受压钢筋的混凝土受压区高度和有效高度之比，一级不应大于0.25，二、三级不应大于0.35。

(2)梁端截面的底面和顶面纵向钢筋配筋量的比值，除按计算确定外，一级不应小于0.5，二、三级不应小于0.3。

(3)梁端箍筋加密区的长度、箍筋最大间距和最小直径应按表9-9采用，当梁端纵向受拉钢筋配筋率大于2%时，表中箍筋最小直径数值应增大2 mm。

表9-9 梁端箍筋加密区的长度、箍筋的最大间距和最小直径

抗震等级	加密区长度(采用较大值)(mm)	箍筋最大间距(采用最小值)(mm)	箍筋最小直径(mm)
一	$2h_b$,500	$h_b/4$,$6d$,100	10
二	$1.5h_b$,500	$h_b/4$,$8d$,100	8
三	$1.5h_b$,500	$h_b/4$,$8d$,150	8
四	$1.5h_b$,500	$h_b/4$,$8d$,150	6

注：1. d为纵向钢筋直径，h_b为梁截面高度。

2. 当箍筋直径大于12 mm、数量不少于4肢且肢距不大于150 mm时，一、二级的最大间距允许适当放宽，但不得大于150 mm。

梁的钢筋配置尚应符合下列规定：

(1)梁端纵向受拉钢筋的配筋率不宜大于2.5%。沿梁全长顶面、底面的配筋，一、二级不应少于2 Φ 14，且分别不应少于梁顶面、底面两端纵向配筋中较大截面面积的1/4；三、四级不应少于2 Φ 12。

(2)一、二、三级框架梁内贯通中柱的每根纵向钢筋直径，对于框架结构，不应大于矩形截面柱在该方向截面尺寸的1/20，或纵向钢筋所在位置圆形截面柱弦长的1/20；对于其他结构类型的框架，不宜大于矩形截面柱在该方向截面尺寸的1/20，或纵向钢筋所在位置圆形截面柱弦长的1/20。

(3)梁端加密区的箍筋肢距，一级不宜大于200 mm和20倍箍筋直径的较大值，二、三级不宜大于250 mm和20倍箍筋直径的较大值，四级不宜大于300 mm。

2. 框架柱

1)柱的截面尺寸

柱的截面尺寸宜符合下列各项要求：

(1)截面的宽度和高度，四级或不超过2层时不宜小于300 mm，一、二、三级且超过2层时不宜小于400 mm；圆柱的直径，四级或不超过2层时不宜小于350 mm，一、二、三级且超过2层时不宜小于450 mm。

(2)剪跨比宜大于2。

(3)截面长边与短边的边长比不宜大于3。

2)柱的轴压比

柱轴压比不宜超过表9-10的规定；建造于Ⅳ类场地且较高的高层建筑，柱轴压比限值应适当减小。

表9-10　柱轴压比限值

结构类型	抗震等级			
	一	二	三	四
框架结构	0.65	0.75	0.85	0.90
框架－抗震墙、板柱－抗震墙、框架－核心筒、筒中筒	0.75	0.85	0.90	0.95
部分框支抗震墙	0.60	0.70	—	

3)柱的纵向钢筋配置

柱的钢筋配置应符合下列要求：

柱纵向受力钢筋的最小总配筋率应按表9-11采用，同时每侧配筋率不应小于0.2%；建造于Ⅳ类场地且较高的高层建筑，最小总配筋率应增加0.1%。

柱的纵向钢筋配置尚应符合下列规定：

(1)柱的纵向钢筋宜对称配置。

(2)截面边长大于400 mm的柱，纵向钢筋间距不宜大于200 mm。

(3)柱总配筋率不应大于5%；剪跨比不大于2的一级框架的柱，每侧纵向钢筋配筋率不宜大于1.2%。

表 9-11 柱截面纵向受力钢筋的最小总配筋率 (%)

类别	抗震等级			
	一	二	三	四
中柱和边柱	0.9(1.0)	0.7(0.8)	0.6(0.7)	0.5(0.6)
角柱、框支柱	1.1	0.9	0.8	0.7

注:1. 表中括号内数值用于框架结构的柱。

2. 当钢筋强度标准值小于 400 MPa 时,表中数值应增加 0.1;当钢筋强度标准值为 400 MPa 时,表中数值应增加 0.05。

3. 当混凝土强度等级高于 C60 时,上述数值应相应增加 0.1。

(4)当边柱、角柱及抗震墙端柱在小偏心受拉时,柱内纵筋总截面面积应比计算值增加 25%。

(5)柱纵向钢筋的绑扎接头应避开柱端的箍筋加密区。

4)柱的箍筋配置

柱箍筋在规定的范围内应加密,加密区的箍筋间距和直径应符合下列要求:

(1)一般情况下,箍筋的最大间距和最小直径应按表 9-12 采用。

表 9-12 柱箍筋加密区的箍筋最大间距和最小直径

抗震等级	箍筋最大间距(采用较小值,mm)	箍筋最小直径(mm)
一	$6d$,100	10
二	$8d$,100	8
三	$8d$,150(柱根 100)	8
四	$8d$,150(柱根 100)	6(柱根 8)

注:1. d 为柱纵筋最小直径。

2. 柱根指底层柱下端箍筋加密区。

(2)当一级框架柱的箍筋直径大于 12 mm 且箍筋肢距不大于 150 mm 及二级框架柱的箍筋直径不小于 10 mm 且箍筋肢距不大于 200 mm 时,除底层柱下端外,最大间距应允许采用 150 mm;当三级框架柱的截面尺寸不大于 400 mm 时,箍筋最小直径应允许采用 6 mm;当四级框架柱剪跨比不大于 2 时,箍筋直径不应小于 8 mm。

(3)框支柱和剪跨比不大于 2 的框架柱,箍筋间距不应大于 100 mm。

柱的箍筋配置尚应符合下列要求:

(1)柱的箍筋加密范围,应按下列规定采用:柱端,取截面高度(圆柱直径)、柱净高的 1/6 和 500 mm 三者的最大值;底层柱的下端不小于柱净高的 1/3;刚性地面上下各 500 mm;剪跨比不大于 2 的柱、因设置填充墙等形成的柱净高与柱截面高度之比不大于 4 的柱、框支柱、一级和二级框架的角柱,取全高。

(2)柱箍筋加密区的箍筋肢距,一级不宜大于 200 mm,二、三级不宜大于 250 mm,四级不宜大于 300 mm。至少每隔一根纵向钢筋宜在两个方向有箍筋或拉筋约束;采用拉筋复合箍时,拉筋宜紧靠纵向钢筋并钩住箍筋。

(3)柱箍筋加密区的体积配箍率应按下列规定采用:

①柱箍筋加密区的体积配箍率应符合下式要求：

$$\rho_v \geq \lambda_v f_c / f_{yv} \tag{9-4}$$

式中 ρ_v——柱箍筋加密区的体积配箍率，一级不应小于0.8%，二级不应小于0.6%，三、四级不应小于0.4%，计算复合螺旋箍的体积配箍率时，其非螺旋箍的箍筋体积应乘以折减系数0.80；

f_c——混凝土轴心抗压强度设计值，强度等级低于C35时，应按C35计算；

f_{yv}——箍筋或拉筋抗拉强度设计值；

λ_v——最小配箍特征值，宜按表9-13采用。

表9-13 柱箍筋加密区的箍筋最小配箍特征值

抗震等级	箍筋形式	柱轴压比								
		≤0.3	0.4	0.5	0.6	0.7	0.8	0.9	1.0	1.05
一	普通箍、复合箍	0.10	0.11	0.13	0.15	0.17	0.20	0.23	—	—
	螺旋箍、复合或连续复合矩形螺旋箍	0.08	0.09	0.11	0.13	0.15	0.18	0.21	—	—
二	普通箍、复合箍	0.08	0.09	0.11	0.13	0.15	0.17	0.19	0.22	0.24
	螺旋箍、复合或连续复合矩形螺旋箍	0.06	0.07	0.09	0.11	0.13	0.15	0.17	0.20	0.22
三、四	普通箍、复合箍	0.06	0.07	0.09	0.11	0.13	0.15	0.17	0.20	0.22
	螺旋箍、复合或连续复合矩形螺旋箍	0.05	0.06	0.07	0.09	0.11	0.13	0.15	0.18	0.20

注：普通箍指单个矩形箍和单个圆形箍，复合箍指由矩形、多边形、圆形箍或拉筋组成的箍筋；复合螺旋箍指由螺旋箍与矩形、多边形、圆形箍或拉筋组成的箍筋；连续复合矩形螺旋箍指用一根通长钢筋加工而成的箍筋。

②框支柱宜采用复合螺旋箍或井字复合箍。

③剪跨比不大于2的柱宜采用复合螺旋箍或井字复合箍，其体积配箍率不应小于1.2%，9度一级时不应小于1.5%。

(4)柱箍筋非加密区的箍筋配置应符合下列要求：

①柱箍筋非加密区的体积配箍率不宜小于加密区的50%。

②箍筋间距，一、二级框架柱不应大于10倍纵向钢筋直径，三、四级框架柱不应大于15倍纵向钢筋直径。

3. 框架节点核芯区

框架节点是框架梁、柱的公共部分。框架节点核芯区箍筋的最大间距和最小直径宜按规范采用。

(二)抗震墙结构

(1)抗震墙尺寸。抗震墙的厚度，一、二级不应小于160 mm且不宜小于层高或无支长度的1/20，三、四级不应小于140 mm且不宜小于层高或无支长度的1/25；当无端柱或翼墙时，一、二级不宜小于层高或无支长度的1/16，三、四级不宜小于层高或无支长度的1/20。

底部加强部位的墙厚，一、二级不应小于200 mm且不宜小于层高或无支长度的1/16，三、四级不应小于160 mm且不宜小于层高或无支长度的1/20；当无端柱或翼墙时，一、二级不宜小于层高或无支长度的1/12，三、四级不宜小于层高或无支长度的1/16。

(2)抗震墙钢筋。抗震墙竖向、横向分布钢筋的配筋，一、二、三级抗震墙的竖向分布钢筋和横向分布钢筋最小配筋率均不应小于0.25%，四级抗震墙分布钢筋最小配筋率不应小于0.20%。部分框支抗震墙结构的落地抗震墙底部加强部位，竖向分布钢筋和横向分布钢筋配筋率均不应小于0.3%。

抗震墙的竖向分布钢筋和横向分布钢筋的间距不宜大于300 mm，部分框支抗震墙结构的落地抗震墙底部加强部位，竖向分布钢筋和横向分布钢筋的间距不宜大于200 mm。抗震墙厚度大于140 mm时，其竖向分布钢筋和横向分布钢筋应双排布置，双排分布钢筋间拉筋的间距不宜大于600 mm，直径不应小于6 mm。抗震墙竖向分布钢筋和横向分布钢筋的直径，均不宜大于墙厚的1/10且不应小于8 mm；竖向钢筋直径不宜小于10 mm。

(3)抗震墙两端和洞口两侧应设置边缘构件，边缘构件包括暗柱、端柱和翼墙，并应符合下列要求：对于抗震墙结构，底层墙肢底截面的轴压比不大于表9-14规定的一、二、三级抗震墙及四级抗震墙，墙肢两端可设置构造边缘构件，构造边缘构件的范围可按图9-3采用，构造边缘构件的配筋除应满足受弯承载力要求外，并宜符合表9-15的要求。

表9-14　抗震墙设置构造边缘构件的最大轴压比

抗震等级或烈度	一级(9度)	一级(7、8度)	二、三级
轴压比	0.1	0.2	0.3

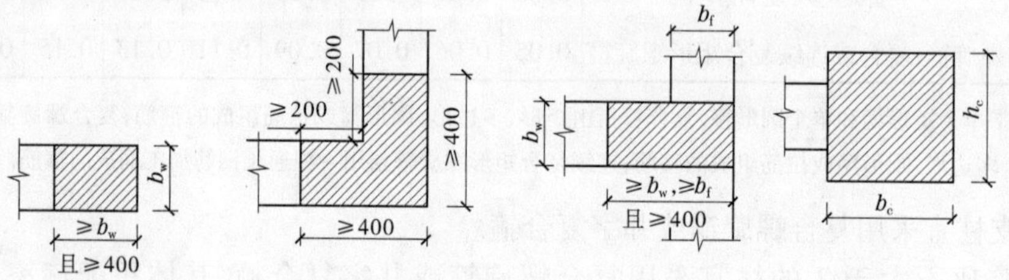

(a)暗柱　(b)翼柱　(c)端柱

图9-3　抗震墙的构造边缘构件范围

表9-15　抗震墙构造边缘构件的配筋要求

抗震等级	底部加强部位			其他部位		
	纵向钢筋最小量(取较大值)	箍筋		纵向钢筋最小量	拉筋	
		最小直径(mm)	沿竖向最大间距(mm)		最小直径(mm)	沿竖向最大间距(mm)
一	$0.010A_c$，6 Φ 16	8	100	6 Φ 14	8	150
二	$0.008A_c$，6 Φ 14	8	150	6 Φ 12	8	200
三	$0.005A_c$，4 Φ 12	6	150	4 Φ 12	6	200
四	$0.005A_c$，4 Φ 12	6	200	4 Φ 12	6	250

注：1. A_c为边缘构件的截面面积。

2. 其他部位的拉筋，水平间距不应大于纵筋间距的2倍；转角处宜采用箍筋。

3. 当端柱承受集中荷载时，其纵向钢筋、箍筋直径和间距应满足柱的相应要求。

底层墙肢底截面的轴压比大于表 9-14 规定的一、二、三级抗震墙,以及部分框支抗震墙结构的抗震墙,应在底部加强部位及相邻的上一层设置约束边缘构件,在以上的其他部位可设置构造边缘构件。约束边缘构件沿墙肢的长度、配箍特征值、箍筋和纵向钢筋宜符合表 9-16的要求(见图 9-4)。

表 9-16　抗震墙约束边缘构件的范围及配筋要求

项目	一级(9 度)		一级(8 度)		二、三级	
	$\lambda \leqslant 0.2$	$\lambda > 0.2$	$\lambda \leqslant 0.3$	$\lambda > 0.3$	$\lambda \leqslant 0.4$	$\lambda > 0.4$
l_c(暗柱)	$0.20h_w$	$0.25h_w$	$0.15h_w$	$0.20h_w$	$0.15h_w$	$0.20h_w$
l_c(翼墙或端柱)	$0.15h_w$	$0.20h_w$	$0.10h_w$	$0.15h_w$	$0.10h_w$	$0.15h_w$
λ_v	0.12	0.20	0.12	0.20	0.12	0.20
纵向钢筋(取较大值)	$0.012A_c$,8 Φ 16		$0.012A_c$,8 Φ 16		$0.010A_c$,6 Φ 16 (三级 6 Φ 14)	
箍筋或拉筋沿竖向间距	100 mm		100 mm		150 mm	

注:1. 当抗震墙的翼墙长度小于其 3 倍厚度或端柱截面边长小于 2 倍墙厚时,按无翼墙、无端柱查表。

2. l_c 为约束边缘构件沿墙肢长度,且不小于墙厚和 400 mm;有翼墙或端柱时不应小于翼墙厚度或端柱沿墙肢方向截面高度加 300 mm。

3. λ_v 为约束边缘构件的配箍特征值,体积配箍率可按式(9-4)计算,并可适当计入满足构造要求且在墙端有可靠锚固的水平分布钢筋的截面面积。

4. h_w 为抗震墙墙肢长度。

5. λ 为墙肢轴压比。

6. A_c 为图 9-4 中约束边缘构件阴影部分的截面面积。

当抗震墙的墙肢长度不大于墙厚的 3 倍时,应按柱的有关要求进行设计;当矩形墙肢的厚度不大于 300 mm 时,尚宜全高加密箍筋。

跨高比较小的高连梁,可设水平缝形成双连梁、多连梁或采取其他加强受剪承载力的构造。顶层连梁的纵向钢筋伸入墙体的锚固长度范围内,应设置箍筋。

(三)框架－抗震墙结构

框架－抗震墙结构的抗震墙厚度和边框设置应符合下列要求:

(1)抗震墙的厚度不应小于 160 mm 且不宜小于层高或无支长度的 1/20,底部加强部位的抗震墙厚度不应小于 200 mm 且不宜小于层高或无支长度的 1/16。

(2)有端柱时,墙体在楼盖处宜设置暗梁,暗梁的截面高度不宜小于墙厚和 400 mm 的较大值;端柱截面宜与同层框架柱相同,并应满足规范对框架柱的要求;抗震墙底部加强部位的端柱和紧靠抗震墙洞口的端柱宜按柱箍筋加密区的要求沿全高加密箍筋。

(3)抗震墙的竖向和横向分布钢筋,配筋率均不应小于 0.25%,钢筋直径不宜小于 10 mm,间距不宜大于 300 mm,并应双排布置,双排分布钢筋间应设置拉筋。

【知识链接】

地震作用效应的调整:通过内力组合得出的设计内力,还需进行调整,以保证梁端的破坏先于柱端的破坏(强柱弱梁的原则)、弯曲破坏先于剪切破坏(强剪弱弯的原则)、构件的破坏先于节点的破坏(强节点弱构件的原则)。

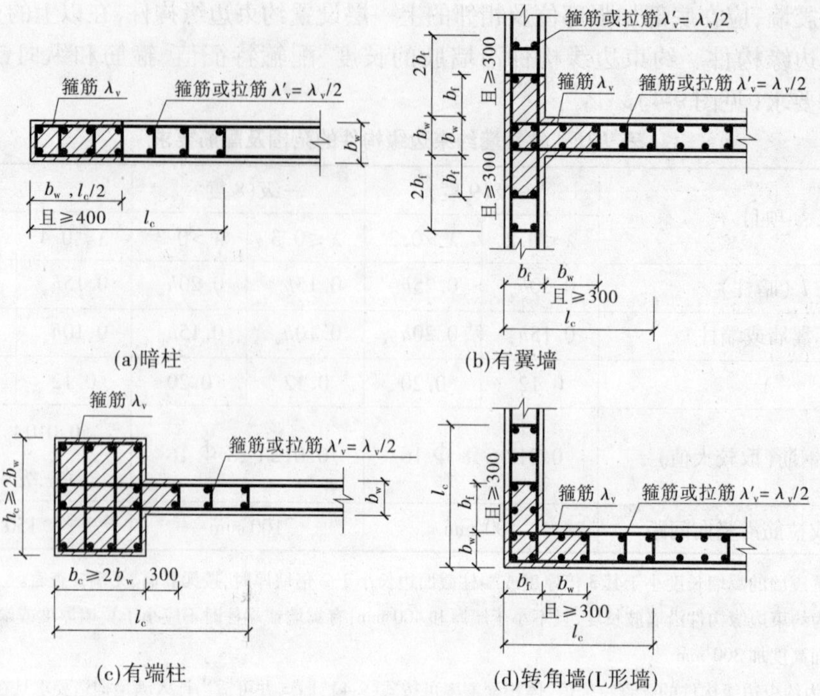

图 9-4　抗震墙的约束边缘构件

第三节　多层砌体房屋的抗震措施

一、砌体房屋震害及其分析

在强烈地震作用下，多层砌体房屋的破坏部位主要是墙身和构件间的连接处。

（一）墙身破坏

在砌体房屋中，与水平地震作用方向平行的墙体是主要承担地震作用的构件。这类墙体往往因为主拉应力强度不足而引起斜裂缝破坏。由于水平地震反复作用，两个方向的斜裂缝组成交叉型裂缝，这种裂缝在多层砌体房屋中一般规律是下重上轻，这是因多层房屋墙体下部地震剪力大的缘故。

（二）墙体转角处破坏

由于墙角位于房屋尽端，房屋对它的约束作用减弱，使该处抗震能力相对降低，因此比较容易破坏。此外，在地震过程中，当房屋发生扭转时，墙角处位移反应较房屋其他部位大，这也是造成墙角破坏的一个原因。

（三）楼梯间墙体破坏

楼梯间除顶层外，一般层墙体计算高度较房屋其他部位小，其刚度较大，因而该处分配的地震剪力大，故容易造成震害；而顶层墙体的计算高度又较其他部位大，稳定性差，所以也易发生破坏。

（四）内外墙连接处的破坏

内外墙连接处是房屋的薄弱部位，特别是有些建筑内外墙分别砌筑，以直槎或马牙槎连接，这些部位在地震中极易拉开，造成外纵墙和山墙外闪、倒塌等现象。

（五）楼盖预制板破坏

由于预制板整体性差，当板的搭接长度不足或无可靠拉结时，在强烈地震过程中极易塌落，并造成墙体倒塌。

（六）房屋附属结构的破坏

在房屋中，突出屋面的屋顶间（电梯机房、水箱间等）、烟囱、女儿墙等附属结构，由于地震“鞭端效应”的影响，所以一般较下部主体结构破坏严重，几乎在6度区就发现有所破坏。特别是较高的女儿墙和出屋面的烟囱，在7度区普遍破坏。8～9度区几乎全部损坏或倒塌。

二、砌体房屋抗震设计的一般规定

（一）房屋的层数和高度的一般规定

一般情况下，房屋的层数和总高度不应超过表9-17的规定。

表9-17　房屋的层数和总高度限值　（单位：m）

房屋类别		最小抗震墙厚度（mm）	烈度和设计基本地震加速度											
			6度		7度				8度				9度	
			0.05g		0.10g		0.15g		0.20g		0.30g		0.40g	
			高度	层数	高度	层数	高度	层数	高度	层数	高度	层数	高度	层数
多层砌体房屋	普通砖	240	21	7	21	7	21	7	18	6	15	5	12	4
	多孔砖	240	21	7	21	7	18	6	18	6	15	5	9	3
	多孔砖	190	21	7	18	6	15	5	15	5	12	4	—	—
	小砌块	190	21	7	21	7	18	6	18	6	15	5	9	3
底部框架－抗震墙砌体房屋	普通砖、多孔砖	240	22	7	22	7	19	6	16	5	—	—	—	—
	多孔砖	190	22	7	19	6	16	5	13	4	—	—	—	—
	小砌块	190	22	7	22	7	19	6	16	5	—	—	—	—

注：1. 房屋的总高度指室外地面到主要屋面板板顶或檐口的高度，半地下室从地下室室内地面算起，全地下室和嵌固条件好的半地下室应允许从室外地面算起；对于带阁楼的坡屋面，应算到山尖墙的$l/2$高度处。

2. 当室内外高差大于0.6 m时，房屋总高度应允许比表中的数据适当增加，但增加量应小于1.0 m。

3. 乙类的多层砌体房屋仍按本地区设防烈度查表，其层数应减少一层且总高度应降低3 m；不应采用底部框架－抗震墙砌体房屋。

4. 本表小砌块砌体房屋不包括配筋混凝土小型空心砌块砌体房屋。

（二）最大高宽比的限制

多层砌体房屋总高度与总宽度的最大比值宜符合表9-18的要求。

表 9-18　房屋最大高宽比

烈度	6 度	7 度	8 度	9 度
最大高宽比	2.5	2.5	2	1.5

注:1. 单面走廊房屋的总宽度不包括走廊宽度。
　2. 当建筑平面接近正方形时,其高宽比宜适当减小。

(三)抗震横墙的间距的限制

房屋抗震横墙的间距不应超过表 9-19 的要求。

表 9-19　房屋抗震横墙的间距　(单位:m)

房屋类别		烈度			
		6 度	7 度	8 度	9 度
多层砌体房屋	现浇或装配整体式钢筋混凝土楼、屋盖	15	15	11	7
	装配式钢筋混凝土楼、屋盖	11	11	9	4
	木屋盖	9	9	4	—
底部框架－抗震墙砌体房屋	上部各层	同多层砌体房屋			—
	底层或底部两层	18	15	11	—

注:1. 多层砌体房屋的顶层,除木屋盖外的最大横墙间距应允许适当放宽,但应采取相应加强措施。
　2. 当多孔砖抗震横墙厚度为 190 mm 时,最大横墙间距应比表中数值减小 3 m。

(四)局部尺寸限值

多层砌体房屋中砌体墙段的局部尺寸限值宜符合表 9-20 的要求。

表 9-20　房屋的局部尺寸限值　(单位:m)

部位	烈度			
	6 度	7 度	8 度	9 度
承重窗间墙最小宽度	1.0	1.0	1.2	1.5
承重外墙尽端至门窗洞边的最小距离	1.0	1.0	1.2	1.5
非承重外墙尽端至门窗洞边的最小距离	1.0	1.0	1.0	1.0
内墙阳角至门窗洞边的最小距离	1.0	1.0	1.5	2.0
无锚固女儿墙(非出入口处)的最大高度	0.5	0.5	0.5	0

注:1. 当局部尺寸不足时,应采取局部加强措施弥补,且最小宽度不宜小于 1/4 层高和表列数据的 80%。
　2. 出入口处的女儿墙应有锚固。

(五)建筑布置和结构体系

多层砌体房屋的建筑布置和结构体系应符合下列要求:

(1)应优先采用横墙承重或纵横墙共同承重的结构体系,不应采用砌体墙和混凝土墙混合承重的结构体系。

(2)纵横向砌体抗震墙宜均匀对称布置,沿平面内宜对齐,沿竖向应上下连续;且纵横向墙体的数量不宜相差过大;当房屋错层的楼板高差超过 500 mm 时,应按两层计算;错层部位的墙体应采取加强措施。

（六）防震缝的设置

当房屋有下列情况之一时宜设置防震缝，缝两侧均应设置墙体，缝宽应根据烈度和房屋高度确定，可采用 70～100 mm：

（1）房屋立面高差在 6 m 以上。

（2）房屋有错层，且楼板高差大于层高的 1/4。

（3）各部分结构刚度、质量截然不同。

（七）其他

（1）楼梯间不宜设置在房屋的尽端或转角处。

（2）不应在房屋转角处设置转角窗。

（3）横墙较少、跨度较大的房屋，宜采用现浇钢筋混凝土楼、屋盖。

三、砌体房屋抗震构造措施

（一）设置钢筋混凝土构造柱

各类多层砖砌体房屋应按下列要求设置现浇钢筋混凝土构造柱（以下简称构造柱），并与圈梁连接，使之共同工作，可以增加房屋的延性，提高房屋的抗侧力能力；防止房屋在地震作用下忽然倒塌，减轻房屋的损坏程度。

1. 构造柱设置部位

构造柱设置部位一般情况下应符合表 9-21 的要求。

表 9-21　多层砖砌体房屋构造柱设置要求

<table>
<tr><th colspan="4">不同烈度的房屋层数</th><th colspan="2" rowspan="2">设置部位</th></tr>
<tr><th>6 度</th><th>7 度</th><th>8 度</th><th>9 度</th></tr>
<tr><td>四、五</td><td>三、四</td><td>二、三</td><td></td><td rowspan="3">楼、电梯间四角，楼梯斜梯段上下端对应的墙体处；
外墙四角和对应转角；
错层部位横墙与外纵墙交接处；
大房间内外墙交接处；
较大洞口两侧</td><td>隔 12 m 或单元横墙与外纵墙交接处；
楼梯间对应的另一侧内横墙与外纵墙交接处</td></tr>
<tr><td>六</td><td>五</td><td>四</td><td>二</td><td>隔开间横墙（轴线）与外墙交接处；
山墙与内纵墙交接处</td></tr>
<tr><td>七</td><td>≥六</td><td>≥五</td><td>≥三</td><td>内墙（轴线）与外墙交接处；
内墙的局部较小墙垛处；
内纵墙与横墙（轴线）交接处</td></tr>
</table>

注：较大洞口，内墙指不小于 2.1 m 的洞口；当外墙在内外墙交接处已设置构造柱时，应允许适当放宽，但洞侧墙体应加强。

2. 构造柱的截面尺寸、配筋和连接的要求

（1）构造柱（见图 9-5）最小截面可采用 180 mm×240 mm（墙厚 190 mm 时为 180 mm×190 mm），纵向钢筋宜采用 $4\Phi12$，箍筋间距不宜大于 250 mm，且在柱上下端应适当加密；6、7 度时超过 6 层、8 度时超过 5 层和 9 度时，构造柱纵向钢筋宜采用 $4\Phi14$，箍筋间距不应大于 200 mm；房屋四角的构造柱应适当加大截面及配筋。

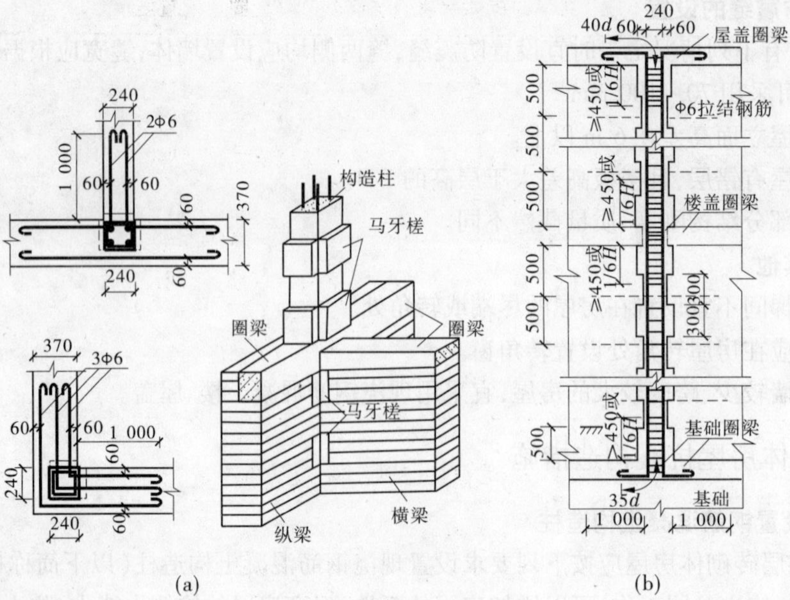

H—屋高

图 9-5　构造柱

(2)构造柱与墙连接处应砌成马牙槎,沿墙高每隔 500 mm 设 2 Φ 6 水平钢筋和Φ 4 分布短筋平面内点焊组成的拉结网片或Φ 4 点焊钢筋网片,每边伸入墙内不宜小于 1 m。6、7 度时底部 1/3 楼层,8 度时底部 1/2 楼层,9 度时全部楼层,上述拉结钢筋网片应沿墙体水平通长设置。

(3)构造柱与圈梁连接处,构造柱的纵筋应在圈梁纵筋内侧穿过,保证构造柱纵筋上下贯通。

(4)构造柱可不单独设置基础,但应伸入室外地面下 500 mm,或与埋深小于 500 mm 的基础圈梁相连。

(二)设置钢筋混凝土圈梁

1. 圈梁的设置要求

(1)装配式钢筋混凝土楼、屋盖或木屋盖的砖房,应按表 9-22 的要求设置圈梁;当纵墙承重时,抗震横墙上的圈梁间距应比表内要求适当加密。

(2)现浇或装配整体式钢筋混凝土楼、屋盖与墙体有可靠连接的房屋,应允许不另设圈梁,但楼板沿抗震墙体周边均应加强配筋并应与相应的构造柱钢筋可靠连接。

2. 圈梁的构造

多层砖砌体房屋现浇混凝土圈梁的构造应符合下列要求:

(1)圈梁应闭合,遇有洞口圈梁应上下搭接。圈梁宜与预制板设在同一标高处或紧靠板底。

(2)当圈梁在表 9-22 要求的间距内无横墙时,应利用梁或板缝中配筋替代圈梁。

(3)圈梁的截面高度不应小于 120 mm,配筋应符合表 9-23 的要求。

表 9-22　多层砖砌体房屋现浇钢筋混凝土圈梁设置要求

墙类	烈度		
	6、7 度	8 度	9 度
外墙和内纵墙	屋盖处及每层楼盖处	屋盖处及每层楼盖处	屋盖处及每层楼盖处
内横墙	屋盖处及每层楼盖处； 屋盖处间距不应大于 4.5 m； 楼盖处间距不应大于 7.2 m； 构造柱对应部位	屋盖处及每层楼盖处； 各层所有横墙，且间距不应大于 4.5 m； 构造柱对应部位	屋盖处及每层楼盖处； 各层所有横墙

表 9-23　多层砖砌体房屋圈梁配筋要求

配筋	烈度		
	6、7 度	8 度	9 度
最小纵筋	4 Φ 10	4 Φ 12	4 Φ 14
箍筋最大间距(mm)	250	200	150

(三)楼、屋盖抗震

(1)现浇钢筋混凝土楼板或屋面板伸进纵、横墙内的长度均不应小于 120 mm。

(2)装配式钢筋混凝土楼板或屋面板，当圈梁未设在板的同一标高时，板端伸进外墙的长度不应小于 120 mm，伸进内墙的长度不应小于 100 mm 或采用硬架支模连接，在梁上不应小于 80 mm 或采用硬架支模连接。

(3)当板的跨度大于 4.8 m 并与外墙平行时，靠外墙的预制板侧边应与墙或圈梁拉结。

(4)房屋端部大房间的楼盖，6 度时房屋的屋盖和 7 ~ 9 度时房屋的楼、屋盖，当圈梁设在板底时，钢筋混凝土预制板应相互拉结，并应与梁、墙或圈梁拉结。

(5)楼、屋盖的钢筋混凝土梁或屋架应与墙、柱(包括构造柱)或圈梁可靠连接，不得采用独立砖柱。跨度不小于 6 m 大梁的支承构件应采取组合砌体等加强措施，并满足承载力要求。

(四)墙体间的拉结

(1)6、7 度时长度大于 7.2 m 的大房间，以及 8、9 度时外墙转角及内外墙交接处，应沿墙高每隔 500 mm 配置 2 Φ 6 的通长钢筋和 Φ 4 分布短筋平面内点焊组成的拉结网片或 Φ 4 点焊网片，如图 9-6 所示。

(2)后砌的非承重砌体隔墙应沿墙高每隔 500 mm 配置 2 Φ 6 拉结钢筋与承重墙或柱拉结，并每边伸入墙内不应小于 500 mm(见图 9-7)；8 度和 9 度时长度大于 5 m 的后砌非承重砌体隔墙的墙顶，尚应与楼板或梁拉结。

(五)加强楼梯间整体性能

(1)顶层楼梯间墙体应沿墙高每隔 500 mm 设 2 Φ 6 通长钢筋和 Φ 4 分布短钢筋平面内点焊组成的拉结网片或 Φ 4 点焊网片；7 ~ 9 度时其他各层楼梯间墙体应在休息平台或楼层

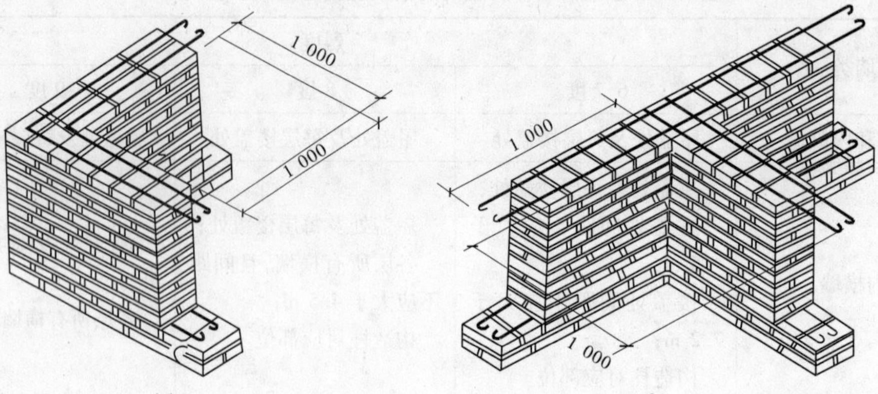

图 9-6 墙体间的连接

半高处设置 60 mm 厚、纵向钢筋不应少于 2 Φ 10 的钢筋混凝土带或配筋砖带，配筋砖带不少于 3 皮，每皮的配筋不少于 2 Φ 6，砂浆强度等级不应低于 M7.5 且不低于同层墙体的砂浆强度等级。

(2)楼梯间及门厅内墙阳角处的大梁支承长度不应小于 500 mm，并应与圈梁连接。

(3)装配式楼梯段应与平台板的梁可靠连接，8、9 度时不应采用装配式楼梯段；不应采用墙中悬挑式踏步或踏步竖肋插入墙体的楼梯，不应采用无筋砖砌栏板。

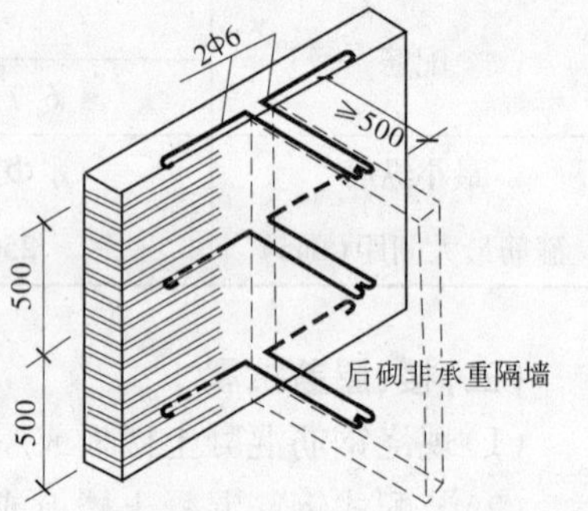

图 9-7 后砌非承重墙与承重墙的拉结

(4)突出屋顶的楼、电梯间，构造柱应伸到顶部，并与顶部圈梁连接，所有墙体应沿墙高每隔 500 mm 设 2 Φ 6 通长钢筋和Φ 4 分布短筋平面内点焊组成的拉结网片或Φ 4 点焊网片。

(六)其他

(1)坡屋顶房屋的屋架应与顶层圈梁可靠连接，檩条或屋面板应与墙、屋架可靠连接，房屋出入口处的檐口瓦应与屋面构件锚固。当采用硬山搁檩时，顶层内纵墙顶宜增砌支承山墙的踏步式墙垛，并设置构造柱。

(2)门窗洞处不应采用砖过梁；过梁支承长度，6～8 度时不应小于 240 mm，9 度时不应小于 360 mm。

(3)同一结构单元的基础(或桩承台)宜采用同一类型的基础，底面宜埋置在同一标高上，否则应增设基础圈梁并应按 1∶2的台阶逐步放坡。

【知识链接】

砌体结构震害规律：

(1)刚性楼盖房屋，上层破坏轻，下层破坏重；柔性楼盖房屋，上层破坏重，下层破坏轻。

(2)横墙承重房屋的震害轻于纵墙承重房屋。

(3)坚实地基上的房屋震害轻于软弱地基和非均匀地基上的房屋震害。

(4)外廊式房屋往往地震破坏严重。

(5)预制楼板结构比现浇楼板结构破坏重。

(6)房屋两端、转角、楼梯间及附属结构的震害较重。

本章小结

1. 震级是衡量一次地震释放能量大小的等级。地震烈度是指地震时在某一地点振动的强烈程度。一次地震只有一个震级,而地震烈度则根据地区的不同而不同。在一般情况下,地震烈度随震中距的增加而减小。基本烈度是指某地区在今后一定时间内,在一般场地条件下可能遭遇的最大地震烈度。

2. 地震的破坏现象包括地表的破坏(地裂缝、喷砂冒水、地面下沉、滑坡等)和建筑物的破坏(结构丧失整体性、承重构件强度不足、地基失效等)。此外,次生灾害有时比地震造成的直接损失还大(火灾、水灾、污染等)。

3. 抗震设计时,按建筑重要性的不同,将其分为甲、乙、丙、丁四类,并由此确定其设防标准。抗震设计规范提出"三水准,二阶段"的抗震设防目标,概括起来就是:小震不坏,中震可修,大震不倒。我国抗震设计规范十分重视建筑总体抗震,按建筑的不同类别规定相应的抗震措施,以提高建筑的抗震性能。

4. 多层及高层钢筋混凝土结构体系主要有框架结构、框架－剪力墙结构、剪力墙结构、筒体结构体系等。在进行抗震设计时,应符合以下规定:①房屋高度的限制;②房屋最大高宽比的限制;③抗震等级的确定;④结构选型和布置;⑤防震缝设置。

多层及高层钢筋混凝土房屋的抗震构造措施包括:①钢筋混凝土框架结构体系梁柱截面尺寸,截面轴压比的限制,梁柱钢筋的配筋要求及节点核芯区钢筋的构造措施;②抗震墙结构体系中墙体的截面尺寸要求、配筋要求及构造边缘构件和约束边缘构件的构造要求;③框架－抗震墙结构的构造措施。

5. 多层砌体房屋抗震设计时应符合以下规定:①房屋的层数和高度应符合要求;②最大高宽比的限制;③抗震横墙的间距的限制;④局部尺寸限制;⑤建筑布置和结构体系;⑥防震缝的设置;⑦其他。

多层砌体房屋抗震构造措施:①设置钢筋混凝土构造柱;②设置钢筋混凝土圈梁;③楼、屋盖抗震应具有足够的搭接长度和可靠的连接;④墙体间的拉结;⑤加强楼梯间整体性能;⑥其他。

思考练习题

一、名词解释

1. 地震烈度

2. 抗震设防烈度

二、填空题

1. __________是指一个地区今后一定时期内,一般场地条件下可能遭遇的最大地震烈度。

2. 抗震规范提出的“三水准”抗震设防目标是________________。

三、简答题

1. 多层及高层钢筋混凝土结构房屋的抗震等级如何确定?
2. 防震缝设置的原则和要求是什么? 如何设置?
3. 多层砖房构造柱和圈梁应符合哪些构造要求?
4. 如何加强砌体房屋楼梯间的整体性?

第十章　结构施工图

【学习目标】

通过本章学习，了解结构施工图的重要性，掌握结构施工图的构成。掌握钢筋混凝土房屋结构施工图的特点及组成，掌握钢筋的一般表达符号，掌握钢筋混凝土结构组成构件——梁、柱、板及基础的施工图特点。熟悉楼梯结构施工图的特点及组成。熟悉砌体结构房屋施工图的组成及特点。了解钢屋架施工图的特点及组成，掌握钢屋架图集的查阅方法。

在房屋设计中，除进行建筑设计、画出建筑施工图外，还要进行结构设计，即根据建筑各方面的要求，进行结构选型和构件布置，再通过力学计算，确定房屋各承重构件（如梁、墙、柱及基础等）的材料、形状、大小，以及内部构造等，并将设计结果绘成图样，以指导施工，这种图样称为结构施工图，简称“结施”。

结构施工图是施工的依据，主要用于放线、挖基槽、基础施工、支承模板、配钢筋、浇灌混凝土等施工过程，也是计算工程量、编制预算和施工进度计划的依据。

不同类型结构，其施工图的具体内容与表达也各有不同，但一般包括结构设计说明、结构布置图和构件详图三部分内容。结构设计说明以文字叙述为主，主要说明工程概况、设计的依据、主要材料要求、标准图或通用图的使用、构造要求及施工注意事项等。结构布置图是房屋承重结构的整体布置图，主要表示结构构件的位置、数量、型号及相互关系。以钢筋混凝土框架结构为例，其结构平面布置图有基础平面图、楼层结构平面图、屋面结构平面图、柱网平面图等。构件详图是表示单个构件形状、尺寸、材料、构造及工艺的图样，如梁、板、柱及基础结构详图，楼梯、电梯结构详图，屋架结构详图，其他详图，如支撑、预埋件、连接件等详图。

房屋结构的基本构件，如板、梁、柱等，种类繁多，布置复杂，为了图示简明扼要，并把构件区分清楚，便于施工、制表、查阅，把每类构件给予代号（见表 10-1）。

表 10-1　常用构件的代号

序号	名称	代号	序号	名称	代号	序号	名称	代号
1	板	B	15	吊车梁	DL	29	基础	J
2	屋面板	WB	16	圈梁	QL	30	设备基础	SJ
3	空心板	KB	17	过梁	GL	31	桩	ZH
4	槽形板	CB	18	连系梁	LL	32	柱间支撑	ZC
5	折板	ZB	19	基础梁	JL	33	垂直支撑	CC
6	密肋板	MB	20	楼梯梁	TL	34	水平支撑	SC
7	楼梯板	TB	21	檩条	LT	35	梯	T
8	盖板或沟盖板	GB	22	屋架	WJ	36	雨篷	YP
9	挡雨板或檐口板	YB	23	托架	TJ	37	阳台	YT
10	吊车安全走道板	DB	24	天窗架	CJ	38	梁垫	LD
11	墙板	QB	25	框架	KJ	39	预埋件	M
12	天沟板	TGB	26	刚架	GJ	40	天窗端壁	TD
13	梁	L	27	支架	ZJ	41	钢筋网	W
14	屋面梁	WL	28	柱	Z	42	钢筋骨架	G

（1）预制钢筋混凝土构件、现浇钢筋混凝土构件、钢构件和木构件一般可直接采用表10-1中的构件代号。在设计中，当需要区别上述构件种类时，应在图纸中加以说明。

（2）预应力钢筋混凝土构件代号，应在构件代号前加注“Y－”，如Y－DL表示预应力钢筋混凝土吊车梁。

第一节　钢筋混凝土房屋结构施工图

钢筋混凝土结构的房屋是最常见的房屋结构类型之一，钢筋混凝土结构构件由钢筋和混凝土两种材料组成，而混凝土是由水泥、砂子（细骨料）、石子（粗骨料）和水按一定的比例拌和硬化而成的。

混凝土的强度等级可划分为C15、C20、C25、C30、C35、C40、C45、C50、C55、C60、C65、C70、C75、C80等，C后面的数字表示混凝土的抗压强度。

混凝土的抗压能力远远高于抗拉能力，混凝土构件容易在受拉或受弯时断裂。要解决这个问题，通常在混凝土构件相应部位加入一定数量的钢筋。钢筋不但具有良好的抗拉能力，而且与混凝土有良好的黏结力，它的热膨胀系数与混凝土也相近，因此钢筋能与混凝土结合成一个整体，共同承受外力。我们把配有钢筋的混凝土，称为钢筋混凝土，把配有钢筋的混凝土构件，称为钢筋混凝土构件。

钢筋混凝土构件有现浇和预制两种。现浇是指在建筑工地现场浇制，预制是指在预制品工厂先浇制好，然后运到工地进行吊装。有的预制构件（如厂房的柱或梁）也可在工地上预制，然后吊装。此外，在制作构件时，通过张拉钢筋对混凝土预加一定的压力，可以提高构件的抗拉和抗裂性能，这种构件称为预应力钢筋混凝土构件。

一、钢筋的一般表示方法

（一）钢筋代号

在钢筋混凝土结构设计规范中，对国产建筑用钢筋，按其产品种类等级不同，分别给予不同代号，以便标注及识别。

（二）钢筋的表示方法

钢筋的表示方法如表10-2所示。

（三）钢筋的标注

钢筋的标注应包括钢筋的编号、数量（或间距）、代号、直径及所在位置，通常是沿钢筋的长度标注或标注在钢筋的引出线上。简单的构件，钢筋可不编号。板的配筋和梁、柱的箍筋一般是标注其间距，不标注数量。

（1）标注钢筋的根数、级别和直径，如图10-1（a）所示。

（2）标注钢筋的级别、直径和相邻钢筋的中心距，如图10-1（b）所示。

表 10-2　钢筋的表示方法

名称	图例	名称	图例	名称	图例
钢筋断面		带直钩的钢筋端部		半圆形弯钩的钢筋搭接	
无弯钩的钢筋端部	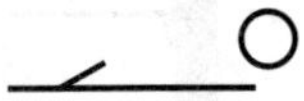	带丝扣的钢筋端部	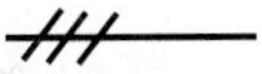	半直钩的钢筋端部	
半圆形弯钩的钢筋端部		无弯钩的钢筋搭接		套管接头	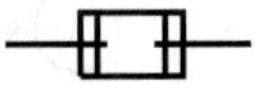

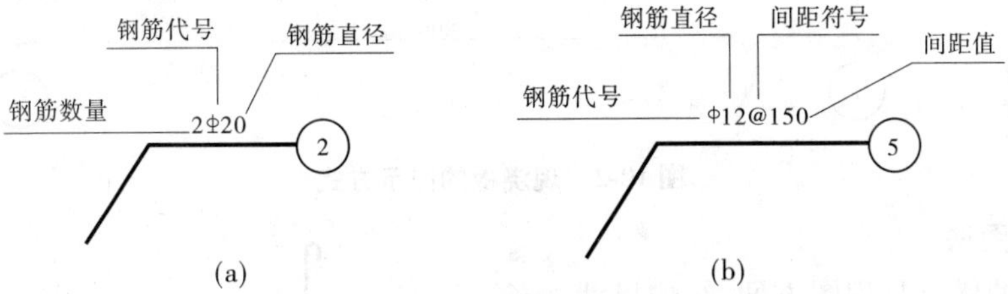

图 10-1　钢筋的标注

二、现浇板结构施工图

现浇板结构施工图是假想沿楼板顶面将房屋水平剖开后所作的楼层结构的水平投影，用来表示楼面板的位置、类型和数量及钢筋的配置。

在现浇板结构施工图上应详细标注出预留洞与洞口加筋或加梁的情况，以及预埋件的情况。当相邻板的厚度、配筋、标高不同时，应增加剖面，板底圈梁可以用增加剖面的方法表示。如图 10-2 所示为现浇板配筋图例。

对于现浇楼板来说，每种规格的钢筋只画一根，并注明其编号、规格、直径、间距或数量等，如图 10-2 所示，与受力筋垂直的分布筋不必画出，但要在附注中或钢筋表中说明其级别、直径、间距（或数量）及长度等。

对于现浇楼板内配置的双层钢筋，需要进行分析哪些钢筋是底层钢筋，哪些钢筋是顶层钢筋。根据国家标准，底层钢筋的弯钩应向上或向左画出，顶层钢筋的弯钩则向下或向右画出，如图 10-3 所示。

三、梁结构施工图

梁结构施工图有两种表达方法，即详图法和平面整体表示法。

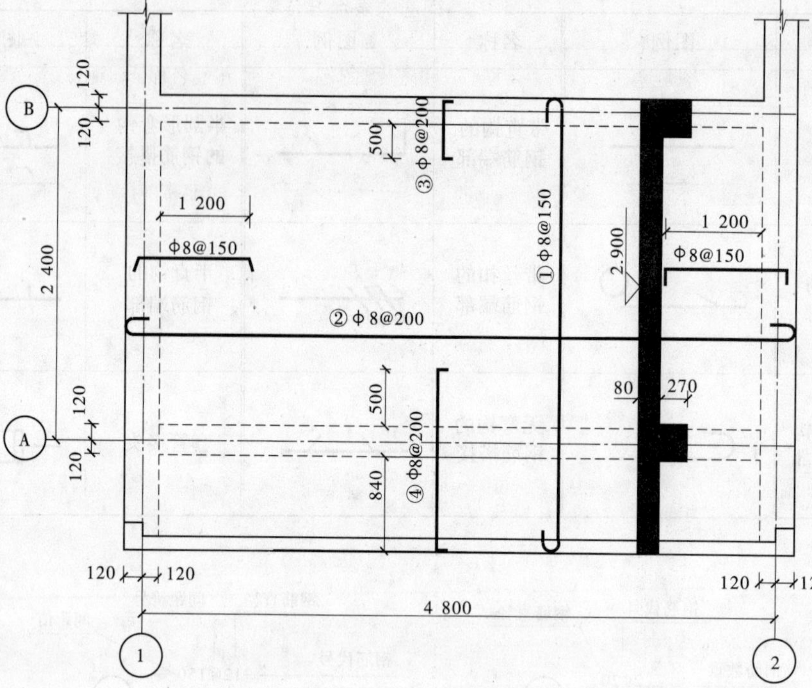

图 10-2　现浇板的图示方式

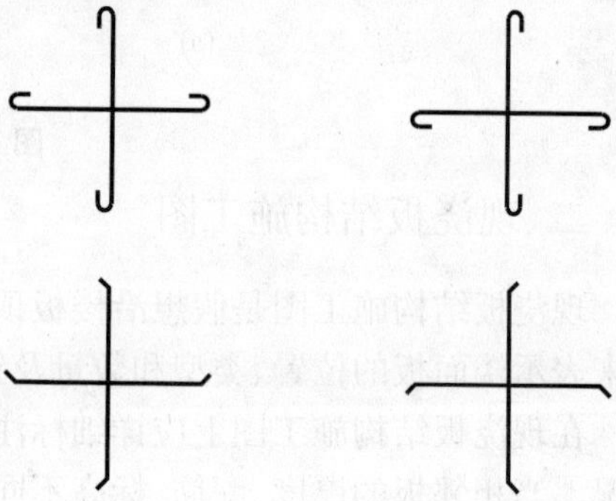

图 10-3　钢筋放置示意图

(一)详图法

详图法的优点是识图方便,结构尺寸、配筋、构造都能够通过图形表达出来。但其绘图工作量很大,出图量大,且某一张图出错,会影响与之相关的其他图,修改烦琐,导致设计效率低下。详图法常用于基础详图的配筋,雨篷、阳台、女儿墙等结构构件的配筋表达,以及形状复杂的结构构件,如设备基础等。详图法示例如图 10-4 所示。

(二)平面整体表示法

平面整体表示法简称平法,所谓"平法"的表达方式,是将结构构件的尺寸和配筋按照平面整体表示法的制图规则直接表示在各类构件的结构平面布置图上,再与标准构造详图相配合,即构成一套完整的结构施工图。它改变了传统的将构件从结构平面图中索引出来,再逐个绘制配筋详图的烦琐表示方法。"平法"的优点是图面简洁、清楚、直观性强,图纸数量少,设计和施工人员都很欢迎。但需要掌握平法知识才能够读懂施工图。钢筋的锚固、搭接等构造需要查看平法图集才能够得知,不如详图法直观易懂。

1. 集中标注

集中标注的形式(见图 10-5)如下:

梁平面注写方式包括集中标注和原位标注。集中标注表达梁的通用数值,原位标注表达梁的特殊数值。当梁的某部位不适用集中标注中的某项数值时,那么在该部位将该项数

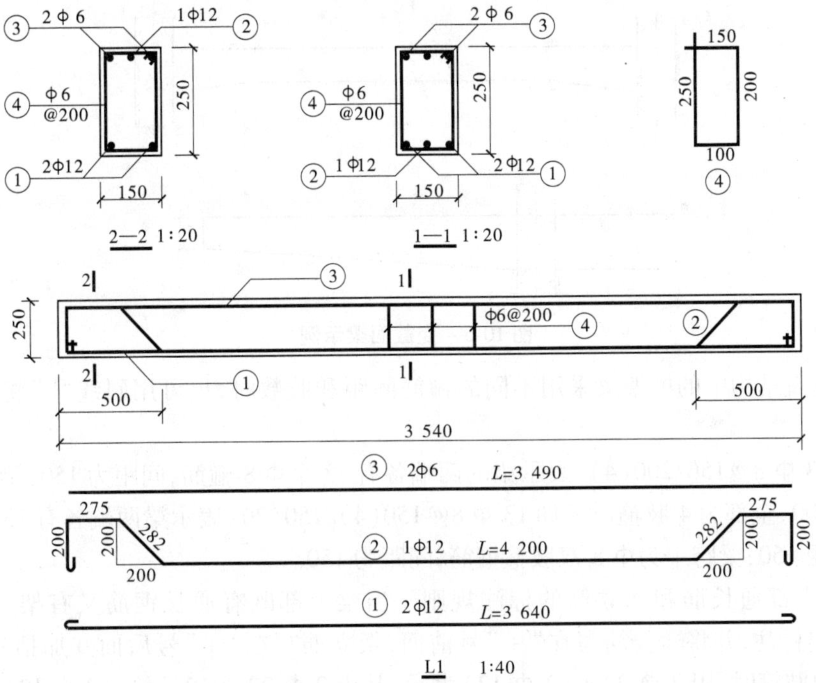

图 10-4 详图法示例

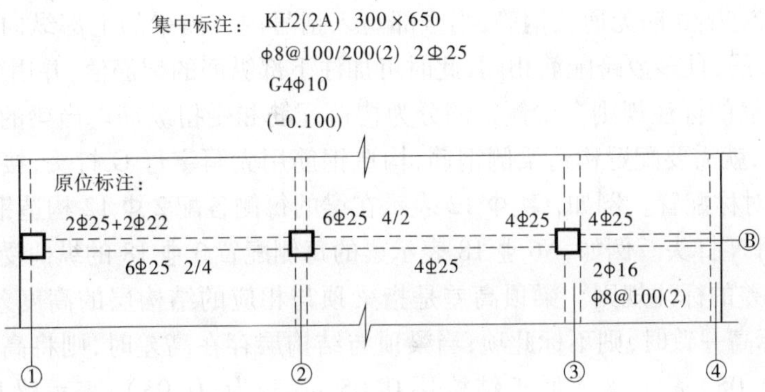

图 10-5 梁平法施工图

值原位标注。在图纸中，原位标注取值优先。

KL2（2A） 300×650—梁编号（跨数） 截面宽×高。

Φ 8@100/200（2）—箍筋直径、加密区间距/非加密区间距（箍筋肢数）。

2 Φ 25——上部通长筋根数、直径。

G4 Φ 10——梁侧构造钢筋根数、直径。

（-0.100）——梁顶标高与结构层标高的差值，“-”表示低于结构层标高。

（1）梁截面标注规则。当梁为等截面时，用 $b \times h$ 表示；当为加腋梁时，用 $b \times h$ GY$c_1 \times c_2$ 表示，当为水平加腋时用 $b \times h$ PY$c_1 \times c_2$ 表示，其中 c_1 为腋长，c_2 为腋高（见图 10-6）。当有悬挑梁且根部和端部不同时，用斜线分割根部与端部的高度值，即 $b \times h_1/h_2$。

（2）箍筋的标注规则。当箍筋分为加密区和非加密区时，用斜线“/”分隔，肢数写在括

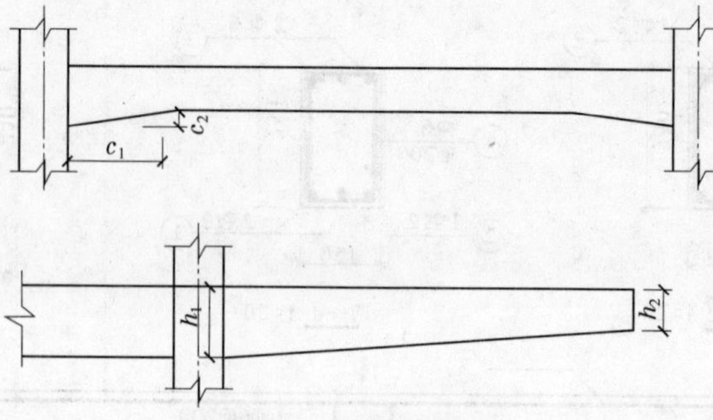

图 10-6　变截面梁示例

号内。当抗震结构中的框架梁采用不同的箍筋间距和肢数时，也可用斜线“/”将其分隔开表示。

例如 13 Φ 8@150/200(4)，表示梁的两端各有 13 个Φ 8 箍筋，间距为 150；梁跨中箍筋的间距为 200，全部为 4 肢箍。又如 13 Φ 8@150(4)/150(2)，表示梁两端各有 13 个Φ 8 的 4 肢箍，间距 150；梁跨中为Φ 8 双肢箍箍筋，间距为 150。

(3)梁上部通长筋和架立筋的标注规则。当梁上部既有通长钢筋又有架立筋时，用“+”号相连标注，并将通长筋写在“+”号前面，架立筋写在“+”号后面并加括号。例如，当梁配置四肢箍时，用 2 ⏀ 22 +(2 Φ 12)表示，其中 2 ⏀ 22 为通长筋，(2 Φ 12)为架立钢筋。

若梁上部仅有架立筋无通长钢筋，则全部写入括号内。当梁的上部纵向钢筋和下部纵向钢筋均为通长筋，且多数跨配筋相同，此时可加注下部纵筋的配筋值，并用分号“;”隔开。

(4)梁侧钢筋的标注规则。梁侧钢筋分为构造配筋和受扭纵筋。当梁的腹板高度大于等于 450 mm 时，就需要配置构造梁侧钢筋，构造钢筋用大写字母 G 打头，接着标注梁两侧的总配筋量，且对称配置。例如，G4 Φ 12 表示在梁的每侧各配 2 Φ 12 构造钢筋。

受扭纵筋用 N 打头。例如，N6 ⏀ 18 表示梁的每侧配置 3 ⏀ 18 的纵向受扭钢筋。

(5)梁顶高差的标注规则。梁顶高差是指梁顶与相应的结构层的高度差值，当梁顶与相应的结构层标高一致时，则不标此项；当梁顶与结构层存在高差时，则将高差值标入括号内。例如，(-0.05)表示梁顶低于结构层 0.05 m；若为(0.05)，表示梁顶高于结构层 0.05 m。

2. 原位标注

(1)梁支座上部纵筋。该部位标注包括梁上部的所有纵筋，即包括通长筋。

当梁上部纵筋不止一排时用斜线“/”将各排纵筋从上自下分开。如 6 ⏀ 25 4/2，表示梁支座的上一排钢筋为 4 ⏀ 25，下排钢筋为 2 ⏀ 25。

当同排纵筋有两种直径时，用加号“+”将两种规格的纵筋相连表示，并将角部钢筋写在“+”号前面。例如，2 ⏀ 25 +2 ⏀ 22 表示 2 ⏀ 25 放在角部，2 ⏀ 22 放在顶梁的中部。

当梁上部支座两边的纵向筋规格不同时，需在支座两边分别标注；当梁上部支座两边纵筋相同时，可仅在支座一边标注，另一边可省略标注。

(2)梁下部纵向钢筋。当梁下部纵向钢筋多于一排时，用“/”号将各排纵向钢筋自下而上分开。例如，梁下部注写为 6 ⏀ 25 2/4 表示梁下部纵向钢筋为两排，上排为 2 ⏀ 25，下排为 4 Φ 25，全部钢筋伸入支座。

当梁下部纵向钢筋不全部伸入支座时，将梁支座下部纵筋减少的数量写在括号内。例如，梁下部注写为 6 Φ 25 2(-2)/4 表示梁下部为双排配筋，其中上排 2 Φ 25 不伸入支座，下排 4 Φ 25 全部伸入支座。

(3)附加箍筋和吊筋的标注。当多数附加箍筋和吊筋相同时，可在梁平法施工图上统一注明，否则直接画在平面图的主梁上，用引出线标注总配筋数(附加箍筋的肢数注在括号内)。

(4)当在梁上集中标注的内容不适用于某跨时，则采用原位标注的方法标注此跨内容，施工时原位标注优先采用。

四、柱结构施工图

(一)表达方法

柱结构施工图一般采用平面表示法，柱平法施工图是在柱平面布置图上采用截面注写方式或列表注写方式来表达的施工图。

(二)截面注写方式

(1)截面注写方式是在分标准层绘制的柱(包括框架柱、框支柱、梁上柱、剪力墙上柱)平面布置图的柱截面上，分别在同一编号的柱中选择一个截面，以直接注写截面尺寸和配筋具体数值的方式来表达柱平面整体配筋(见图 10-7)。

屋面	22.170	
6	18.570	3.600
5	14.970	3.600
4	11.370	3.600
3	7.770	3.600
2	4.170	3.600
1	-0.600	4.770
层号	标高(m)	层高(m)

结构层楼层标高
结构层高

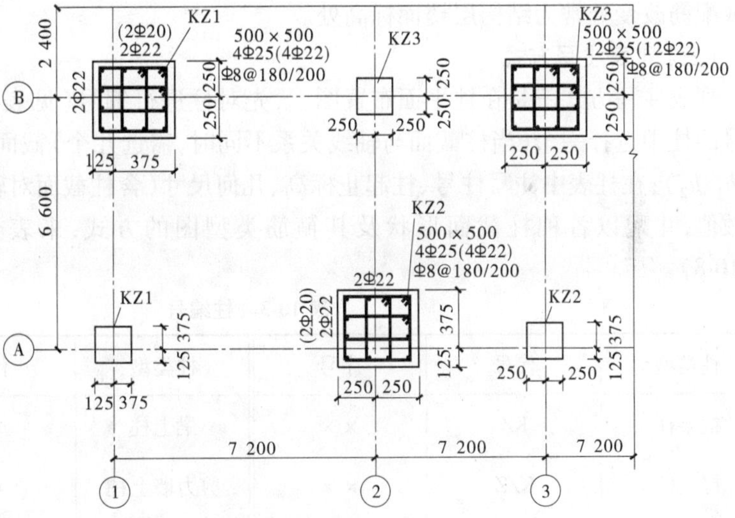

-0.600~11.370
(11.370~22.170)柱平法施工图(局部)

图 10-7　柱平法施工图截面注写方式

(2)对除芯柱外所有柱截面进行编号，柱编号由代号和序号组成。然后从相同编号的柱中选择一个截面，按另一种比例原位放大绘制柱截面配筋图，并在各配筋图上继其编号后再注写截面尺寸 $b \times h$(对于圆柱改为圆柱的直径 d)、角筋或全部纵筋(当纵筋采用同一种直径且能够图示清楚时)、箍筋的具体数值。在柱截面配筋图上标注截面与轴线关系 b_1、b_2、

h_1、h_2 的具体数值。当纵筋采用两种直径时，须再注写截面各边中部纵筋的具体数值（对于采用对称配筋的矩形截面柱，可仅在一侧注写中部纵筋，对称边省略不注）。当在某些框架柱的一定高度范围内，在其内部的中心位置设置芯柱时，其标注方式详见平法标准图集（11G101—1）有关规定。

（3）注写柱箍筋，应包括钢筋种类代号、直径与间距。当为抗震设计时，用斜线"/"区分柱端箍筋加密区与柱身非加密区长度范围内箍筋的不同间距（加密区长度由标准构造详图来反映）。当箍筋沿柱全高为同一种间距时，则不使用"/"线。当柱纵筋采用搭接连接，且为抗震设防时，搭接接头范围内箍筋加密做法也用标准构造详图来反映；当为非抗震设防时，在柱纵筋搭接长度范围内的箍筋加密，应由设计者另行注明。

（4）截面注写方式中，如柱的分段截面尺寸和配筋均相同，仅分段截面与轴线关系不同，可将其编为同一柱号。但此时应在未画配筋的柱截面上注写该柱截面与轴线关系的具体尺寸。

（5）当采用截面注写方式时，可以根据具体情况，在一个柱平面布置图上加小括号"（）"和尖括号"〈〉"来区分和表达不同标准层的注写数值，但与柱标高要一一对应。

（6）采用截面注写方式绘制的柱施工图中，图名应注写各段柱的起止标高（见图 10-5），至柱根部往上以变截面位置或截面未变但配筋改变处为界分段注写。框架柱和框支柱的根部标高为基础顶面标高；芯柱的根部标高是指根据结构实际需要而定的起始位置标高；梁上柱的根部标高为梁顶面标高；而剪力墙上柱的根部标高为墙顶部标高（柱筋锚在剪力墙顶部），但当柱与剪力墙重叠一层时，其根部标高为墙顶往下一层的结构层楼面标高。截面尺寸或配筋改变处常为结构层楼面标高处。

（三）列表注写方式

列表注写方式就是在柱平面布置图上，先对柱进行编号（见表 10-3），然后分别在同一编号的柱中选择一个（当柱截面与轴线关系不同时，需选几个）截面注写几何参数代号（b_1、b_2，h_1、h_2）；在柱表中注写柱号、柱起止标高、几何尺寸（含柱截面对轴线的情况）与配筋的具体数值，并配以各种柱截面形状及其箍筋类型图的方式，来表达柱平面整体配筋（见图 10-8）。

表 10-3　柱编号

柱类型	代号	序号	柱类型	代号	序号
框架柱	KZ	××	梁上柱	LZ	××
框支柱	KZZ	××	剪力墙上柱	QZ	××
芯柱	XZ	××			

柱表应注写下列规定内容：

（1）注写柱的编号。

（2）注写各段柱的起止标高。

（3）对于矩形柱，注写柱截面尺寸 $b \times h$ 及与轴线关系的几何参数代号 b_1、b_2 和 h_1、h_2 的具体数值，须对应于各段柱分别注写。其中，$b = b_1 + b_2$，$h = h_1 + h_2$。对于圆柱，改为圆柱的

层号	标高(m)	层高(m)
屋面	22.170	
6	18.570	3.600
5	14.970	3.600
4	11.370	3.600
3	7.770	3.600
2	4.170	3.600
1	-0.600	4.770

结构层楼层标高
结构层高

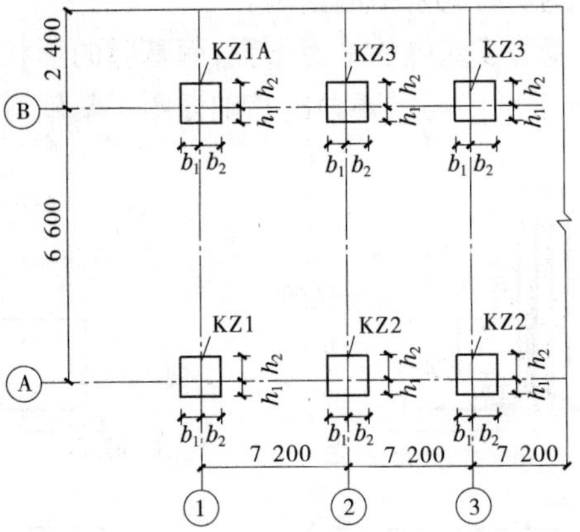

柱号	标高	$b\times h$	b_1	b_2	h_1	h_2	全部钢筋	角筋	b边一侧中部筋	h边一侧中部筋	箍筋类型号	箍筋	备注
KZ1 (KZ1A)	-0.600~11.370	500×500	125	375	125 (250)	375 (250)		4Φ25	2Φ22	2Φ22	1(4×4)	φ8@180/200	
	11.370~22.170	500×500	125	375	125 (250)	375 (250)		4Φ22	2Φ20	2Φ22	1(4×4)	φ8@180/200	
KZ3	-0.600~11.370	500×500	250	250	250	250	12Φ25				1(4×4)	φ8@100/200	
	11.370~22.170						12Φ22						

-0.600~22.170柱平法施工图(局部)

图 10-8 柱平法施工图列表注写方式

直径 d。

(4)注写柱纵筋。当柱的纵筋直径相同,各边根数也相同(包括矩形柱、圆柱)时,将纵筋注写在“全部纵筋”一栏中;除此之外,柱纵筋分为角筋、截面 b 边中部筋和 h 边中部筋三项分别注写(对于采用对称配筋的矩形柱,可仅注写一侧中部筋)。

(5)在表中箍筋类型栏内注写箍筋类型和箍筋肢数。各种箍筋类型图以及箍筋复合的具体方式,根据具体工程由设计人员画在表的上部或图中的适当位置,并在其上标注与表中相应的 b、h 和编上类型号。

(6)在表中箍筋栏内注写箍筋,包括钢筋种类、直径和间距(间距表示方法及纵筋搭接时加密的表达同截面注写方式)。

五、基础结构施工图

基础图是表示基础平面布置和细部构造的图样,一般包括基础平面图和基础详图。它是施工放线、开挖基坑和基础施工的依据。

基础平面图是表示基坑在未回填土时基础平面布置的图样,一般是假想用一个水平面沿房屋的室内地面以下剖切后的水平剖面图。

在基础平面图中只表明了基础的平面布置，而基础的形状、大小、构造、材料及埋置深度均未表明，所以在结构施工图中还需要画出基础详图。基础详图示例如图 10-9 所示。

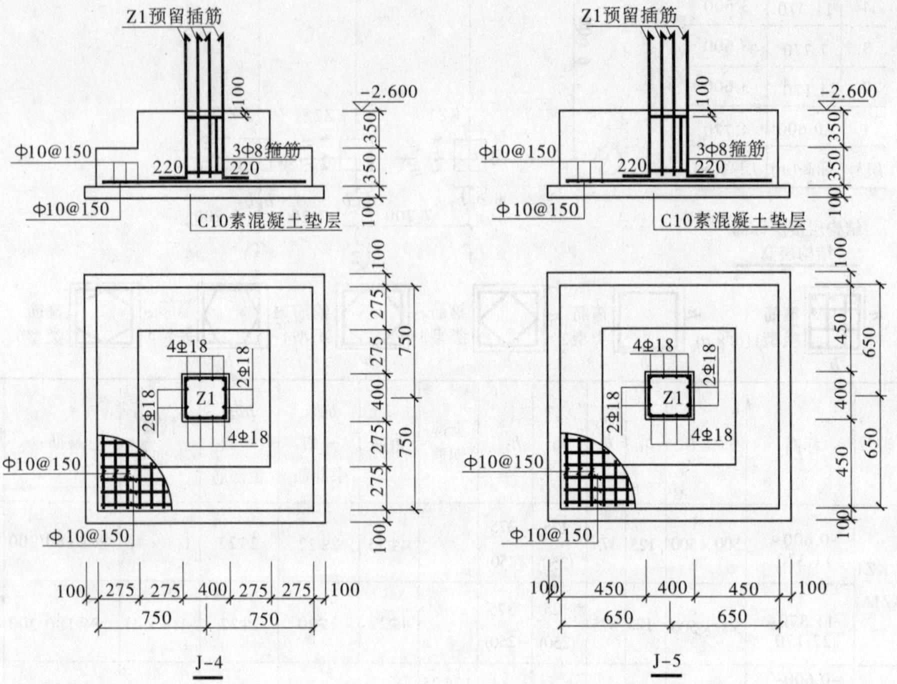

图 10-9　基础详图示例

六、楼梯结构施工图

楼梯结构施工图由楼梯结构平面图和楼梯结构剖面图组成，其主要内容为：

(1)楼梯结构平面图，主要表明楼梯各构件，如楼梯梁、梯段板、平台板等的平面布置、代号、尺寸大小、平台板的配筋及结构标高。

(2)楼梯结构剖面图，主要表明构件的竖向布置与构造，梯段板和楼梯梁的配筋、截面尺寸等。

平面注写内容包括集中标注和外围标注。集中标注表达楼梯的类型代号及序号、梯板的竖向几何尺寸和配筋；外围标注表达梯板的平面几何尺寸以及楼梯间的平面尺寸。

在楼梯平法施工图上需绘制楼梯竖向布置简图，其所标注的内容包括各跑梯板类型代号及序号(AT ~ ET)、各层梯板类型代号及序号(FT ~ LT)、楼层平台板代号及序号(AT ~ ET、KT、LT)、层间平台板代号及序号(AT ~ DT)、楼层结构标高、层间结构标高等。

楼梯分为两大组类型：

(1)AT ~ ET 每个代号代表一跑梯板。梯板的主体为踏步段，除踏步段外，梯板可包括低端平板、高端平板以及中位平板。AT ~ ET 型梯板的两端分别以梯梁为支座。

(2)FT ~ LT 每个代号代表两跑相互平行的踏步段和连接它们的楼层平板及层间平板。其中，FT ~ JT 型由层间平板、踏步段和楼层平板构成，KT 型和 LT 型由层间平板和踏步段构成。

AT 型楼梯平面注写方式如图 10-10 和图 10-11 所示。其中，集中注写的内容有 4 项：第 1 项为梯板类型代号与序号 AT××；第 2 项为梯板厚度 h；第 3 项为踏步段总高度 $H_s = h_s \cdot (m+1)$，式中 h_s 为踏步高，$m+1$ 为踏步数目；第 4 项为梯板配筋，梯板的分布钢筋注写在图名的下方。

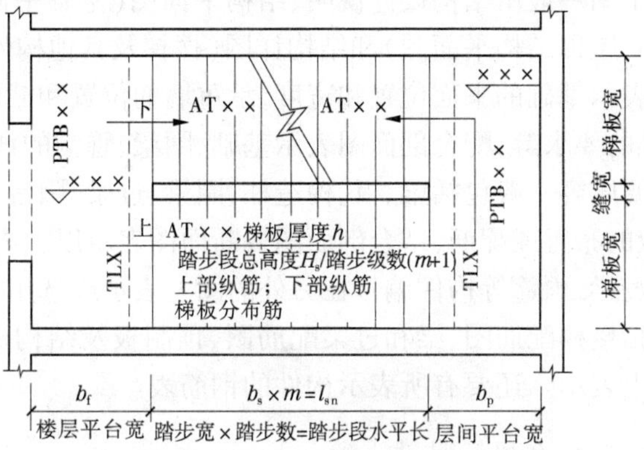

图 10-10　AT 型楼梯平面图

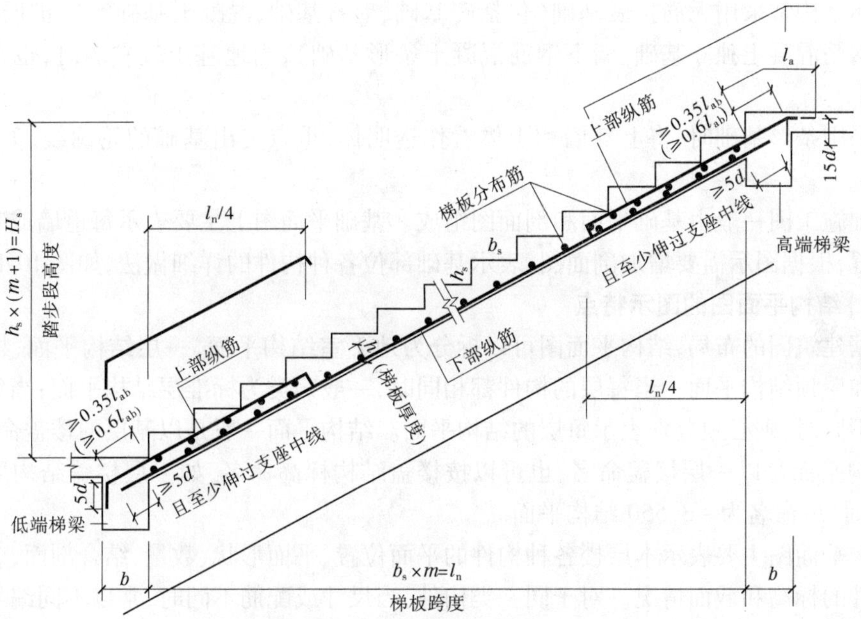

图 10-11　AT 型楼梯构造配筋图

【小贴士】

目前实际工程中大多采用的是"平法"表示的方法，其表达简洁，绘图量小，受到设计人员的普遍欢迎，但该表示方法专业性较强，对识图人员要求较高。

第二节　砌体房屋结构施工图

一、砌体房屋结构施工图的组成

砌体房屋结构施工图一般由结构设计说明、结构平面图（基础平面图、地下室结构平面图、标准层结构平面图、屋顶结构平面图）和结构详图（楼梯及其他构件详图）组成。

基础平面图一般表示基础的平面位置和宽度，承重墙的位置和截面尺寸，构造柱的平面位置，其他工种对基础的要求等，配合剖面图表示基础、圈梁、管沟的详细做法。

结构平面图的主要内容一般包括梁、板、构造柱、圈梁、过梁、阳台、雨篷、楼梯、预留洞的平面位置，主要表示板的布置或配筋，结合剖面图或断面图表示以上内容。当一张图不能表示所有内容时，将梁、过梁、雨篷等构件编号在另外的图上表示或选用标准图。

结构详图一般包括楼梯配筋图、梁和过梁配筋图、预制板及结构平面图，没有表达清楚的部位均在构件详图上表示。还要有所表示构件的钢筋表。

二、砌体结构施工图的图示特点

（一）砌体结构基础施工图的图示特点

砌体结构常采用无筋扩展基础（包括砖基础、毛石基础、混凝土基础等）、扩展基础（包括柱下钢筋混凝土独立基础、墙下钢筋混凝土条形基础），当地基土较软弱时，也常采用筏板基础。

当采用条形基础时，将上部墙和土体看作透明体，重点突出基础的轮廓线，如图 10-12 所示。

基础施工图一般由基础平面和剖面图组成。基础平面图上主要表示每道墙或基础梁的平面位置，根据图示需要增加剖面图，表示基础部位各种构件的详细做法，如图 10-13 所示。

（二）结构平面图的图示特点

根据建筑图的布局，结构平面图可以拆分为地下室结构平面、一层结构平面、标准层结构平面和屋顶结构平面。当每层的构件都相同时，一般归类为标准层结构平面；当每层的构件均有不同时，则必须分别表示每层的结构平面。结构平面一般是以某层的楼盖命名，比如一层结构平面是以一层楼盖命名，也可以按楼盖结构标高命名，如一层楼盖结构层标高为 3.55 m 时，可命名为 +3.550 结构平面。

结构平面图主要表示本层楼各种构件的平面位置、平面形状、数量，结合剖面，表示本层各种构件的标高和截面情况。对于同一类构件，当尺寸或配筋不同时，常以不同编号的形式加以区别，当图示的内容较多时，常采用构件编号的方法将其在详图上表示或选用标准图。

图 10-14 为某办公楼二层结构平面图。

（三）构件详图的图示特点

砌体结构的构件一般包括现浇梁或预制梁、过梁、预制板或现浇板、雨篷、楼梯。

现浇板一般在结构平面上表示；预制板和过梁一般选用标准图；雨篷和阳台采用现浇的形式较多，也可以在结构平面图上增加剖面或断面图进行表示；楼梯详图同钢筋混凝土房屋。

下面仅介绍梁配筋图。

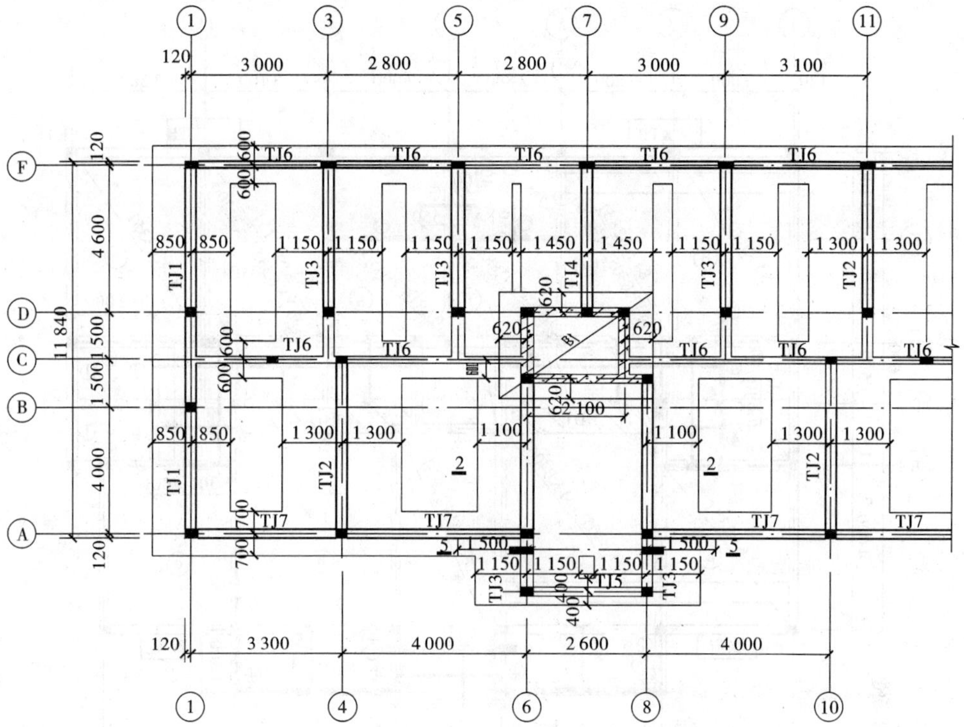

图 10-12　砌体结构房屋条形基础平面布置图

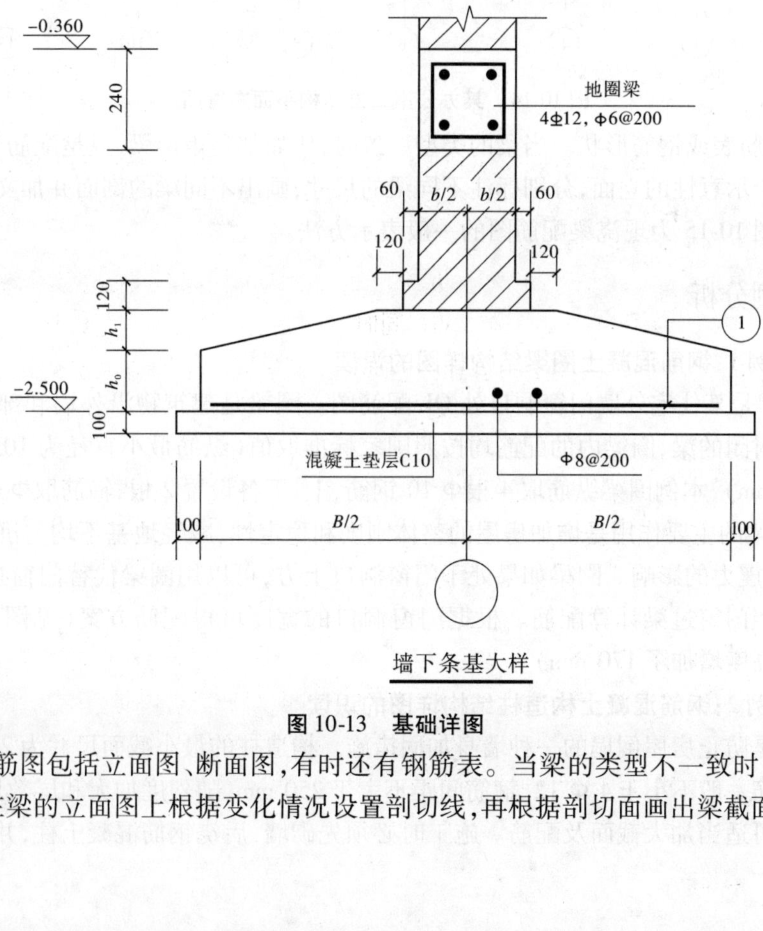

图 10-13　基础详图

梁的配筋图包括立面图、断面图，有时还有钢筋表。当梁的类型不一致时，常分别画出梁的立面，在梁的立面图上根据变化情况设置剖切线，再根据剖切面画出梁截面的尺寸和配

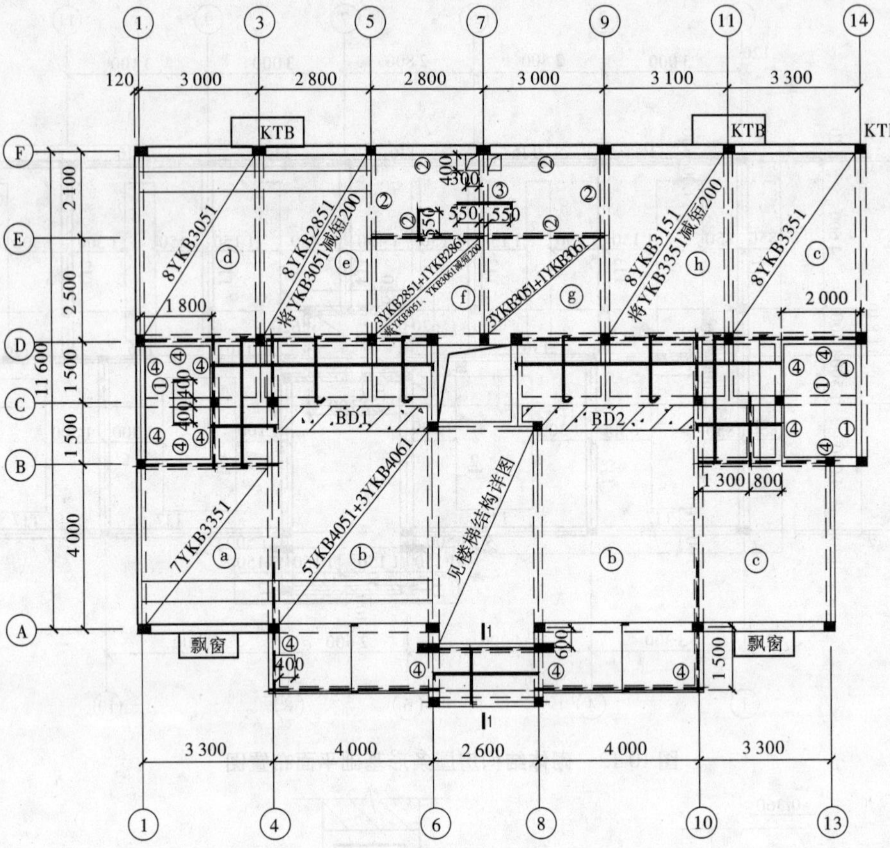

图 10-14　某办公室二层结构平面布置图

筋，并附有钢筋表或钢筋形状。当梁的类型一致时，比如都是矩形梁，只是配筋和尺寸不同，也常只画一个示意性的立面，分别标注不同梁的尺寸，画出不同梁的剖面并加文字注明所对应的梁号。图 10-15 为现浇梁配筋图的一般表示方法。

三、图例分析

（一）图例 1：钢筋混凝土圈梁结构详图的识读

图 10-16 是某住宅外墙门窗洞口处 QL 配筋图。圈梁是建筑物沿外墙和部分内墙所设置的连续而封闭的梁，圈梁内的配筋均按照国家标准取值（纵筋最小直径为 10 mm，箍筋最小直径为 6 mm），本例圈梁纵筋取 4 根Φ 10 钢筋，上、下各设置 2 根，箍筋取Φ 8 钢筋，间距 200 mm。圈梁的主要作用是增加房屋的整体刚度和稳定性，减轻地基不均匀沉降对房屋的破坏，抵抗地震力的影响。圈梁如果处于门窗洞口上方，可以用圈梁代替门窗过梁，但此时圈梁必须按照门窗过梁计算配筋。根据门窗洞口的宽度可得配筋方案（见图 10-16，*C*—*C* 截面圈梁的高度增加了 170 mm）。

（二）图例 2：钢筋混凝土构造柱结构详图的识读

构造柱是防止房屋倒塌的一种墙身加固措施。构造柱的最小截面尺寸为 240 mm × 180 mm，竖向钢筋一般不小于 4 Φ 12，箍筋间距不大于 250 mm，随烈度加大和层数增加，房屋四角的构造柱可适当加大截面及配筋。施工时必须先砌墙，后浇钢筋混凝土柱，并应沿墙高每

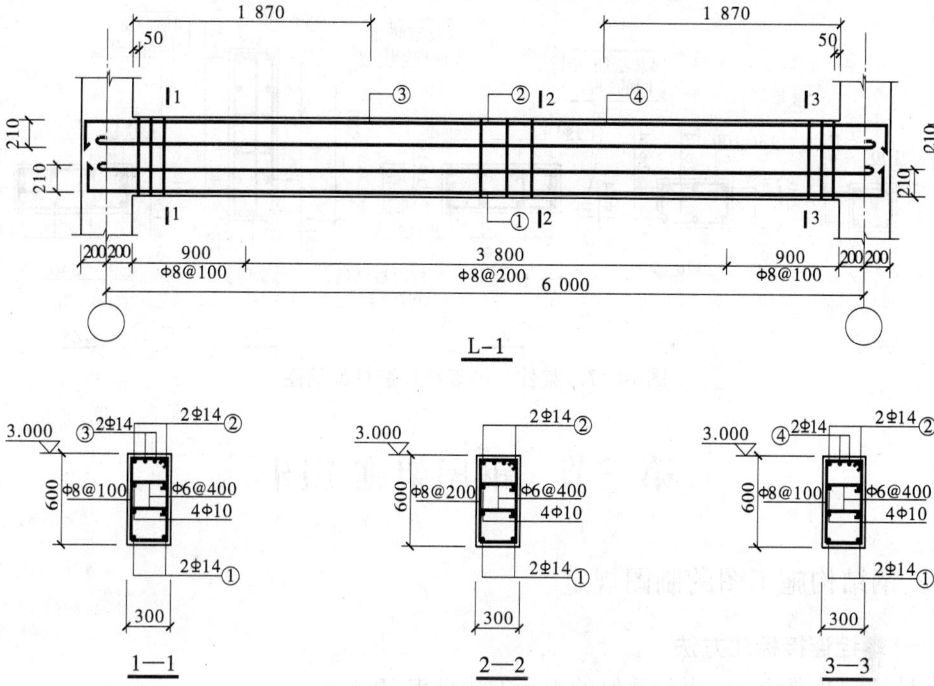

图 10-15　某现浇梁配筋图

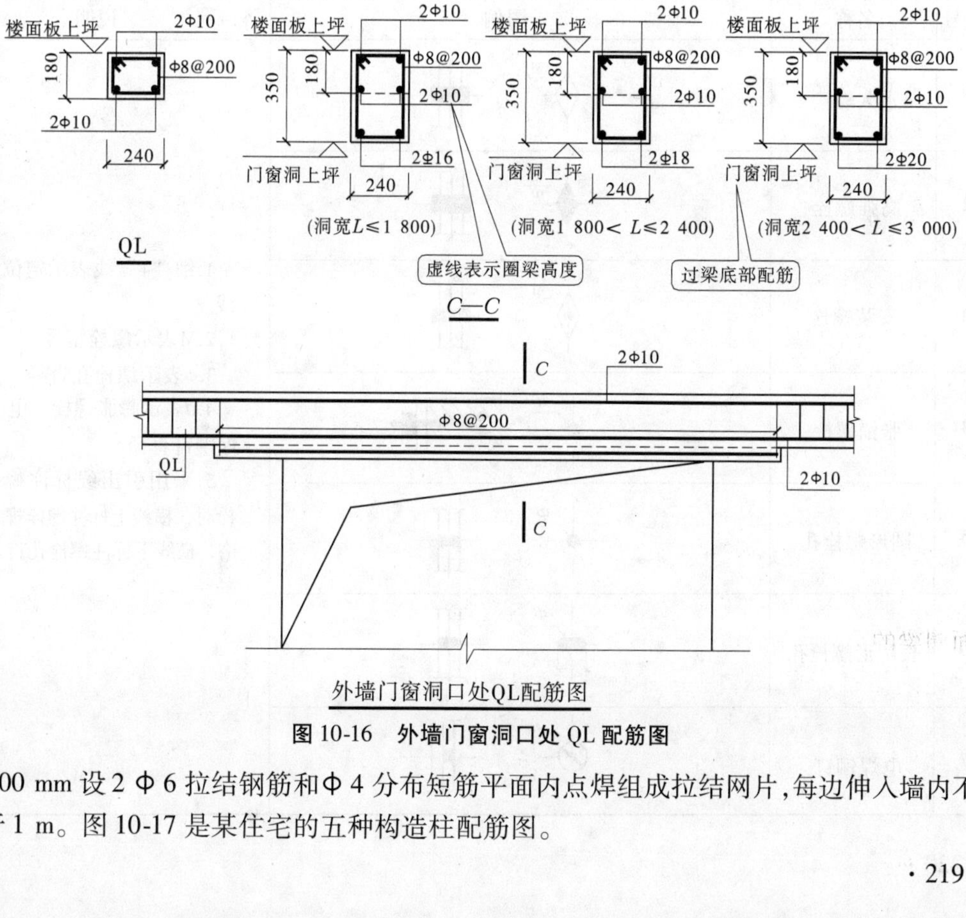

外墙门窗洞口处QL配筋图

图 10-16　外墙门窗洞口处 QL 配筋图

隔 500 mm 设 2 Φ 6 拉结钢筋和Φ 4 分布短筋平面内点焊组成拉结网片，每边伸入墙内不宜小于 1 m。图 10-17 是某住宅的五种构造柱配筋图。

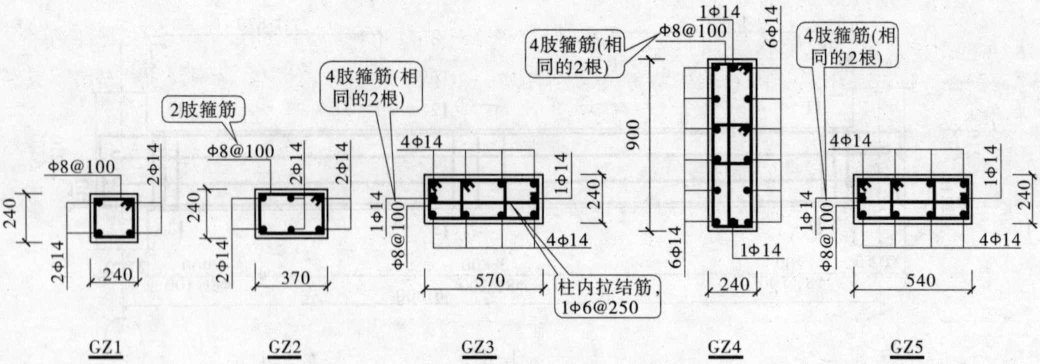

图 10-17　某住宅的五种构造柱配筋图

第三节　钢屋架施工图

一、钢结构施工图的制图规定

(一) 螺栓连接标注方法

常见型钢及螺栓、孔、电焊铆钉的表示方法见表 10-4。

表 10-4　螺栓、孔、电焊铆钉的表示方法

序号	名称	图例	说明
1	永久螺栓	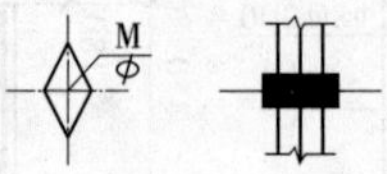 	1.细"+"线表示定位线 2.M表示螺栓型号 3.φ表示螺栓孔直径 4.d表示膨胀螺栓、电焊铆钉直径 5.采用引出线标注螺栓时，横线上标注螺栓规格，横线下标注螺栓孔直径
2	高强螺栓	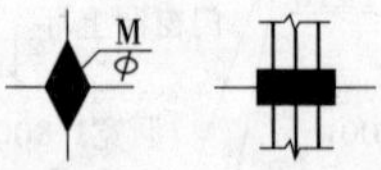 	
3	安装螺栓	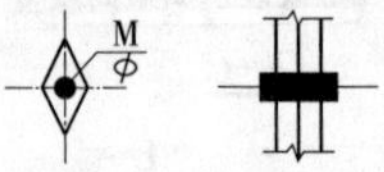 	
4	胀锚螺栓	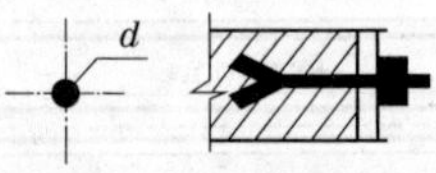 	
5	圆形螺栓孔	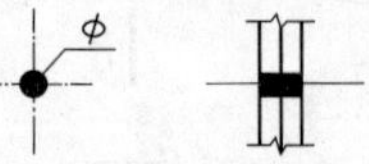 	
6	长圆形螺栓孔	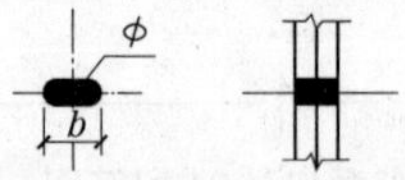 	
7	电焊铆钉	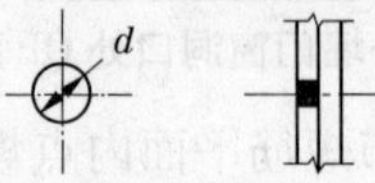 	

(二)常用焊缝的表示方法规定及图例

在钢结构的施工图上应用焊缝符号标注焊缝形式、尺寸和辅助要求。焊缝符号应符合国家标准《建筑结构制图标准》(GB/T 50105—2010)和《焊缝符号表示法》(GB/T 324—2008)中的规定。

1. 常用焊缝标注方式

常用焊缝标注方式见表 10-5。

表 10-5　部分常用焊缝标注方式

	工字形接口	单面焊缝			
焊缝形式	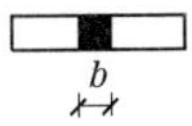	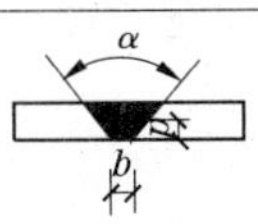	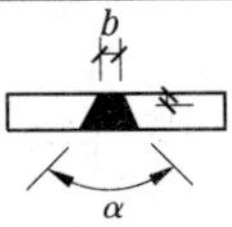	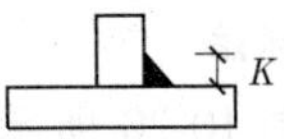	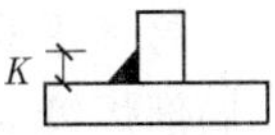
表示方法	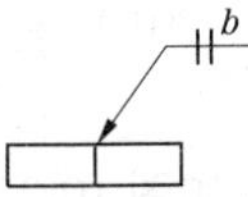	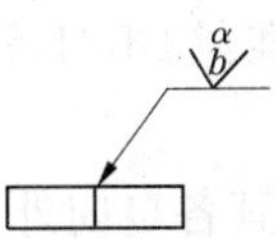	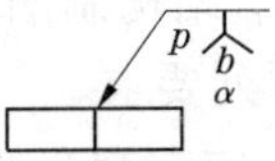	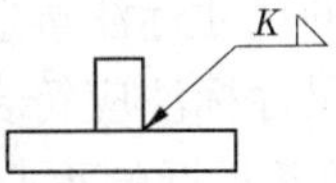	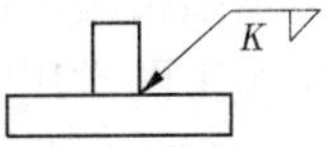

	双面焊缝			三个和三个以上焊件
焊缝形式		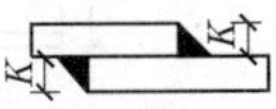	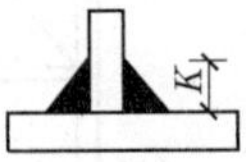	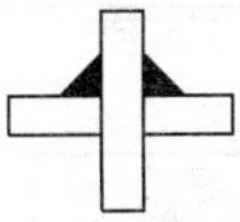
表示方法	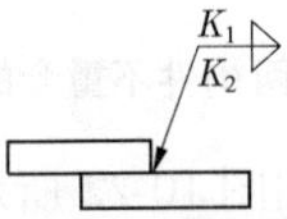	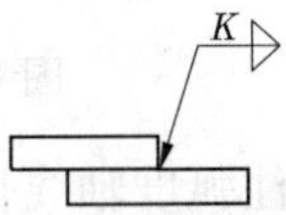	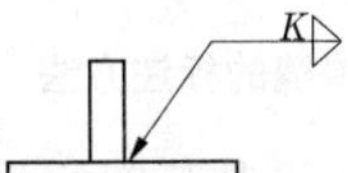	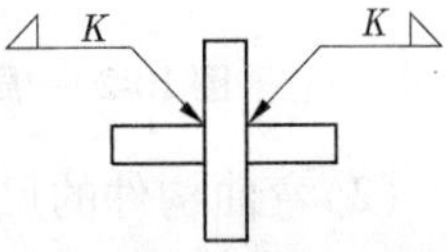

	三面围焊	周围焊缝	现场焊缝符号	相同焊缝符号
焊缝形式	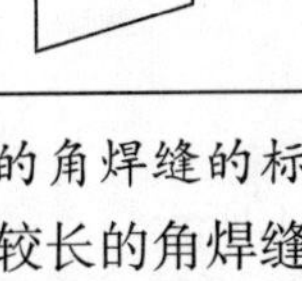			
表示方法	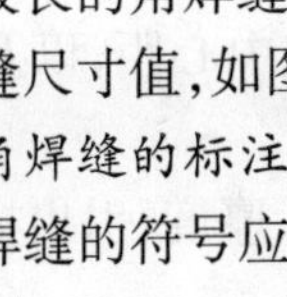	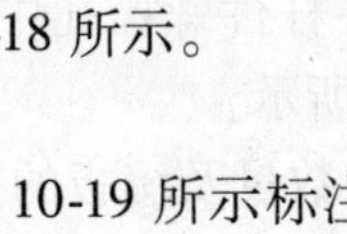	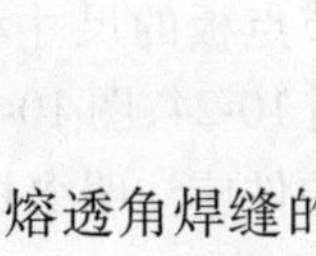	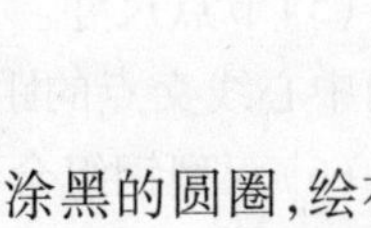

2. 较长的角焊缝的标注

图样中较长的角焊缝(如焊缝实腹钢梁的翼缘焊缝)可不用引出线标注,而直接在角焊缝旁标注焊缝尺寸值,如图 10-18 所示。

3. 熔透角焊缝的标注

熔透角焊缝的符号应按图 10-19 所示标注。熔透角焊缝的符号为涂黑的圆圈,绘在引出线的转折处。

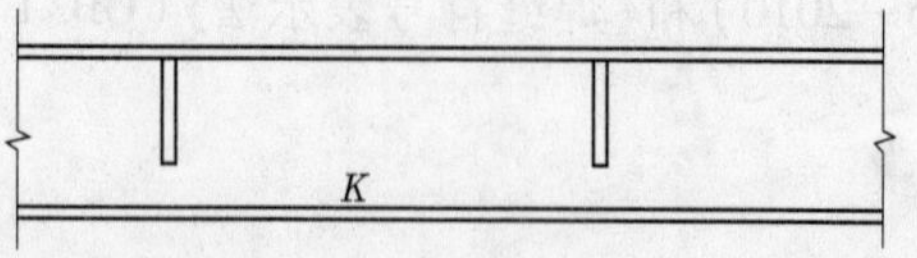

图 10-18　较长的角焊缝的标注方法

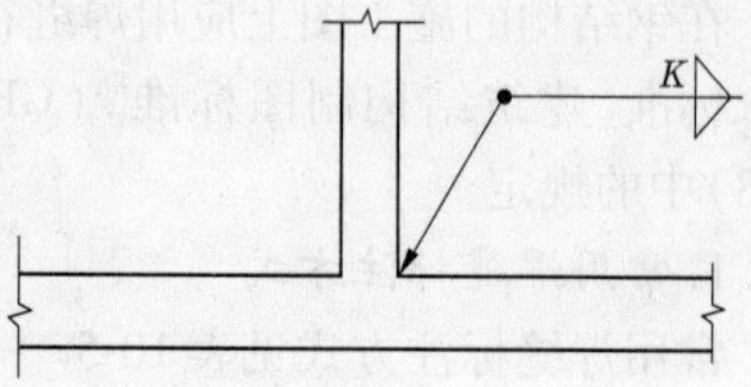

图 10-19　熔透角焊缝的标注方法

4. 局部焊缝的标注

局部焊缝应按图 10-20 所示标注。

(三)尺寸的标注

钢结构施工图的尺寸标注按《建筑结构制图标准》(GB/T 50105—2010)有关规定。钢屋架施工图常用的尺寸标注应符合下列要求。

(1)两构件的两条很近的重心线,应在交会处将其各自向外错开,如图 10-21 所示。

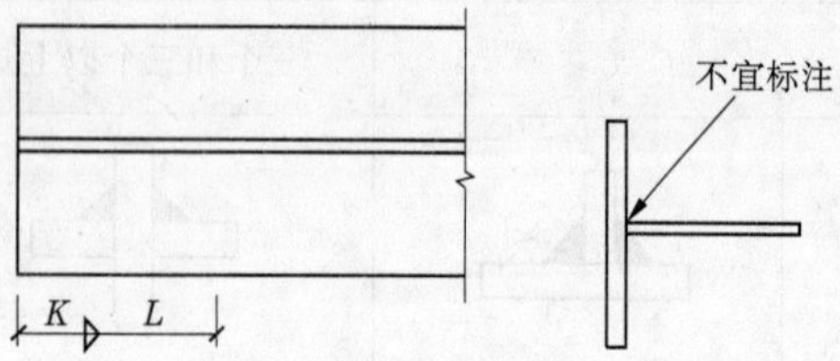

图 10-20　局部焊缝的标注方法

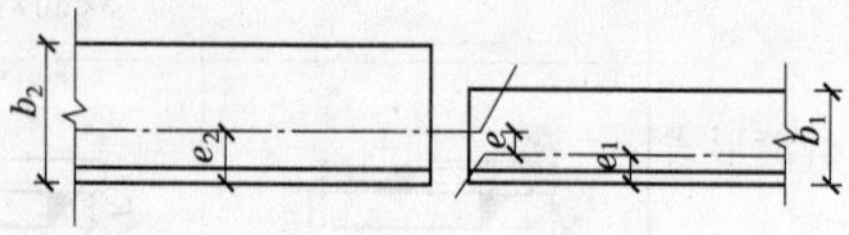

图 10-21　两构件不重合的表示方法

(2)弯曲构件的尺寸应沿其弧度的曲线标注弧度轴线长度,如图 10-22 所示。。

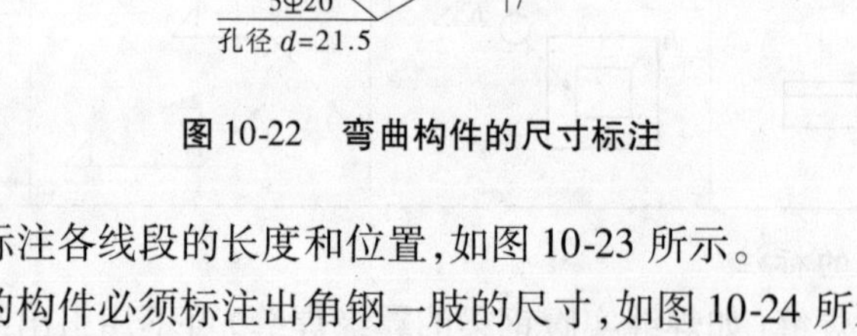

图 10-22　弯曲构件的尺寸标注

(3)切割板材应标注各线段的长度和位置,如图 10-23 所示。

(4)不等边角钢的构件必须标注出角钢一肢的尺寸,如图 10-24 所示。

(5)节点尺寸。应注明节点板的尺寸和各杆件螺栓孔中心或中心距,以及杆件端部至几何中心线交点的距离,如图 10-24、图 10-25 所示。

(6)双型钢组合截面的构件应注明缀板的数量及缀板的宽度、厚度,引出横线下方标注缀板的长度,如图 10-26 所示。

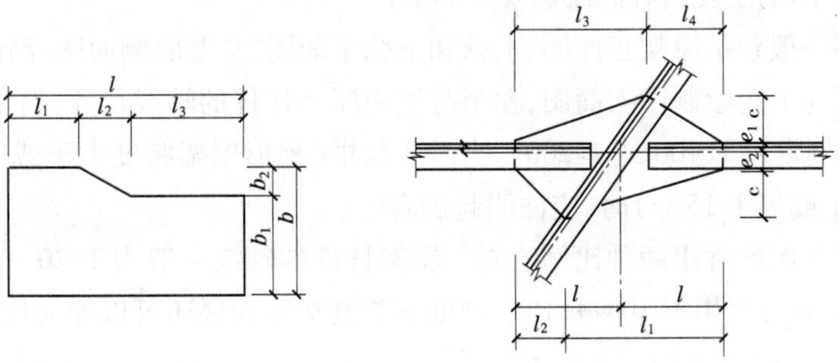

(a)　　　　(b)

图 10-23　切割板材尺寸的标注方法

(7)非焊接的节点板应注明节点板的尺寸和螺栓孔中心与几何中心线交点的距离,如图 10-27所示。

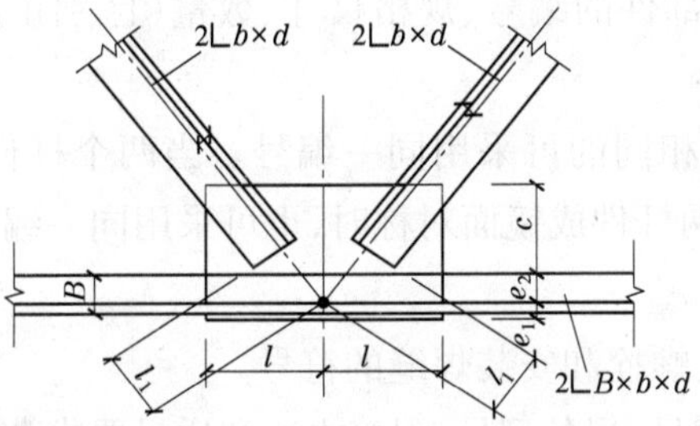

图 10-24　节点尺寸及不等边角钢的标注

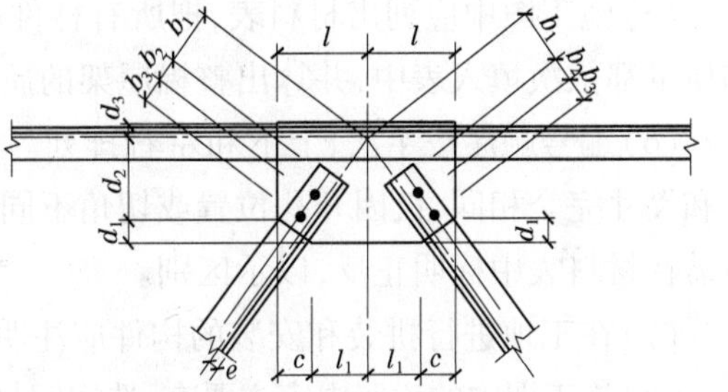

图 10-25　节点尺寸的标注方法

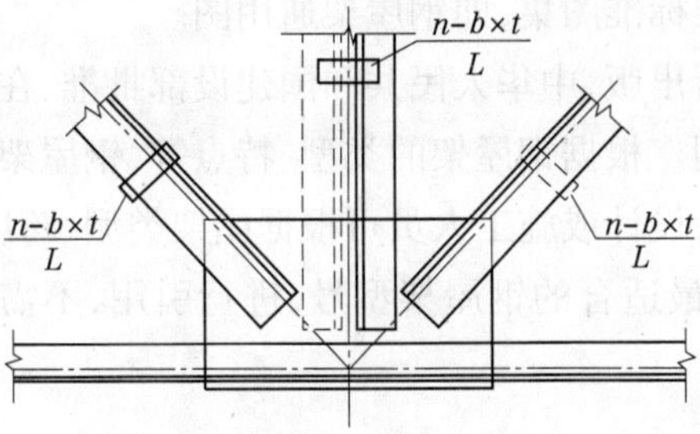

图 10-26　缀板的标注方法

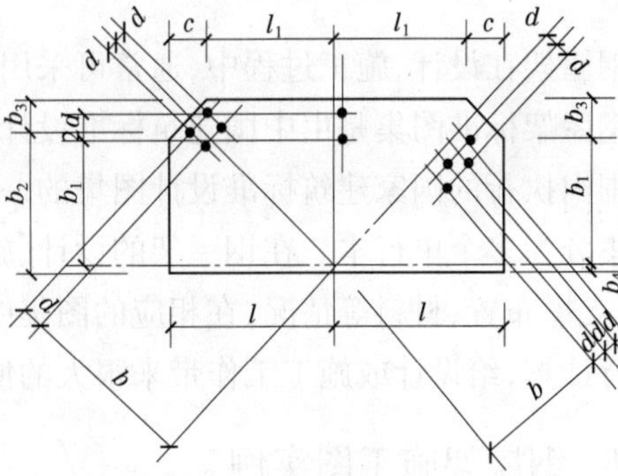

图 10-27　非焊接节点板尺寸的标注方法

二、钢屋架施工图的内容

钢屋架是用型钢(主要是角钢)通过节点板,以焊接或螺栓连接的方法,将各个杆件汇集在一起而制成的。钢屋架施工图是制作、安装屋架的依据。一般按运输单元绘制,当屋架对称时,可仅绘制半榀屋架。

钢屋架施工图的主要内容和绘制要点如下：

(1)施工图一般包括屋架正面图、上弦和下弦平面图、必要的侧面图、剖面图和零件图。

(2)在图纸左上角绘制屋架简图，左半跨注明屋架杆件的轴线尺寸，右半跨注明杆件的内力设计值，比例常用1∶100或1∶200。当需要起拱(梯形屋架跨度大于或等于24 m，三角形屋架跨度大于或等于15 m)时，应注明起拱高度。

(3)屋架施工图通常用两种比例绘制。屋架杆件的轴线一般为1∶20～1∶30，杆件的截面尺寸和节点尺寸一般用1∶10～1∶15。对重要节点和零部件还可以加大比例，清楚地表达细部尺寸。

(4)施工图中应把所有杆件和零部件的尺寸注全，包括加工尺寸、定位尺寸、孔洞位置以及对制造和安装的要求等。加工尺寸一般取5 mm的倍数。定位尺寸主要有节点中心至杆端的距离、节点中心至节点板边缘的距离、轴线至角钢肢背的距离等。螺栓孔位置要符合螺栓排列的要求。制造和安装的要求主要有切角、切肢、削棱、孔洞直径和焊缝尺寸等。

(5)施工图中应列出材料表，把所有杆件和零部件的编号、规格尺寸、数量(区别正反)和质量都依次填入表中，并算出整榀屋架的质量。

(6)编号顺序按主次、上下和左右排列。完全相同的可采用同一编号。当两个杆件形状和尺寸完全相同，仅因开孔位置或切角不同，使两杆件成镜面对称时，也可采用同一编号，但需在材料表中标明正反，以示区别。

(7)在工地进行拼装和安装的构件应注明安装螺栓和安装焊缝的符号。

(8)施工图中的说明内容主要有：选用钢材的钢号，焊条型号，焊接方法和质量要求，图中未注明的焊缝和螺栓孔尺寸，防锈处理方法，运输、安装要求以及其他宜用文字表达的内容等。

三、钢屋架通用图及选用

钢屋架在设计、施工过程中，通常可采用钢屋架标准图集，即钢屋架通用图。

钢屋架标准图集是由中国建筑标准设计研究所出版、中华人民共和国建设部批准、在全国范围内执行的国家建筑标准设计图集的一种类型。根据钢屋架的类型、特点等，钢屋架标准图集分为多个单行本。在钢屋架的设计、施工中，设计或施工人员可根据屋架类型、跨度、荷载、支撑布置、材料等情况，在相应的图集中选用最适合的钢屋架型号，进行引用，不需要再进行计算，给设计或施工工作带来很大的便利。

四、钢屋架施工图实例

钢屋架施工图实例如图10-28所示。

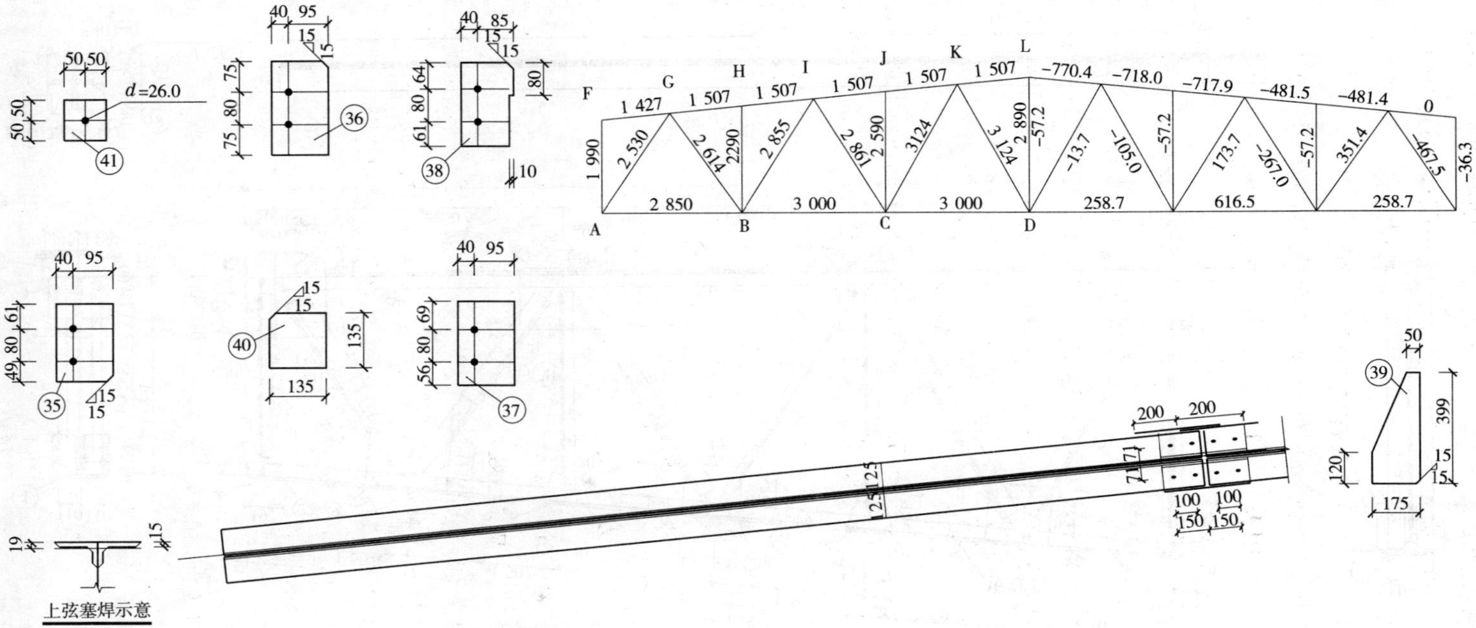

图10-28 钢屋架施工图实例

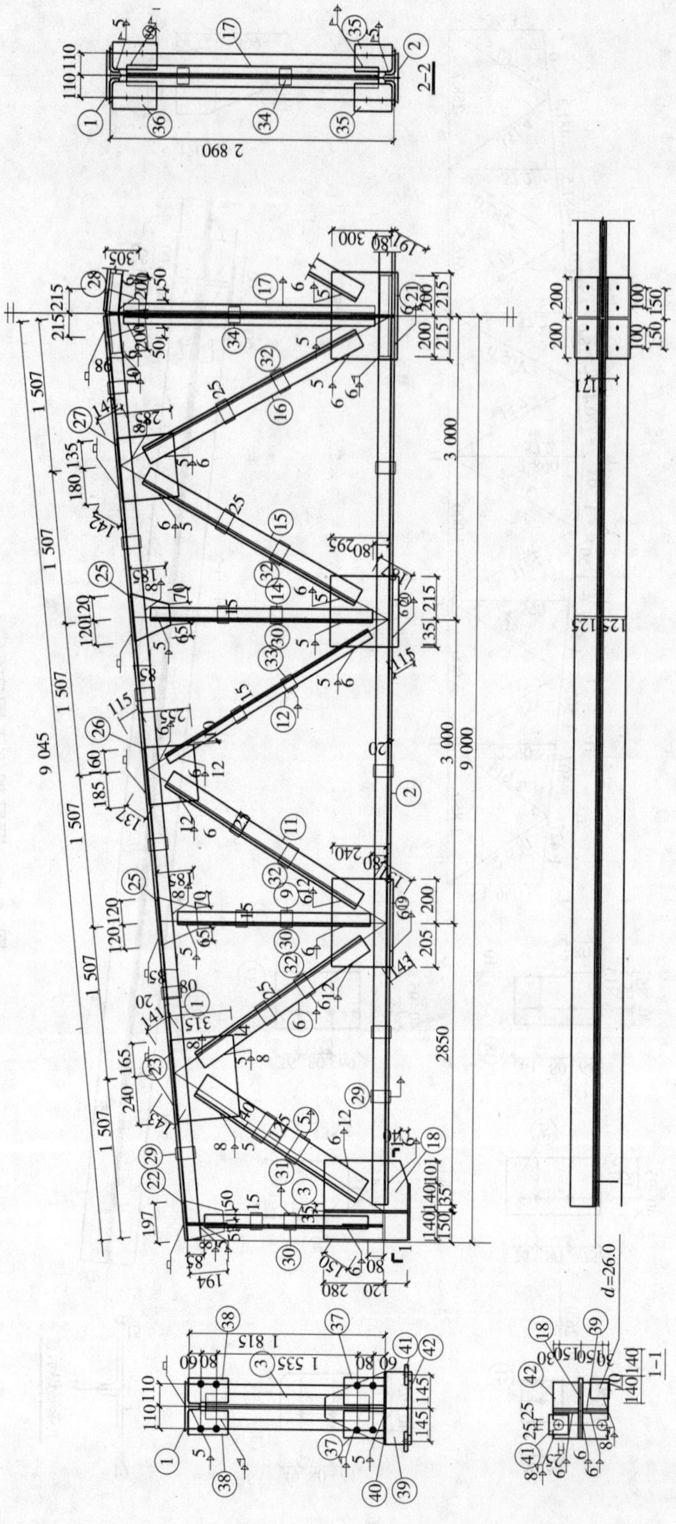

续图10-28

材料表									
构件编号	零件编号	规格(mm)	长度	数量		重量(kg)			注
				正	反	单重	总重	构件	
	1	L125×80×10	9 033	2	2	139.8	559.2		
	2	L125×80×10	8 810	2	2	136.3	545.2		
	3	L63×5	1 833	2		8.8	17.6		
	4	L63×5	1 833	2		8.8	17.6		
	5	L125×80×10	2 239	2		34.6	69.2		
	6	L90×8	2 329	2		25.5	51.0		
	7	L90×8	2 329	2		25.5	51.0		
	8	L125×80×10	2 249	2		34.8	69.6		
	9	L63×5	2 125	2		10.2	20.4		
	10	L63×5	2 125	2		10.2	20.4		
	11	L90×8	2 573	2		28.2	56.4		
	12	L50×5	2 636	4		9.9	39.6		
	13	L90×8	2 573	2		28.2	56.4		
	14	L63×5	2 425	4		11.7	46.8		
	15	L90×8	2 795	4		30.6	122.4		
	16	L90×8	2 791	4		30.5	122.0		
	17	L50×5	2 725	2		10.3	20.6		
	18	−391×12	426	2		15.7	31.4		
	19	−310×10	435	2		10.6	21.2		
	20	−330×10	350	2		9.1	18.2		
	21	−335×10	430	1		11.3	11.3	2 279.3	
	22	−194×10	197	2		3.0	6.0		
	23	−325×10	405	1		10.3	10.3		
	24	−320×10	395	1		9.9	9.9		
	25	−195×10	240	4		3.7	14.8		
	26	−255×10	285	2		5.7	11.4		
	27	−295×10	315	2		7.3	14.6		
	28	−175×10	240	1		3.3	3.3		
	29	−60×10	100	20		0.5	10.0		
	30	−60×10	83	12		0.4	4.8		
	31	−60×10	145	4		0.7	2.8		
	32	−60×10	110	16		0.5	8.0		
	33	−60×10	70	4		0.3	1.2		
	34	−60×10	80	3		0.4	1.2		
	35	−135×8	190	2		1.6	3.2		
	36	−135×8	230	2		1.9	3.8		
	37	−135×8	205	4		1.7	6.8		
	38	−125×8	205	4		1.6	6.4		
	39	−180×12	426	4		7.2	28.8		
	40	−135×8	180	4		1.5	6.0		
	41	−100×18	100	4		1.4	5.6		
	42	−280×18	280	4		11.1	44.4		

说明:1.未注明的角焊缝最小焊脚尺寸为5 mm。

2.未注明长度的焊缝一律满焊。

3.未注明的螺栓为M16，孔为ϕ17。

4.材料表中未特别注明的零件钢号为Q235。

续图10-28

【小贴士】

钢屋架通用图集囊括了工程中常见的大部分形式、跨度及荷载的屋架施工图,供结构设计人员选用,减少了其计算及绘图工作量,也给施工方带来了方便。

本章小结

1. 梁结构施工图有两种表达方法,即详图法及平面整体表示法,其中详图法识图方便但绘图量大,平面整体表示法图纸整洁且数量少。

2. 柱结构施工图一般采用平面表示法,有截面注写方式和列表注写方式两种表达方式。

3. 基础结构施工图一般包括基础平面图和基础详图。

4. 楼梯结构施工图由楼梯结构平面图和楼梯结构剖面图组成。

5. 砌体结构施工图一般包括结构设计说明书、结构平面图和构件详图。

6. 钢屋架施工图一般包括屋架正面图、上弦和下弦平面图、必要的侧面图、剖面图和零件图。

思考练习题

一、填空题

1. 不同类型的结构,其施工图的具体内容与表达也各有不同,但一般包括__________、__________和__________三部分内容。

2. 钢筋的标注应包括钢筋的__________、__________、__________、__________及所在位置。

3. 砌体结构的构件一般包括__________、__________、__________、__________和楼梯。

4. 钢屋架施工图是__________、__________屋架的依据,一般按__________绘制,当屋架对称时,可仅绘制半榀屋架。

二、思考题

1. 结构施工图的作用是什么?

2. 现浇板施工图中应标注哪些内容?

3. "平法"表示梁结构施工图时应注意的重点有哪些?"平法"的优点有哪些?

4. 截面注写方式和列表注写方式表达柱结构施工图时分别有哪些特点?

5. 基础施工图应表达哪些内容?

6. 砌体房屋结构施工图的组成有哪些?

7. 钢屋架施工图中主要有哪些内容?

参 考 文 献

[1] 中华人民共和国住房和城乡建设部. GB 50009—2012 建筑结构荷载规范[S]. 北京:中国建筑工业出版社,2012.

[2] 中华人民共和国住房和城乡建设部. GB 50010—2010 混凝土结构设计规范[S]. 北京:中国建筑工业出版社,2010.

[3] 中华人民共和国建设部,中华人民共和国质量监督检验检疫总局. GB 50017—2003 钢结构设计规范[S]. 北京:中国计划出版社,2003.

[4] 中华人民共和国建设部,中华人民共和国质量监督检验检疫总局. GB 50018—2002 冷弯薄壁型钢结构技术规范[S]. 北京:中国标准出版社,2003.

[5] 中华人民共和国住房和城乡建设部, 中华人民共和国国家质量监督检验检疫总局. GB 50011—2010 建筑抗震设计规范[S]. 北京:中国建筑工业出版社,2010.

[6] 中华人民共和国住房和城乡建设部. GB 50223—2008 建筑工程抗震设防分类标准[S]. 北京:中国建筑工业出版社,2008.

[7] 中华人民共和国住房和城乡建设部. 11G101 混凝土结构施工图平面整体表示方法制图规则和构造详图[S]. 北京:中国建筑设计研究院,2011.

[8] 范文昭. 建筑材料[M]. 北京:中国建筑工业出版社,2010.

[9] 程丛密. 建筑材料[M]. 天津:天津科学技术出版社,2013.

[10] 吴承霞. 混凝土与砌体结构[M]. 北京:中国建筑工业出版社,2012.

[11] 李殿平,欧雅玲. 建筑结构[M]. 武汉:华中科技大学出版社,2010.

[12] 罗向荣. 混凝土结构[M]. 北京:高等教育出版社,2007.

[13] 吴承霞,陈式浩. 建筑结构[M]. 北京:高等教育出版社,2002.

[14] 吴承霞. 建筑力学与结构[M]. 北京:北京大学出版社,2009.

[15] 胡兴福. 建筑结构[M]. 北京:中国建筑工业出版社,2009.

[16] 杨鼎久. 建筑结构[M]. 北京:中国机械工业出版社,2012.

[17] 中华人民共和国住房和城乡建设部. GB 50003—2011 砌体结构设计规范[S]. 北京:中国建筑工业出版社,2011.

[18] 东南大学,同济大学,郑州大学,等. 砌体结构[M]. 北京:中国建筑工业出版社,2004.

[19] 杨太生. 建筑结构基础与识图[M]. 北京:中国建筑工业出版社,2004.

[20] 胡乃君. 砌体结构[M]. 北京:高等教育出版社,2007.

[21] 魏明钟. 钢结构[M]. 武汉:武汉工业大学出版社,2000.

[22] 陈绍蕃. 钢结构设计原理[M]. 2 版. 北京:科学出版社,1998.

[23] 钢结构设计规范编制组.《钢结构设计规范》专题指南[M]. 北京:中国计划出版社,2003.

[24] 沈祖炎. 钢结构基本原理[M]. 北京:中国建筑工业出版社,2000.

[25] 中华人民共和国住房和城乡建设部. GB 50007—2011 建筑地基基础设计规范[S]. 北京:中国建筑工业出版社,2011.

[26] 丁天庭. 建筑结构[M]. 北京:高等教育出版社,2002.

[27] 傅裕寿. 土力学与地基基础[M]. 北京:清华大学出版社,2009.

[28] 侯洪涛,宿敏. 地基与基础[M]. 北京:机械工业出版社,2011.

[29] 罗向荣. 建筑结构[M]. 北京:中国环境科学出版社,2003.

[30] 刘凤翰. 建筑结构[M]. 北京:机械工业出版社,2008.
[31] 陈伯平. 结构施工图识读技巧与要诀[M]. 北京:化学工业出版社,2011.